信息技术人才培养系列规划教材

立体化服务，从入门到精通

Java 程序设计案例教程

占小忆 廖志洁 周国辉 ◎ 主编　刘骥宇 刘冬冬 贾万祥 邵毅 ◎ 副主编　周虹 ◎ 主审
明日科技 ◎ 策划

人民邮电出版社
北京

图书在版编目（CIP）数据

Java程序设计案例教程：慕课版 / 占小忆，廖志洁，周国辉主编. -- 北京：人民邮电出版社，2020.7（2023.8重印）
信息技术人才培养系列规划教材
ISBN 978-7-115-53242-8

Ⅰ. ①J… Ⅱ. ①占… ②廖… ③周… Ⅲ. ①JAVA语言－程序设计－高等学校－教材 Ⅳ. ①TP312.8

中国版本图书馆CIP数据核字(2019)第294107号

内 容 提 要

本书作为 Java 程序设计教程，全面系统地介绍了 Java 程序开发所涉及的各类知识。全书共分 11 章，内容包括搭建 Java 环境、Java 语言基础、面向对象编程基础、推箱子游戏、飞机大战游戏、文件批量操作工具、图片处理工具、学生成绩管理系统、蓝宇快递打印系统、快通物流配货系统、看店宝（京东版）。全书前 3 章主要讲解 Java 开发必备的基础知识，后面 8 章讲解了 8 个案例，以帮助读者熟悉项目开发流程、增加项目开发经验，达到学以致用的目的。

本书各章节都配备了教学视频，并且在人邮学院（www.rymooc.com）平台上提供了慕课。此外，本书还提供所有实例和项目的源代码、制作精良的电子课件 PPT、基础知识视频讲解、项目开发完整视频讲解。其中，源代码经过精心测试，能够在 Windows 7、Windows 8、Windows 10 系统下编译和运行。

本书可作为应用型本科计算机专业和软件工程专业、高职软件专业等相关专业的教材，同时也适合 Java 爱好者、Java 项目开发人员参考使用。

◆ 主　　编　占小忆　廖志洁　周国辉
　副 主 编　刘骥宇　刘冬冬　贾万祥　邵　毅
　主　　审　周　虹
　责任编辑　李　召
　责任印制　王　郁　陈　犇

◆ 人民邮电出版社出版发行　北京市丰台区成寿寺路 11 号
　邮编　100164　电子邮件　315@ptpress.com.cn
　网址　https://www.ptpress.com.cn
　北京天宇星印刷厂印刷

◆ 开本：787×1092　1/16
　印张：22.25　　　　　　　　2020 年 7 月第 1 版
　字数：613 千字　　　　　　2023 年 8 月北京第 3 次印刷

定价：59.80 元

读者服务热线：(010)81055256　印装质量热线：(010)81055316
反盗版热线：(010)81055315
广告经营许可证：京东市监广登字 20170147 号

前言
Foreword

为了让读者能够快速且牢固地掌握 Java 开发技术，人民邮电出版社充分发挥在线教育方面的技术优势、内容优势、人才优势，潜心研究，为读者提供一种"纸质图书+在线课程"相配套，全方位学习 Java 开发的解决方案。读者可根据个人需求，利用图书和"人邮学院"平台上的在线课程进行系统化、移动化的学习，以便快速全面地掌握 Java 开发技术。

一、如何学习慕课版课程

本课程依托人民邮电出版社自主开发的在线教育慕课平台——人邮学院（www.rymooc.com），该平台为学习者提供优质、海量的课程，课程结构严谨，用户可以根据自身的学习程度，自主安排学习进度，并且平台具有完备的在线"学习、笔记、讨论、测验"功能。人邮学院为每一位学习者，提供完善的一站式学习服务（见图1）。

图 1 人邮学院首页

为了使读者更好地完成慕课的学习，现将本课程的使用方法介绍如下。

1. 用户购买本书后，找到粘贴在书封底上的刮刮卡，刮开，获得激活码（见图2）。
2. 登录人邮学院网站（www.rymooc.com），或扫描封面上的二维码，使用手机号码完成网站注册（见图3）。

图 2 激活码　　　　　　　　　图 3 注册人邮学院网站

3. 注册完成后，返回网站首页，单击页面右上角的"学习卡"选项（见图4），进入"学习卡"页面（见图5），输入激活码，即可获得该慕课课程的学习权限。

图4　单击"学习卡"选项

图5　在"学习卡"页面输入激活码

4. 读者可随时随地使用计算机、平板电脑、手机学习本课程的任意章节，根据自身情况自主安排学习进度（见图6）。

5. 在学习慕课课程的同时，阅读本书中相关章节的内容，巩固所学知识。本书既可与慕课课程配合使用，也可单独使用，书中主要章节均放置了二维码，用户扫描二维码即可在手机上观看相应章节的视频讲解。

6. 学完一章内容后，可通过精心设计的在线测试题，查看知识掌握程度（见图7）。

图6　课时列表　　　　　　　　　　图7　在线测试题

7. 如果对所学内容有疑问，还可到讨论区提问，除了有大牛导师答疑解惑以外，同学之间也可互相交流学习心得（见图8）。

8. 书中配套的PPT、源代码等教学资源，用户可在该课程的首页找到相应的下载链接（见图9）。

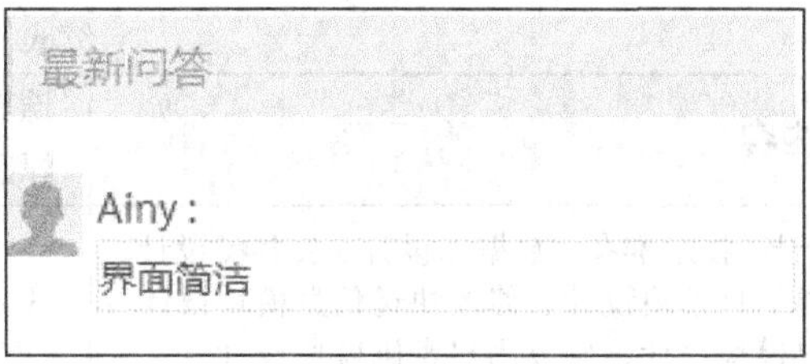

图 8　讨论区 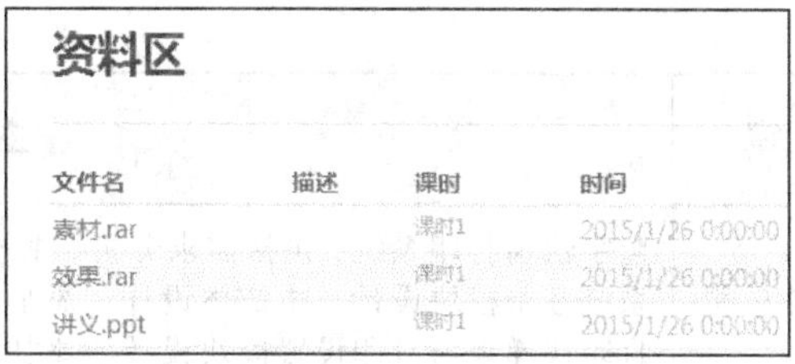　　　　　　　　　　　　　　图 9　配套资源

关于人邮学院平台使用的任何疑问，可登录人邮学院咨询在线客服，或致电：010-81055236。

二、本书特点

Java 是 Sun 公司推出的一种程序设计语言，拥有面向对象、便利、跨平台、分布性、高性能、可移植等优点和特性，是目前被广泛使用的编程语言之一。掌握 Java 语言，能够进行典型的 Java 应用开发，是对普通高等院校计算机及相关专业学生最基本的能力要求之一。

党的二十大报告中提到："全面提高人才自主培养质量，着力造就拔尖创新人才，聚天下英才而用之。"在当前的教育体系下，案例教学是计算机语言教学的最有效的方法之一，本书将以案例为主线，讲解 Java 项目开发的各个方面，包括 Swing 程序开发和 Web 项目开发。

本书作为教材使用时，课堂教学建议 45~52 学时。各章主要内容和学时建议分配如下，老师可以根据实际教学情况进行调整。

章	主要内容	课堂学时
第 1 章	搭建 Java 环境，包括 Java 语言简介、搭建 Java 开发环境、熟悉 Eclipse 开发工具	1
第 2 章	Java 语言基础，包括基本数据类型、常量和变量、表达式与运算符、选择语句、循环语句、跳转语句、数组	3
第 3 章	面向对象编程基础，包括面向对象程序设计、类、构造方法与对象、方法中的参数传值、实例方法与类方法、this 关键字、包、访问权限、类的继承、多态、抽象类、接口	5
第 4 章	推箱子游戏，包括需求分析、系统设计、技术准备、公共类设计、模型类设计、主窗体设计、开始面板设计、地图编辑器设计、游戏面板设计、运行项目	4
第 5 章	飞机大战游戏，包括需求分析、系统设计、技术准备、公共类设计、玩家飞机模型设计、敌机模型设计、导弹模型设计、空投物资模型设计、游戏面板模型设计	4~5
第 6 章	文件批量操作工具，包括需求分析、系统设计、技术准备、公共类设计、主窗体设计、批量移动功能设计、批量重命名功能设计、搜索文本功能设计	3~4
第 7 章	图片处理工具，包括需求分析、系统设计、技术准备、公共类设计、主窗体设计、旋转图片功能设计、翻转图片功能设计、裁剪图片功能设计、文字水印功能设计、图片水印功能设计、彩图变黑白图功能设计、马赛克功能设计、修改透明度功能设计	3~4
第 8 章	学生成绩管理系统，包括需求分析、系统设计、数据库设计、技术准备、公共类设计、登录模块设计、主窗体设计、班级信息设置模块设计、学生基本信息管理模块设计、学生考试成绩信息管理模块设计、基本信息数据查询模块设计、考试成绩班级明细查询模块设计	5~6

续表

章	主要内容	课堂学时
第9章	蓝宇快递打印系统，包括需求分析、系统设计、技术准备、数据库设计、公共类设计、系统登录模块设计、主窗体设计、添加快递信息模块设计、修改快递信息模块设计、打印快递单与打印设置模块设计、添加用户模块设计、修改用户密码模块设计	5~6
第10章	快通物流配货系统，包括需求分析、系统设计、数据库设计、技术准备、公共类设计、管理员功能设计、车源信息管理模块设计、发货单管理模块设计	5~6
第11章	看店宝（京东版），包括需求分析、系统设计、数据库设计、技术准备、数据模型设计、持久层接口设计、爬虫服务模块设计、数据加工处理服务模块设计、营销预警后台服务模块设计、运行项目	7~8

由于编者水平有限，书中难免存在疏漏和不足之处，敬请广大读者批评指正，使本书得以改进和完善。

编者
2023年5月

目录 Contents

第1章 搭建 Java 环境　1

1.1 Java 语言简介　2
- 1.1.1 Java 的发展历史　2
- 1.1.2 Java 的特点　2

1.2 搭建 Java 开发环境　3
- 1.2.1 JDK 的安装与配置　3
- 1.2.2 Eclipse 的下载与汉化　8
- 1.2.3 第一个 Java 程序　12
- 1.2.4 Java 程序的基本结构　16

1.3 熟悉 Eclipse 开发工具　19
- 1.3.1 Eclipse 工作台　19
- 1.3.2 菜单栏　20
- 1.3.3 工具栏　23
- 1.3.4 透视图与视图　24
- 1.3.5 "包资源管理器"视图　24
- 1.3.6 "控制台"视图　24

小结　25
习题　25

第2章 Java 语言基础　26

2.1 基本数据类型　27
- 2.1.1 整数类型　27
- 2.1.2 浮点类型　28
- 2.1.3 字符类型　28
- 2.1.4 布尔类型　29

2.2 常量和变量　30
- 2.2.1 常量的声明和使用　30
- 2.2.2 变量的声明和使用　31

2.3 表达式与运算符　31
- 2.3.1 算术运算符　31
- 2.3.2 自增自减运算符　32
- 2.3.3 赋值运算符　33
- 2.3.4 关系运算符　34
- 2.3.5 逻辑运算符　35
- 2.3.6 位运算符　36
- 2.3.7 移位运算符　37
- 2.3.8 条件运算符　37
- 2.3.9 运算符的优先级与结合性　37
- 2.3.10 表达式中的类型转换　38

2.4 选择语句　39
- 2.4.1 if 语句　39
- 2.4.2 switch 语句　42

2.5 循环语句　44
- 2.5.1 while 循环语句　44
- 2.5.2 do…while 循环语句　45
- 2.5.3 for 循环语句　45

2.6 跳转语句　46
- 2.6.1 break 语句　46
- 2.6.2 continue 语句　47

2.7 数组　47
- 2.7.1 声明数组　48
- 2.7.2 创建数组　48
- 2.7.3 初始化数组　48
- 2.7.4 数组长度　49
- 2.7.5 使用数组元素　49
- 2.7.6 遍历数组　50

小结　50

| 习题 | 50 |

第3章 面向对象编程基础 53

- 3.1 面向对象程序设计 54
  - 3.1.1 面向对象程序设计概述 54
  - 3.1.2 面向对象程序设计的特点 54
- 3.2 类 55
  - 3.2.1 定义类 56
  - 3.2.2 成员变量和局部变量 57
  - 3.2.3 成员方法 58
  - 3.2.4 注意事项 59
  - 3.2.5 类的 UML 图 59
- 3.3 构造方法与对象 60
  - 3.3.1 构造方法的概念及用途 60
  - 3.3.2 对象的概述 61
  - 3.3.3 对象的创建 61
  - 3.3.4 对象的使用 62
  - 3.3.5 对象的销毁 63
- 3.4 方法中的参数传值 63
  - 3.4.1 传值机制 63
  - 3.4.2 基本数据类型的参数传值 63
  - 3.4.3 引用类型的参数传值 64
- 3.5 实例方法与类方法 64
  - 3.5.1 实例方法与类方法的定义 65
  - 3.5.2 实例方法和类方法的区别 65
- 3.6 this 关键字 65
- 3.7 包 67
  - 3.7.1 包的概念 67
  - 3.7.2 创建包 67
  - 3.7.3 使用包中的类 67
- 3.8 访问权限 68
- 3.9 类的继承 70
  - 3.9.1 继承的概念 70
  - 3.9.2 子类对象的创建 70
  - 3.9.3 继承的使用原则 70
  - 3.9.4 使用 super 关键字 72
- 3.10 多态 72
  - 3.10.1 方法的重载 72
  - 3.10.2 避免重载出现的歧义 74
  - 3.10.3 方法的覆盖 74
  - 3.10.4 向上转型 75
- 3.11 抽象类 76
  - 3.11.1 抽象类和抽象方法的概念 76
  - 3.11.2 抽象类和抽象方法的规则 78
  - 3.11.3 抽象类的作用 78
- 3.12 接口 79
  - 3.12.1 定义接口 79
  - 3.12.2 接口的继承 79
  - 3.12.3 接口的实现 80
  - 3.12.4 抽象类与接口的区别 81
- 小结 81
- 习题 81

第4章 推箱子游戏 85

- 4.1 需求分析 86
- 4.2 系统设计 86
  - 4.2.1 系统目标 86
  - 4.2.2 构建开发环境 86
  - 4.2.3 系统功能结构 86
  - 4.2.4 系统流程图 87
  - 4.2.5 系统预览 87
- 4.3 技术准备 88
  - 4.3.1 Swing 窗体程序开发 88
  - 4.3.2 AWT 绘图技术 89
- 4.4 公共类设计 91
  - 4.4.1 图片工具类 91
  - 4.4.2 地图数据工具类 92
- 4.5 模型类设计 95
  - 4.5.1 刚体类 95
  - 4.5.2 地图类 98

4.6	主窗体设计	99
	4.6.1 模块概述	99
	4.6.2 代码实现	99
4.7	开始面板设计	100
	4.7.1 模块概述	100
	4.7.2 代码实现	100
4.8	地图编辑器设计	102
	4.8.1 模块概述	102
	4.8.2 代码实现	103
4.9	游戏面板设计	107
	4.9.1 模块概述	107
	4.9.2 代码实现	108
4.10	运行项目	111
小结		112

第5章 飞机大战游戏 113

5.1	需求分析	114
5.2	系统设计	114
	5.2.1 系统目标	114
	5.2.2 构建开发环境	115
	5.2.3 系统功能结构	115
	5.2.4 系统流程图	115
	5.2.5 系统预览	116
5.3	技术准备	117
	5.3.1 Timer类的概念	117
	5.3.2 Timer类的注意事项	117
5.4	公共类设计	118
5.5	玩家飞机模型设计	120
	5.5.1 模块概述	120
	5.5.2 代码实现	120
5.6	敌机模型设计	122
	5.6.1 模块概述	122
	5.6.2 代码实现	123
5.7	导弹模型设计	124
	5.7.1 模块概述	124

	5.7.2 代码实现	124
5.8	空投物资模型设计	124
	5.8.1 模块概述	124
	5.8.2 代码实现	125
5.9	游戏面板模型设计	126
	5.9.1 模块概述	126
	5.9.2 代码实现	126
小结		134

第6章 文件批量操作工具 135

6.1	需求分析	136
6.2	系统设计	136
	6.2.1 系统目标	136
	6.2.2 构建开发环境	136
	6.2.3 系统功能结构	136
	6.2.4 系统流程图	137
	6.2.5 系统预览	138
6.3	技术准备	138
	6.3.1 文件操作	138
	6.3.2 文件夹操作	140
6.4	公共类设计	141
	6.4.1 自定义表格类	141
	6.4.2 选项卡面板工厂类	141
6.5	主窗体设计	142
	6.5.1 模块概述	142
	6.5.2 代码实现	142
6.6	批量移动功能设计	143
	6.6.1 模块概述	143
	6.6.2 代码实现	143
6.7	批量重命名功能设计	149
	6.7.1 模块概述	149
	6.7.2 代码实现	150
6.8	搜索文本功能设计	152
	6.8.1 模块概述	152
	6.8.2 代码实现	153

小结 154

第7章 图片处理工具 155

- 7.1 需求分析 156
- 7.2 系统设计 156
  - 7.2.1 系统目标 156
  - 7.2.2 构建开发环境 156
  - 7.2.3 系统功能结构 156
  - 7.2.4 系统流程图 157
  - 7.2.5 系统预览 158
- 7.3 技术准备 159
  - 7.3.1 lambda 表达式 159
  - 7.3.2 透明图片处理技术 160
- 7.4 公共类设计 161
  - 7.4.1 功能面板类 161
  - 7.4.2 面板工厂类 161
  - 7.4.3 图片类 162
- 7.5 主窗体设计 163
  - 7.5.1 模块概述 163
  - 7.5.2 代码实现 164
- 7.6 旋转图片功能设计 169
  - 7.6.1 模块概述 169
  - 7.6.2 代码实现 170
- 7.7 翻转图片功能设计 172
  - 7.7.1 模块概述 172
  - 7.7.2 代码实现 172
- 7.8 裁剪图片功能设计 174
  - 7.8.1 模块概述 174
  - 7.8.2 代码实现 174
- 7.9 文字水印功能设计 177
  - 7.9.1 模块概述 177
  - 7.9.2 代码实现 177
- 7.10 图片水印功能设计 178
  - 7.10.1 模块概述 178
  - 7.10.2 代码实现 179
- 7.11 彩图变黑白图功能设计 181
  - 7.11.1 模块概述 181
  - 7.11.2 代码实现 181
- 7.12 马赛克功能设计 182
  - 7.12.1 模块概述 182
  - 7.12.2 代码实现 182
- 7.13 修改透明度功能设计 185
  - 7.13.1 模块概述 185
  - 7.13.2 代码实现 185
- 小结 186

第8章 学生成绩管理系统 187

- 8.1 需求分析 188
- 8.2 系统设计 188
  - 8.2.1 系统目标 188
  - 8.2.2 构建开发环境 188
  - 8.2.3 系统功能结构 188
  - 8.2.4 系统流程图 189
  - 8.2.5 系统预览 189
- 8.3 数据库设计 191
  - 8.3.1 数据库分析 191
  - 8.3.2 数据库概念设计 191
  - 8.3.3 数据表结构 191
- 8.4 技术准备 194
  - 8.4.1 使用 JDBC 操作数据库 194
  - 8.4.2 数据的批量操作 197
- 8.5 公共类设计 198
  - 8.5.1 实体类的编写 198
  - 8.5.2 操作数据库公共类的编写 199
- 8.6 登录模块设计 204
  - 8.6.1 模块概述 204
  - 8.6.2 代码实现 205
- 8.7 主窗体设计 207
  - 8.7.1 模块概述 207
  - 8.7.2 代码实现 208

8.8	班级信息设置模块设计	211
	8.8.1 模块概述	211
	8.8.2 代码实现	212
8.9	学生基本信息管理模块设计	214
	8.9.1 模块概述	214
	8.9.2 代码实现	215
8.10	学生考试成绩信息管理模块设计	219
	8.10.1 模块概述	219
	8.10.2 代码实现	220
8.11	基本信息数据查询模块设计	225
	8.11.1 模块概述	225
	8.11.2 代码实现	225
8.12	考试成绩班级明细查询模块设计	227
	8.12.1 模块概述	227
	8.12.2 代码实现	228
小结		230

第9章 蓝宇快递打印系统　　232

9.1	需求分析	233
9.2	系统设计	233
	9.2.1 系统目标	233
	9.2.2 构建开发环境	233
	9.2.3 系统功能结构	234
	9.2.4 系统流程图	234
	9.2.5 系统预览	235
9.3	技术准备	236
	9.3.1 下载并安装 MySQL 数据库	237
	9.3.2 导入 SQL 脚本文件	244
	9.3.3 打印控制 PrinterJob 类	245
9.4	数据库设计	246
	9.4.1 数据库概要说明	246
	9.4.2 数据库 E-R 图	247
	9.4.3 数据表结构	247
9.5	公共类设计	248
	9.5.1 公共类 DAO	248

	9.5.2 公共类 SaveUserStateTool	249
9.6	系统登录模块设计	250
	9.6.1 模块概述	250
	9.6.2 代码实现	250
9.7	主窗体设计	253
	9.7.1 模块概述	253
	9.7.2 代码实现	254
9.8	添加快递信息模块设计	254
	9.8.1 模块概述	254
	9.8.2 代码实现	255
9.9	修改快递信息模块设计	259
	9.9.1 模块概述	259
	9.9.2 代码实现	259
9.10	打印快递单与打印设置模块设计	263
	9.10.1 模块概述	263
	9.10.2 代码实现	266
9.11	添加用户模块设计	269
	9.11.1 模块概述	269
	9.11.2 代码实现	269
9.12	修改用户密码模块设计	271
	9.12.1 模块概述	271
	9.12.2 代码实现	271
小结		272

第10章 快通物流配货系统　　273

10.1	需求分析	274
10.2	系统设计	274
	10.2.1 系统目标	274
	10.2.2 构建开发环境	274
	10.2.3 系统功能结构	275
	10.2.4 系统流程图	275
	10.2.5 系统预览	276
10.3	数据库设计	278
	10.3.1 数据库概要说明	278
	10.3.2 数据表结构	278

10.4 技术准备	280
10.4.1 JSP 基础	280
10.4.2 JSP 的内置对象	282
10.4.3 Struts 2 框架	283
10.4.4 Struts 2 框架的 Action 对象	286
10.5 公共类设计	286
10.5.1 编写数据库持久化类	286
10.5.2 编写获取系统时间操作类	288
10.5.3 编写分页 Bean	288
10.5.4 请求页面中元素类的编写	290
10.5.5 编写重新定义的 simple 模板	291
10.6 管理员功能设计	292
10.6.1 模块概述	292
10.6.2 代码实现	293
10.7 车源信息管理模块设计	297
10.7.1 模块概述	297
10.7.2 代码实现	298
10.8 发货单管理模块设计	302
10.8.1 模块概述	302
10.8.2 代码实现	303
小结	307

第 11 章 看店宝（京东版） 308

11.1 需求分析	309
11.2 系统设计	309
11.2.1 系统目标	309
11.2.2 构建开发环境	309
11.2.3 系统功能结构	309
11.2.4 系统流程图	310
11.2.5 系统预览	311
11.3 数据库设计	314
11.3.1 数据库概要说明	314
11.3.2 数据库 E-R 图	314
11.3.3 数据表结构	315
11.4 技术准备	317
11.4.1 Servlet 3.0 服务	317
11.4.2 Jsoup 爬虫	319
11.5 数据模型设计	320
11.5.1 模块概述	320
11.5.2 代码实现	321
11.6 持久层接口设计	323
11.6.1 模块概述	323
11.6.2 代码实现	323
11.7 爬虫服务模块设计	324
11.7.1 模块概述	324
11.7.2 代码实现	324
11.8 数据加工处理服务模块设计	329
11.8.1 模块概述	329
11.8.2 代码实现	330
11.9 营销预警后台服务模块设计	336
11.9.1 模块概述	336
11.9.2 代码实现	336
11.10 运行项目	339
小结	344

第1章

搭建Java环境

Java 是一种跨平台的、面向对象的程序设计语言。本章将简单介绍 Java 语言的发展历史及特点等,并讲解 JDK 与 Eclipse 的下载、安装及配置过程,然后讲解如何使用 Eclipse 开发一个 Java 程序以及 Java 程序的基本结构和 Eclipse 开发工具的使用。

本章要点

- Java的发展历史及特点
- JDK的安装与配置
- Eclipse的下载与汉化
- 如何创建第一个Java程序
- Java程序的基本结构
- Eclipse开发工具

1.1 Java 语言简介

Java 语言简介

Java 是一种高级的面向对象的程序设计语言。使用 Java 语言编写的程序是跨平台的，从个人计算机（PC 机）到移动终端都有 Java 开发的程序和游戏，Java 程序可以在任何计算机、操作系统和支持 Java 的硬件设备上运行。

1.1.1 Java 的发展历史

Java 是于 1995 年由 Sun 公司推出的一种极富创造力的面向对象的程序设计语言，它是由有 Java 之父之称的 Sun 研究院院士詹姆斯·戈士林博士设计的，并附带原始编译器和虚拟机。Java 最初的名字是 OAK，在 1995 年被重命名为 Java，正式发布。

Java 是一种通过解释方式来执行的语言，其语法规则和 C++类似。同时，Java 也是一种跨平台的程序设计语言。用 Java 语言编写的程序，可以运行在任何平台和设备上，如跨越 IBM 个人计算机、苹果计算机、各种微处理器硬件平台，以及 Windows、UNIX、OS/2、macOS 等系统平台，真正实现"一次编写，到处运行"。Java 非常适应企业网络和 Internet 环境，并且已成为 Internet 中最具有影响力、最受欢迎的编程语言之一。

Java 语言编写的程序既是编译型的，又是解释型的。程序代码经过编译之后转换为一种称为 Java 字节码的中间语言，Java 虚拟机（JVM）将对字节码进行解释和运行。编译只进行一次，而解释在每次运行程序时都会进行。编译后的字节码采用一种针对 JVM 优化过的机器码形式保存，虚拟机将字节码解释为机器码，以便在计算机上运行。Java 程序的编译和运行过程如图 1-1 所示。

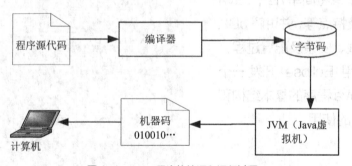

图 1-1 Java 程序的编译和运行过程

1.1.2 Java 的特点

Java 语言的作者们编写了具有广泛影响的 Java 白皮书，里面详细地介绍了他们的设计目标以及实现成果，还用简短的篇幅介绍了 Java 语言的特性。下面将对这些特性进行扼要的介绍。

1. 简单

Java 语言是纯面向对象的语言，语法简单明了，容易掌握。Java 语言的简单性主要体现在以下几个方面。

（1）语法规则和 C++类似。从某种意义上讲，Java 语言是由 C 和 C++语言转变而来的，所以 C 程序设计人员很容易掌握 Java 语言的语法。

（2）Java 语言对 C++进行了简化和提高。例如，Java 使用接口取代了多重继承，并取消了指针，因为指针和多重继承通常使程序变得复杂。Java 语言还通过实现垃圾自动收集，大大简化了程序设计人员的资源释放管理工作。

（3）Java 提供了丰富的类库和 API 文档以及第三方开发包，另外还有大量的基于 Java 的开源项目，JDK（Java 开发者工具箱）已经开放源代码，读者可以通过分析项目的源代码，提高自己的编程水平。

2. 面向对象

面向对象是 Java 语言的基础，也是 Java 语言的重要特性。Java 提倡万物皆对象，语法中不能在类外面定义单独的数据和函数，也就是说，Java 语言最外部的数据类型是对象，所有的元素都要通过类和对象来访问。

3. 分布性

Java 的分布性包括操作分布和数据分布，其中操作分布是指在多个不同的主机上布置相关操作，而数据分布是将数据分别存放在多个不同的主机上，这些主机是网络中的不同成员。Java 可以凭借 URL（统一资源定位符）对象访问网络对象，访问方式与访问本地系统相同。

4. 可移植性

Java 程序具有与体系结构无关的特性，可以方便地移植到网络上的不同计算机中。同时，Java 的类库中也实现了针对不同平台的接口，使这些类库可以移植。

5. 解释型

运行 Java 程序需要解释器。任何移植了 Java 解释器的计算机或其他设备都可以对 Java 字节码进行解释执行。字节码独立于平台，它本身携带了许多编译时的信息，使得连接过程更加简单，开发过程更加迅速，更具探索性。

6. 安全性

Java 语言删除了来自 C 语言的指针和内存释放等语法，有效地避免了非法操作内存。Java 程序代码要经过代码校验、指针校验等很多测试步骤才能够运行，所以未经允许的 Java 程序不可能出现损害系统平台的行为，而且使用 Java 可以编写防病毒和防修改的系统。

7. 健壮性

Java 程序的设计目标之一，是编写多方面的、可靠的应用程序。Java 将检查程序在编译和运行时的错误，并消除错误。类型检查能帮助用户检查出许多在开发早期出现的错误。集成开发工具（如 Eclipse、NetBeans）的出现也使编译和运行 Java 程序更加容易。

8. 多线程

多线程机制能够使应用程序在同一时间并行执行多项任务，而且相应的同步机制可以保证不同线程能够正确地共享数据。使用多线程，可以带来更好的交互能力和实时行为。

9. 高性能

Java 程序编译后的字节码是在解释器中运行的，所以它的速度较多数交互式应用程序提高了很多。另外，字节码可以在程序运行时被翻译成特定平台的机器指令，从而进一步提高运行速度。

10. 动态

Java 在很多方面比 C 和 C++ 更能够适应发展的环境，可以动态调整库中方法和增加变量，而客户端却不需要任何更改。在 Java 中进行动态调整是非常简单和直接的。

1.2 搭建 Java 开发环境

1.2.1 JDK 的安装与配置

Java 软件开发工具包（Java Development Kit，JDK）是 Java 应用程序的基础。本节将对 JDK 的下载、安装及配置进行详细讲解。

JDK 的安装与配置

1. 下载 JDK

下面介绍下载 JDK 的方法，具体步骤如下。

（1）打开浏览器，进入 JDK 的下载页面。在 JDK 的下载页面中，单击图 1-2 所示的 DOWNLOAD 按钮。

图 1-2　JDK 下载页面

（2）在 JDK 的下载列表中，首先选中 Accept License Agreement 单选按钮，然后根据当前使用的操作系统的位数，选择合适的 JDK 版本进行下载，步骤如图 1-3 所示。

图 1-3　JDK 的下载列表

JDK11 仅为 64 位（bit）的 Windows 操作系统提供了下载链接，建议 32 位 Windows 操作系统的用户使用 JDK 8 的最新版本。

2. 安装 JDK

下载 Windows 平台的 JDK 安装文件 jdk-版本号_windows-x64_bin.exe 后，即可进行安装。在 Windows 10 下安装 JDK 11 的步骤如下。

（1）双击已下载完毕的安装文件，弹出"欢迎"对话框，直接单击"下一步"按钮，在弹出的图 1-4 所示的"定制安装"对话框中，不更改 JDK 的安装路径，其他设置也都保持默认选项，单击"下一步"按钮。

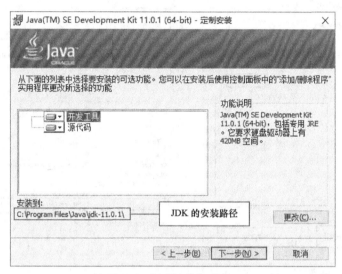

图 1-4 "定制安装"对话框

（2）成功安装 JDK 后，将弹出图 1-5 所示的"安装完成"对话框，单击"关闭"按钮。

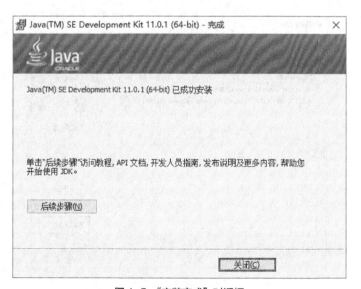

图 1-5 "安装完成"对话框

3. 配置与测试 JDK

安装 JDK 后，必须配置环境变量才能使用 Java 开发环境。在 Windows 10 下，只需配置环境变量 Path（使系统在任何路径下都可以识别 Java 命令）即可。步骤如下。

（1）在"此电脑"图标上单击鼠标右键，在弹出的快捷菜单中选择"属性"命令，然后在弹出的"属性"对话框左侧单击"高级系统设置"超链接，将打开图1-6所示的"系统属性"对话框。

（2）单击"系统属性"对话框中的"环境变量"按钮，将弹出图1-7所示的"环境变量"对话框，在"系统变量"中找到并双击Path变量，会弹出图1-8所示的"编辑环境变量"对话框。

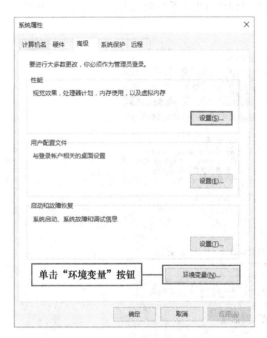

图1-6 "系统属性"对话框

图1-7 "环境变量"对话框

图1-8 "编辑环境变量"对话框

（3）在"编辑环境变量"对话框中，单击"编辑文本"按钮，对 Path 变量的变量值进行修改。先删除原变量值最前面的"C:\Program Files (x86)\Common Files\Oracle\Java\javapath;"，再输入"C:\Program Files\Java\jdk-11.0.1\bin;"，修改后的效果如图 1-9 所示。

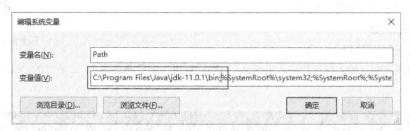

图 1-9 设置 Path 变量的变量值

"；"为英文格式下的分号，用于分割不同的变量值，因此每个变量值后的"；"不能丢掉。

（4）逐个单击对话框中的"确定"按钮，依次退出上述对话框后，即可完成在 Windows 10 下配置 JDK 的相关操作。

JDK 配置完成后，需确认其是否配置正确。在 Windows 10 下测试 JDK 环境需要先单击桌面左下角的"⊞"图标（在 Windows 7 系统下单击"   "图标），再直接键入 cmd，接着按 Enter 键，启动"命令提示符"对话框。输入 cmd 后的效果图如图 1-10 所示。

在"命令提示符"对话框中输入 javac，按 Enter 键，将输出图 1-11 所示的 JDK 的编译器信息，其中包括修改命令的语法和参数选项等信息。这说明 JDK 环境搭建成功。

图 1-10 输入 cmd 后的效果图

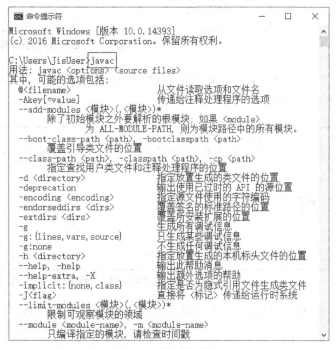

图 1-11 JDK 的编译器信息

1.2.2　Eclipse 的下载与汉化

Eclipse 是主流的 Java 开发工具之一，它是由 IBM 公司开发的集成开发工具。本节对 Eclipse 的下载与汉化予以讲解。

Eclipse 的下载与汉化

1．下载 Eclipse

Eclipse 的下载步骤如下。

（1）打开浏览器，输入网址并进入 Eclipse 的官网首页，然后单击图 1-12 所示的 Download 64bit 超链接。

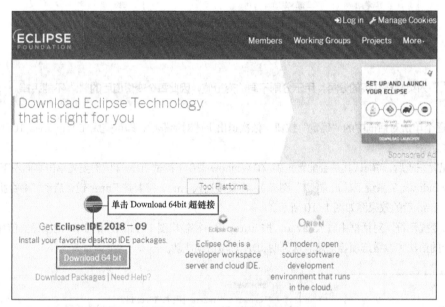

图 1-12　Eclipse 的官网首页

（2）进入 ECLIPSE IDE DOWNLOADS 页面后，找到 Eclipse IDE for Enterprise Java Developers，单击 64-bit 超链接，如图 1-13 所示。

图 1-13　Eclipse IDE for Enterprise Java Developers 的效果图

（3）单击图 1-14 所示的 Download 按钮，即可下载 64bit 的 Eclipse。

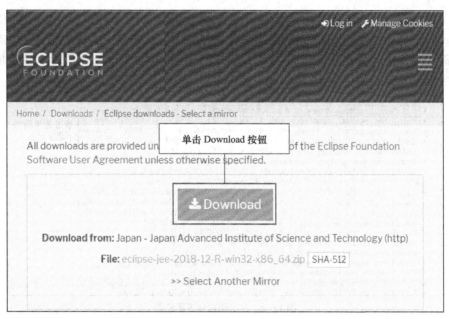

图 1-14　Eclipse 的下载页面

2. Eclipse 的汉化

从网站中下载的 Eclipse 安装文件是一个压缩包，将其解压缩到指定的文件夹，然后运行文件夹中的 Eclipse.exe 文件，即可启动 Eclipse 开发工具。但是在启动 Eclipse 之前需要安装中文语言包，以降低读者的学习难度。

Eclipse 的国际语言包可以到网上下载，具体的下载和使用步骤如下。

（1）进入下载页面，在 Babel Language Packs Zips 标题下选择对应 Eclipse 版本的超链接下载语言包，例如，本书使用的 Eclipse 版本为 Photon，所以单击 Photon 超链接，如图 1-15 所示。

图 1-15　Babel 项目组首页

 说明　下载 Eclipse 多国语言包时，要注意语言包所匹配的 Eclipse 版本。虽然语言包版本上下兼容，但建议使用与 Eclipse 同版本的语言包。

（2）在弹出的下载列表页面中，在 Language：Chinese(Simplified)列表下选择并单击图 1-16 所示的 BabelLanguagePack-eclipse-zh_X.X.X 超链接。X.X.X 为语言包的版本号，因为官方会频繁更新语言包，但文件的前缀不会改变，所以读者只要下载前缀为 "BabelLanguagePack-eclipse-zh_" 的.zip 文件即可。

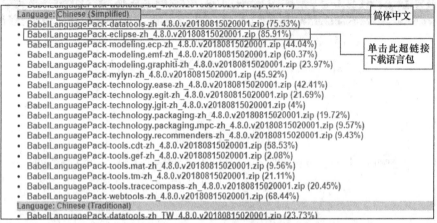

图 1-16　中文语言包下载分类

（3）单击超链接后，Eclipse 服务器会根据客户端所在的地理位置，为客户端分配合理的下载镜像站点，读者只需单击 Download 按钮，即可下载语言包。下载镜像站点页面如图 1-17 所示。

图 1-17　语言包下载镜像页面

（4）将下载完成的语言包解压缩，解压后生成的 eclipse 文件夹下有两个子文件夹：features 文件夹和 plugins 文件夹。将这两个子文件夹复制到 Eclipse 程序的根目录下，覆盖同名文件夹，效果如图 1-18 所示。重启 Eclipse 之后就可以看到汉化效果。

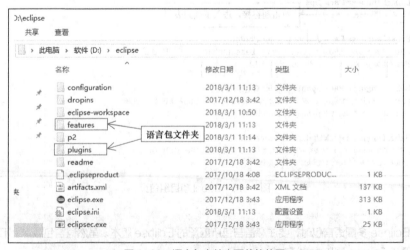

图 1-18　语言包文件夹覆盖的位置

3. 启动 Eclipse

启动 Eclipse 的步骤如下。

现在已经配置好 Eclipse 的多国语言包，可以启动 Eclipse 了。在 Eclipse 的解压文件夹中运行 eclipse.exe 文件，即开始启动 Eclipse，将弹出"Eclipse 启动程序"对话框，该对话框用于设置 Eclipse 的工作空间（用于保存 Eclipse 建立的程序项目和相关设置）。本书的开发环境统一设置工作空间为 Eclipse 安装位置的 workspace 文件夹，在"Eclipse 启动程序"对话框的"工作空间"文本框中输入".\workspace"，单击"启动"按钮，即可启动 Eclipse，如图 1-19 所示。

图 1-19 设置工作空间

 如果在启动 Eclipse 时，选中了"将此值用作缺省值并且不再询问"复选框，设置了不再询问工作空间设置，可以通过以下方法恢复提示。首先选择"窗口"/"首选项"命令，打开"首选项"对话框，然后在左侧选择"常规"/"启动和关闭"/"工作空间"节点，并且选中右侧的"启动时提示工作空间"复选框，单击"应用"按钮后，再单击"确定"按钮即可。

Eclipse 首次启动时，会显示 Eclipse 欢迎界面，如图 1-20 所示。单击欢迎界面右上角的×，即可关闭该界面。

图 1-20 Eclipse 欢迎界面

1.2.3 第一个 Java 程序

在 Eclipse 中编写 Java 程序，首先需要创建 Java 项目，然后创建 Java 类文件，最后编写代码和运行程序。下面介绍详细步骤。

第一个 Java 程序

1. 创建 Java 项目

在 Eclipse 中编写程序，必须先创建项目。Eclipse 中有很多种项目，其中 Java 项目用于管理和编写 Java 程序。创建该项目的步骤如下。

（1）选择"文件"/"新建"/"项目"命令，打开"新建项目"对话框，该对话框包含创建项目的向导，在向导中选择"Java 项目"节点，单击"下一步"按钮。

（2）弹出"新建 Java 项目"对话框，在"项目名"文本框中输入 Java 项目的名称，比如，这里输入"MyProject"，在"项目布局"栏中选中"为源文件和类文件创建单独的文件夹"单选项，如图 1-21 所示，然后单击"完成"按钮，完成项目的创建。

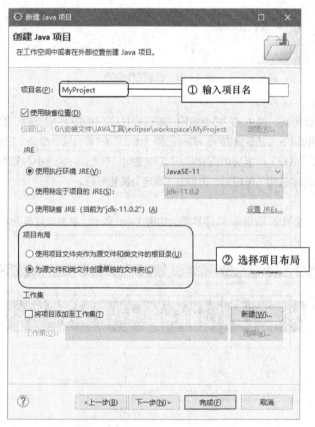

图 1-21 "新建 Java 项目"对话框

（3）单击"完成"按钮后，会弹出图 1-22 所示的"新建 module-info.java"对话框，即新建模块化声明文件对话框。模块化开发是 JDK 9 以上版本新增的特性，但模块化开发过于复杂，新建的模块化声明文件也会影响 Java 项目的运行，因此需要单击新建模块化声明文件对话框中的 Don't Create（不新建）按钮。单击 Don't Create 按钮后，即可完成 Java 项目的新建操作。

图 1-22 不新建模块化声明文件

2. 创建 Java 类文件

创建 Java 类文件时，会自动打开 Java 编辑器。创建 Java 类文件可以通过"新建 Java 类"向导来完成。在 Eclipse 菜单栏中选择"文件"/"新建"/"类"命令，将打开"新建 Java 类"向导对话框，如图 1-23 所示。

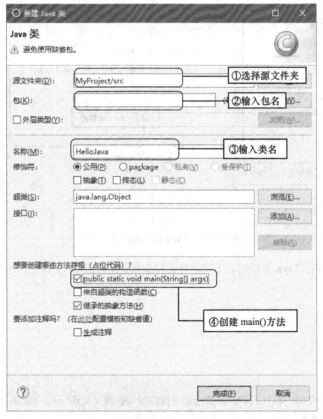

图 1-23 "新建 Java 类"向导对话框

使用该向导对话框创建 Java 类的步骤如下。

（1）在"源文件夹"文本框中输入项目源程序文件夹的位置。通常向导会自动填写该文本框，没有特殊情况，不需要修改。

（2）在"包"文本框中输入类文件的包名，这里暂时默认为空，不输入任何信息，这样就会使用 Java 工程的默认包。

（3）在"名称"文本框中输入新建类的名称，如"HelloJava"。

（4）选中 public static void main(String[] args)复选框，向导在创建类文件时，会自动为该类添加 main() 方法，使该类成为可以运行的主类。

3. 使用编辑器编写程序代码

编辑器总是位于 Eclipse 工作台的中间区域。该区域可以重叠放置多个编辑器。编辑器的类型可以不同，但它们的主要功能都是完成 Java 程序、XML 配置等代码编写或可视化设计工作。本节将介绍如何使用 Java 编辑器和其代码辅助功能快速编写 Java 程序。

在使用向导创建 Java 类文件之后，Eclipse 会自动打开 Java 编辑器编辑新创建的 Java 类文件。除此之外，打开 Java 编辑器最常用的方法是在"包资源管理器"视图中双击 Java 源文件，或在 Java 源文件处单击鼠标右键并在弹出的快捷菜单中选择"打开方式"/"Java 编辑器"命令。Java 编辑器界面如图 1-24 所示。

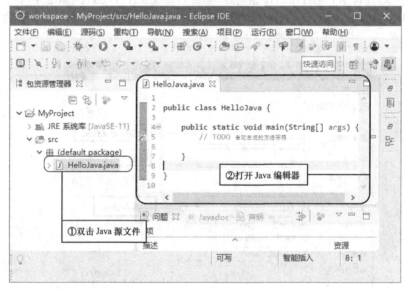

图 1-24　Java 编辑器界面

从图 1-24 中可以看到，Java 编辑器以不同的样式和颜色突出显示 Java 语法。这些突出显示的内容包括以下几个方面：

（1）程序代码注释；

（2）Javadoc 注释；

（3）Java 关键字。

在 Java 编辑器左侧单击鼠标右键，在弹出的快捷菜单中选择"显示行号"命令，可以开启 Java 编辑器显示行号的功能。

Eclipse 的强大之处并不在于编辑器能突出显示 Java 语法，而在于它强大的代码辅助功能。在编写 Java 程序代码时，可以使用"Ctrl+Alt+/"组合键自动补全 Java 关键字，也可以使用"Alt+/"组合键启动 Eclipse 代码辅助菜单。

在使用向导创建 HelloJava 类之后，向导会自动构建 HelloJava 类结构的部分代码，并建立 main()方法，程序开发人员需要做的就是将代码补全，为程序添加相应的业务逻辑。本程序的完整代码如图 1-25 所示。

```
1
2  public class HelloJava {
3      private static String say = "我要学会你。";
4      /**
5       * @param args
6       */
7      public static void main(String[] args) {
8          System.out.println("你好 Java " + say);
9      }
10 }
11 }
```

图 1-25　HelloJava 程序代码

 在 Eclipse 安装后，Java 编辑器文本字体为 Consolas 10。采用这个字体时，中文文字比较小，不方便查看。这时，可以选择主菜单上的"窗口"/"首选项"命令，打开"首选项"对话框，在左侧的列表中选择"常规"/"外观"/"颜色和字体"节点，在右侧选择"Java"/"Java 编辑器文本字体"节点，并单击"编辑"按钮，在弹出的对话框中选择 Courier New 字体，单击"确定"按钮，返回到"首选项"对话框中，单击"应用"按钮即可。另外，"调试"/"控制台字体"节点也需要进行以上修改。

在 HelloJava 程序代码中，第 2 行、第 4 行、第 5 行、第 6 行是由向导创建的，完成这个程序只要编写第 3 行和第 8 行代码即可。

首先来看一下第 3 行代码。它包括 private、static、String 3 个关键字。这 3 个关键字如果在记事本程序中手动输入可能不会花多长时间，但是容易出现输入错误的情况，例如，将 private 关键字输入为"privat"，缺少了字母"e"，这个错误可能在程序编译时才会被发现。如果是名称更长、更复杂的关键字，就更容易出现错误。而在 Eclipse 的 Java 编辑器中可以输入关键字的部分字母，然后使用"Ctrl+Alt+/"组合键自动补全 Java 关键字，如图 1-26 所示。

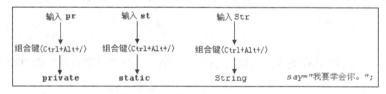

图 1-26　使用组合键补全关键字

其次是第 8 行的程序代码。它使用 System.out.println()方法输出文字信息到控制台，这是程序开发时最常使用的方法之一。当输入"."操作符时，编辑器会自动弹出代码辅助菜单，也可以在输入部分文字之后使用"Alt+/"组合键调出代码辅助菜单，完成关键语法的输入，如图 1-27 所示。

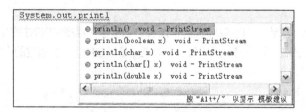

图 1-27　代码辅助菜单

System.out.println()方法在 Java 编辑器中可以通过输入"syso"和按"Alt+/"组合键完成快速输入。

4. 运行 Java 程序

HelloJava 类包含 main()方法，它是一个可以运行的主类。例如，在 Eclipse 中运行 HelloJava 程序，可以在"包资源管理器"视图中 HelloJava 文件处单击鼠标右键，在弹出的菜单中选择"运行方式"/"Java 应用程序"命令。程序运行结果如图 1-28 所示。

图 1-28 HelloJava 程序在控制台的输出结果

1.2.4 Java 程序的基本结构

上面讲解了如何创建第一个 Java 程序,本节将对 Java 程序的基本结构进行讲解。

1. 类和 Java 文件

Java 程序的基本结构

Java 代码都写在后缀为.java 的文件中，这种文件叫作 Java 文件。Java 文件可以写四种类型的代码结构：类、接口、枚举和注释。类是用来写逻辑的，接口是用来定义功能的，枚举是用来做分类的，注释是给代码做标注的。因为关键代码都在类这个结构中，所以一个程序 90%以上的代码都会写在类里。本节就主要介绍一下 Java 文件的类是什么样的。

在 Java 代码中创建类需要使用 class 关键字，其语法如下：

```
class 类名称{ }
```

class 与类名之间必须至少有一个空格。例如，定义汽车类，名称为 Car，则代码如下：

```
class Car{

}
```

"{"和"}"之间的内容叫作类体，类体中包含属性、方法，这些内容将在第 3 章面向对象编程中做详细的介绍。

如果一个类使用 public 关键字声明，这个类又不是内部类，那么这个类的类名必须与所在的.java 文件同名。

2. 主方法

主方法是类的入口点，它定义了程序从何处开始；主方法提供对程序流向的控制，Java 编译器通过主方法来执行程序。主方法的方法名、修饰符、返回值、参数类型是固定的，这些固定的内容严格区分大小写。

主方法的语法如下：

```
public static void main(String[] args){
    //方法体
}
```

在主方法的定义中可以看到其具有以下特性。

（1）主方法是静态的，所以如要直接在主方法中调用其他方法，则该方法必须也是静态的。

（2）主方法没有返回值。

（3）主方法的形参为数组。其中 args[0]~args[n]分别代表程序的第一个参数到第 *n* 个参数，可以使用 args.length 获取参数的个数。

3. 关键字

关键字是 Java 中已经被赋予特定意义的一些单词，不可以把这些字作为标识符来使用。简单地说，凡是在 Eclipse 中变成红色粗体的单词，都是关键字。Java 关键字如表 1-1 所示。

表 1-1　　　　　　　　　　　　　　Java 关键字

int	public	this	finally	boolean	abstract
continue	float	long	short	throw	throws
return	break	for	static	new	interface
if	goto	default	byte	do	case
strictfp	package	super	void	try	switch
else	catch	implements	private	final	class
extends	volatile	while	synchronized	instanceof	char
protected	import	transient	dafault	double	var

4. 标识符

标识符可以简单地理解为一个名字，它是用来标识类名、变量名、方法名、数组名、文件名的有效字符序列。

Java 语言规定标识符由任意顺序的字母、下画线（_）、美元符号（$）和数字组成，并且第一个字符不能是数字。标识符不能是 Java 关键字。

下面是合法标识符：

```
name
user_age
$page
```

下面是非法标识符：

```
4word
String
User name
```

在 Java 语言中，标识符中的字母是严格区分大小写的，如 good 和 Good 是两个不同的标识符。Java 语言使用 unicode 标准字符集，最多可以标识 65535 个字符，因此，Java 语言中的字母不仅包括通常的拉丁文字 a、b、c 等，还包括汉字、日文以及其他许多语言中的文字。

5. Java 语句

语句是构造所有 Java 程序的基本单位，使用 Java 语句可以声明变量和常量、调用方法、创建对象或执行任何逻辑操作，Java 语句以分号终止。

例如，以下输出"你好 Java"字符串的代码就是 Java 语句：

```
System.out.println("你好Java");
```

Java 代码中所有的字母、数字、括号以及标点符号均为英文输入法状态下的半角符号,而不能是中文输入法或者英文输入法状态下的全角符号。

6. 注释

注释是指在代码中对代码功能进行解释的标注性文字,可以提高代码的可读性。注释的内容将被 Java 解释器忽略,并不会在执行结果中体现出来。

Java 提供了 3 种代码注释,分别为单行注释、多行注释和文档注释。

（1）单行注释

"//"为单行注释标记,从符号"//"开始直到换行为止的所有内容均作为注释而被编译器忽略。

语法如下:

```
//注释内容
```

例如,以下代码为声明的 int、double 型变量添加了注释:

```
int age ;                  // 声明int型变量用于保存年龄信息
double price =189;         // 商品的价格
double discount;           // 商品折扣
```

注释可以出现在代码的任意位置,但是不能分隔关键字和标识符。例如,下面的代码注释是错误的:

```
static void//错误的注释Main(string[] args){ }
```

（2）多行注释

"/**/"为多行注释标记,符号"/*"与"*/"之间的所有内容均为注释内容。注释中的内容可以换行。

语法如下:

```
/*
    注释内容1
    注释内容2
    …
*/
```

利用多行注释可以为代码添加版权、作者信息,示例如下:

```
/*
 * 版权所有: 吉林省明日科技有限公司
 * 文件名: Main.java
 * 文件功能描述: 计算商品打折优惠活动比价
 * 创建日期: 2018年9月28日
 * 创建人: linyueda
 */
```

在程序中也可以使用多行注释将一段代码注释为无效代码,代码如下:

```
/*  多行注释开始
System.out.println("_____");
System.out.println("|    Java开发团队  |");
System.out.println("|_____|");
多行注释结束 */
```

（3）文档注释

文档注释（Java Doc Comments）是专门为了用 Javadoc 工具自动生成文档而写的注释，它是一种带有特殊功能的注释。"/**...*/"为文档注释标记，符号"/**"与"*/"之间的内容均为文档注释内容。文档注释出现在声明（如类的声明、类的成员变量的声明、类的成员方法的声明等）之前时，会被 Javadoc 工具读取作为 Javadoc 文档内容。

文档注释与一般注释的最大区别在于起始符号是/**而不是/*或//。

例如，下面使用文档注释对 main()方法进行注释：

```
/**
 * 主方法，程序入口
 * @param args-主方法参数
 */
public static void main(String[] args) {

}
```

1.3 熟悉 Eclipse 开发工具

1.3.1 Eclipse 工作台

熟悉 Eclipse 开发工具

在 Eclipse 的欢迎界面中，单击"工作台"（Workbench）按钮或关闭欢迎界面，将显示 Eclipse 的工作台，它是程序开发人员开发程序的主要场所。Eclipse 可以将各种插件无缝地集成到工作台中，用户也可以在工作台中开发各种插件。Eclipse 工作台主要包括标题栏、菜单栏、工具栏、编辑器、透视图和相关的视图等，如图 1-29 所示。接下来将介绍 Eclipse 的菜单栏与工具栏，以及透视图和常用视图。

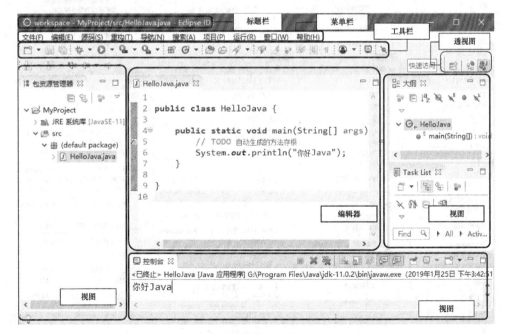

图 1-29　Eclipse 工作台

1.3.2 菜单栏

Eclipse 的菜单栏包含了 Eclipse 的基本命令，在使用不同的编辑器时，还会动态地添加有关该编辑器的菜单。基本的菜单栏中除了常用的"文件""编辑""窗口""帮助"等菜单以外，还提供了一些功能菜单，如"源码"和"重构"等，如图 1-30 所示。

图 1-30 Eclipse 的菜单栏

每个菜单中都包含不同的命令。这些命令用于完成最终的操作，如文件的打开与保存、代码的格式化、程序的运行与分步调试等。每个菜单所包含的命令如图 1-31 所示。

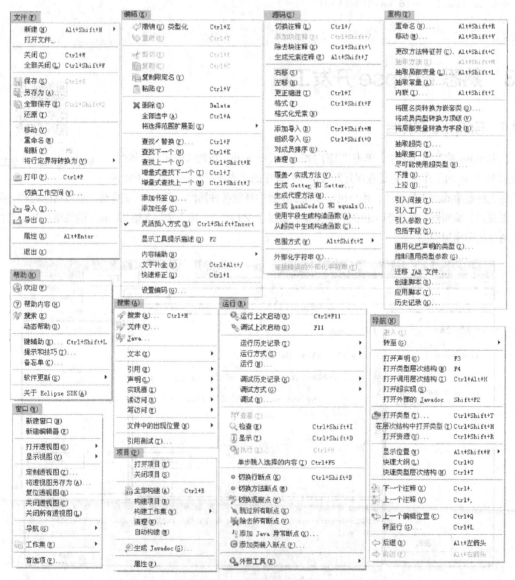

图 1-31 Eclipse 菜单命令

菜单中的命令虽多，但不是所有命令都经常使用。本节将介绍几个最常用的菜单及其命令，其他不常用的菜单，读者可以在日后程序开发过程中慢慢掌握。

1. "文件"菜单

"文件"菜单中包含"新建""关闭""保存""打印""切换工作空间""属性"等命令。菜单中包含的内容虽多，但也有常用的和不常用的，例如，如果不常使用打印功能，那么"文件"菜单中的"打印"命令会很少用到。"文件"菜单中的常用命令如表1-2所示，这样更方便阅读和查询。

表1-2　　　　　　　　　　　　　"文件"菜单中的常用命令

命　令	说　明	组合键
新建	创建新项目、元素或资源	Alt +Shift+N
打开文件	打开已经存在的文件	
关闭	关闭当前编辑器	Ctrl+W
全部关闭	关闭所有编辑器	Ctrl+Shift+W
保存	保存当前编辑器的内容	Ctrl+S
刷新	刷新所选元素的内容	F5
切换工作空间	切换工作空间到其他位置，这将导致 Eclipse 重启	
导入	打开导入向导对话框	
导出	打开导出向导对话框	
属性	打开所选元素的属性对话框	Alt+Enter

2. "编辑"菜单

"编辑"菜单用于辅助程序代码设计工作，除常用的"剪切""复制""粘贴"命令之外，还提供了"将选择范围扩展到""内容辅助""快速修正"等高级命令。"编辑"菜单中的常用命令如表1-3所示。

表1-3　　　　　　　　　　　　　"编辑"菜单中的常用命令

命　令	说　明	组合键
将选择范围扩展到	将选择编辑内容的范围扩大到外层元素、下一个元素、上一个元素或者恢复上一次选择的元素	
查找/替换	搜索编辑器中的内容片段，并根据需要替换为新的内容	Ctrl+F
查找下一个	搜索当前所选内容下一次出现的地方	Ctrl+K
查找上一个	搜索当前所选内容上一次出现的地方	Ctrl+Shift+K
添加书签	在当前光标所在行添加书签	
添加任务	在当前光标所在行添加任务	
灵活插入方式	切换插入方式。当禁用灵活插入方式时，将禁用自动缩进、添加右方括号等辅助功能	Ctrl+Shift+Insert
内容辅助	在当前光标位置打开内容辅助对话框	
文字补全	补全当前编辑器中正在输入的文字	Ctrl+Alt+/
快速修正	如果光标位于问题代码附近，则打开一个解决方案对话框	Ctrl+1

3. "源码"菜单

"源码"菜单中包含的命令都是和代码编写相关的命令,主要用于辅助编程。"源码"菜单中的常用命令如表 1-4 所示。

表 1-4 "源码"菜单中的常用命令

命　令	说　明	组合键
切换注释	注释或取消注释当前选择的所有行	Ctrl+/或 Ctrl+7
添加块注释	在当前选择的多行代码周围添加块注释	Ctrl+Shift+/
除去块注释	从当前选择的多行代码中除去块注释	Ctrl+Shift+\
更正缩进	更正当前选择的代码行的缩进	Ctrl+I
格式	使用代码格式化程序来格式化当前 Java 代码	Ctrl+Shift+F
组织导入	导入当前类所使用的类包	Ctrl+Shift+O
覆盖/实现方法	使用向导覆盖父类或实现接口中的方法	
生成 getter 和 setter	使用向导创建成员变量的 getXXX()/setXXX()方法	
生成 hashCode()和 equals()	打开"生成 hashCode()和 equals()"对话框	
使用字段生成构造函数	添加构造函数,这些构造函数初始化当前所选类型的字段。可用于类型、字段或类型中的文本选择	
从超类中生成构造函数	对于当前所选类型,按照超类中的定义来添加构造函数	
包围方式	使用代码模板包围所选语句	Alt+Shift+Z
外部化字符串	打开"将字符串外部化"向导,此向导允许通过使用语句访问属性文件来替换代码中的所有字符串	

4. "重构"菜单

"重构"菜单是 Eclipse 最关键的菜单,主要包括项目重构的相关命令,应该重点掌握。"重构"菜单中的常用命令如表 1-5 所示。

表 1-5 "重构"菜单中的常用命令

命　令	说　明	组合键
重命名	重命名所选择的 Java 元素	Alt+Shift+R
移动	移动所选择的 Java 元素	Alt+Shift+V
抽取方法	创建一个包含当前所选语句或表达式的新方法,并进行相关引用	Alt+Shift+M
抽取局部变量	创建为当前所选表达式指定的新变量,并进行相关引用	Alt+Shift+L
抽取常量	从所选表达式创建静态全局变量,并进行相关引用	
内联	直接插入局部变量、方法或常量	Alt+Shift+I
将匿名类转换为嵌套类	将匿名内部类转换为成员类	

续表

命　令	说　明	组合键
将成员类型转换为顶级	为所选成员类型创建新的 Java 编译单元，并根据需要更新所有引用	
将局部变量转换为字段	如果该变量是在创建时初始化的，则此操作将把初始化移至新字段的声明或类的构造函数	
抽取超类	从一组同类型中抽取公共超类	
抽取接口	根据当前类的方法创建接口，并使该类实现这个接口	
包括字段	将对变量的所有引用替换为 getXXX()/setXXX()方法	
历史记录	浏览工作空间重构历史记录，并提供用于从重构历史记录中删除重构的选项	

1.3.3　工具栏

和大多数软件的布局格式相同，Eclipse 的工具栏位于菜单栏的下方。工具栏中的按钮都是菜单命令对应的快捷图标，在打开不同的编辑器时，还会动态地添加与编辑器相关的新工具栏按钮。另外，除了菜单栏下面的主工具栏，Eclipse 中还有视图工具栏、透视图工具栏和快速视图工具栏等多种工具栏。

1. 主工具栏

主工具栏就是位于 Eclipse 菜单栏下方的工具栏，根据不同的透视图和不同类型的编辑器显示相关工具按钮，如图 1-32 所示。

图 1-32　Eclipse 主工具栏

2. 视图工具栏

Eclipse 工作台中包含多种视图，这些视图有不同的用途，可以根据视图的功能需求在视图的标题栏位置添加相应的视图工具栏。例如，"控制台"视图用于输出程序运行中的结果和运行时的异常信息，其工具栏如图 1-33 所示。

图 1-33　"控制台"视图的标题栏和工具栏

3. 透视图工具栏

透视图工具栏主要包含切换已经打开的不同透视图的缩略按钮以及打开其他视图的按钮。在相应的按钮上单击鼠标右键会弹出透视图的管理菜单，用于透视图的定制、关闭、复位、布局位置、是否显示文本等操作和设置，如图 1-34 所示。

图 1-34　透视图工具栏

1.3.4 透视图与视图

透视图和视图是 Eclipse 中的概念,本节将分别介绍透视图、视图及其在 Eclipse 中的作用。

1. 透视图

透视图是 Eclipse 工作台提供的附加组织层,它实现多个视图的布局和可用操作的集合,并为这个集合定义一个名称,起到组织的作用。例如,Eclipse 提供的 Java 透视图组织了与 Java 程序设计有关的视图和操作的集合,而"调试"透视图负责组织与程序调试有关的视图和操作。Eclipse 的 Java 开发环境提供了几种常用的透视图,如 Java 透视图、"资源"透视图、"调试"透视图、"小组同步"透视图等。不同的透视图之间可以进行切换,但是同一时刻只能使用一个透视图。

2. 视图

视图多用于浏览信息的层次结构和显示活动编辑器的属性,例如,"控制台"视图用于显示程序运行时的输出结果和异常信息,而"包资源管理器"视图用于显示项目的文件组织结构。视图可以单独出现,也可以与其他视图以选项卡样式叠加在一起,它们可以有自己独立的菜单和工具栏,并且可以通过拖动随意改变布局位置。

1.3.5 "包资源管理器"视图

"包资源管理器"视图用于浏览项目结构中的 Java 元素,包括包、类、类库的引用等,但最主要的用途还是操作项目中的源代码文件。"包资源管理器"视图如图 1-35 所示。

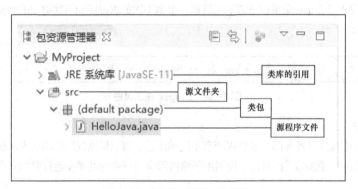

图 1-35 "包资源管理器"视图

1.3.6 "控制台"视图

"控制台"视图用于显示程序运行的输出结果和异常信息(Runtime Exception)。在学习 Swing 程序设计之前,必须使用控制台实现与程序的交互,例如,为方便调试某个方法,该视图在方法执行前后会分别输出"方法开始"和"方法结束"信息。"控制台"视图如图 1-36 所示。

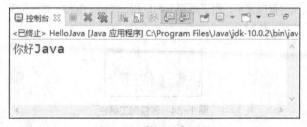

图 1-36 "控制台"视图

说明 英文原版的 Eclipse 开发环境中,"控制台"视图的标题叫作 Console。由于英文版的开发环境更加稳定,所以推荐大家使用英文原版的 Eclipse 来学习 Java。

小 结

本章首先对 Java 语言的发展历史、特点进行了介绍;然后重点讲解了 JDK 安装与配置、Eclipse 的下载与汉化、如何使用 Eclipse 创建 Java 程序,以及一个 Java 程序的基本结构,最后,对 Eclipse 开发环境的工作台、透视图、视图、菜单栏、工具栏、"包资源管理器"视图与"控制台"视图等进行了介绍。本章是学习 Java 编程的基础。读者学习本章内容时,应该重点掌握 JDK 及 Eclipse 的安装配置过程,并熟悉 Java 程序的基本结构。

习 题

1. Java 具有的特性不正确的是( )。
   A. 简单　　　B. 面向对象　　C. 稳健　　D. 抽象
2. Java 的文件扩展名是( )。
   A. .xls　　　B. .txt　　　C. .class　　D. .java
3. Java 的字节码文件的后缀是( )。
   A. .java　　　B. .doc　　　C. .jpg　　　D. .class
4. 运行 Java 程序的命令是( )。
   A. java
   C. java oneJavaApp
   B. javac
   D. javac oneJavaApp
5. Java 程序的开发工具是( )。
   A. JDK　　　B. JRE　　　C. SDK　　　D. Eclipse
6. 在安装 Eclipse 前需要先安装( )。
   A. IDE　　　B. MyEclipse　　C. SDK　　　D. JDK
7. 环境变量 path 的变量值是_____。
8. 使用 Eclipse 编写 Java 程序的流程是_____、_____、_____、_____。
9. Java 中支持_____、_____的注释。

第 2 章

Java语言基础

学习任何一门语言都不能一蹴而就，必须遵循一个客观的原则：从基础学起。有了牢固的基础，再进阶学习有一定难度的技术就会很轻松。本章将从初学者的角度详细讲解Java语言的基础知识，主要包括基本数据类型、常量和变量、表达式与运算符、流程控制语句以及数组等。

本章要点

- Java中的基本数据类型
- 常量和变量
- 表达式与运算符
- 流程控制语句
- 数组的使用

2.1 基本数据类型

在 Java 中有 8 种基本数据类型来存储数值、字符和布尔值，如图 2-1 所示。

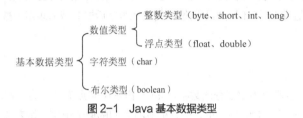

图 2-1　Java 基本数据类型

2.1.1 整数类型

整数类型（整型）用来存储整数数值，即没有小数部分的数值，可以是正数，也可以是负数。整型数据在 Java 程序中有 3 种表示形式，分别为十进制、八进制和十六进制。

（1）十进制：十进制的表现形式大家都很熟悉，如 120、0、-127。

不能以 0 作为十进制数的开头（0 除外）。

（2）八进制：如 0123（转换成十进制数为 83）、-0123（转换成十进制数为 -83）。

八进制数必须以 0 开头。

（3）十六进制：如 0x25（转换成十进制数为 37）、0Xb01e（转换成十进制数为 45086）。

十六进制数必须以 0X 或 0x 开头。

整型数据根据所占内存大小的不同，可分为 byte、short、int 和 long 4 种类型。它们具有不同的取值范围，如表 2-1 所示。

表 2-1　　　　　　　　　　　　　　　整型数据类型

数 据 类 型	内存空间（8 位等于 1 字节）	取 值 范 围
byte	8 位	-128~127
short	16 位	-32768~32767
int	32 位	-2147483648~2147483647
long	64 位	-9223372036854775808~9223372036854775807

下面以 int 型变量为例讲解整型变量的定义。

例如，定义 int 型变量，实例代码如下：

```
int x;                          //定义int型变量x
int x,y;                        //定义int型变量x、y
int x = 450,y = -462;           //定义int型变量x、y并赋给初值
```

在定义以上 4 种类型变量时，要注意变量的取值范围，超出相应范围就会出错。对于 long 型变量，若赋给的值大于 int 型的最大值或小于 int 型的最小值，则需要在数字后加 L 或 l，表示该数值为长整数，如 long num = 2147483650L。

2.1.2 浮点类型

浮点类型（浮点型）表示有小数部分的数字。Java 语言中浮点类型分为单精度浮点类型（float）和双精度浮点类型（double），它们具有不同的取值范围，如表 2-2 所示。

浮点类型

表 2-2　　　　　　　　　　　浮点型数据类型

数 据 类 型	内存空间（8 位等于 1 字节）	取 值 范 围
float	32 位	1.4E-45~3.4028235E38
double	64 位	4.9E-324~1.7976931348623157E308

在默认情况下，小数都被看作 double 型，若使用 float 型小数，则需要在小数后面添加 F 或 f。可以使用后缀 d 或 D 来明确表明这是一个 double 类型数据，不加 d 不会出错，但声明 float 型变量时如果不加 f，系统会认为变量是 double 类型而出错。下面举例介绍声明浮点类型变量的方法。

例如，定义浮点类型变量，实例代码如下：

```
float f1 = 13.23f;
double d1 = 4562.12d;
double d2 = 45678.1564;
```

2.1.3 字符类型

1. 字符

字符类型（字符型）用于存储单个字符，占用 16 位（两个字节）的内存空间。在定义字符型变量时，要以单引号表示，如's'表示一个字符，而"s"则表示一个字符串，虽然这个字符串里只有一个字符。

字符类型

使用 char 关键字可定义字符变量，下面举例说明。

例如，声明字符型变量，代码如下：

```
char x = 'a';
```

由于字符 a 在 unicode 表中的排序位置是 97，因此允许将上面的语句写成：

```
char x = 97;
```

同 C 和 C++语言一样，Java 语言也可以把字符作为整数对待。由于 unicode 表采用无符号编码，可以存储 65536 个字符（0x0000~0xffff），所以 Java 中的字符几乎可以处理所有国家的文字。若想得到一个 0~65536 的数所代表的 unicode 表中相应位置上的字符，也必须使用 char 型显式转换。

【例 2-1】　在项目中创建类 Gess，编写如下代码，实现将 unicode 表中某些位置上的字符以及一些字符在 unicode 表中的位置在控制台上输出。（实例位置：资源包\MR\源码\第 2 章\2-1）

```
public class Gess {                       //定义类
```

```java
    public static void main(String[] args) {       //主方法
        char word = 'd', word2 = '@';              //定义char型变量
        int p = 23045, p2 = 45213;                 //定义int型变量
        System.out.println("d在unicode表中的顺序位置是: " + (int) word);
        System.out.println("@在unicode表中的顺序位置是: " + (int) word2);
        System.out.println("unicode表中的第23045位是: " + (char) p);
        System.out.println("unicode表中的第45213位是: " + (char) p2);
    }
}
```

运行结果如图 2-2 所示。

图 2-2 字符的使用

2. 转义字符

转义字符是一种特殊的字符变量,它以反斜杠"\"开头,后跟一个或多个字符。转义字符具有特定的含义,不同于字符原有的意义,故称"转义"。例如,printf()函数的格式串中用到的"\n"就是一个转义字符,意思是"回车换行"。Java 中的转义字符如表 2-3 所示。

表 2-3　　　　　　　　　　　转义字符

转 义 字 符	含　义
\ddd	1~3 位八进制数据所表示的字符,如\123
\uxxxx	4 位十六进制数据所表示的字符,如\u0052
\'	单引号字符
\\	反斜杠字符
\t	垂直制表符,将光标移到下一个制表符的位置
\r	回车
\n	换行
\b	退格
\f	换页

将转义字符赋值给字符变量时,与字符常量值一样需要使用单引号。

例如,使用转义字符,实例代码如下:

```
char c1 = '\\';                    //将转义字符 '\\' 赋值给变量c1
char char1 = '\u2605';             //将转义字符 '\u2605' 赋值给变量char1
System.out.println(c1);            //输出结果\
System.out.println(char1);         //输出结果★
```

布尔类型

2.1.4 布尔类型

布尔类型(布尔型)又称逻辑类型。布尔类型变量通过关键字 boolean 来定义,只有 true 和 false 两个值,分别代表布尔逻辑中的"真"和"假"。布尔值不能与整数类型进行转换。布尔类型通常被用在流程控

制中作为判断条件。

例如，声明 boolean 型变量，实例代码如下：
```
boolean b;                //定义布尔型变量b
boolean b1,b2;            //定义布尔型变量b1、b2
boolean b = true;         //定义布尔型变量b，并赋给初值true
```

2.2 常量和变量

常量和变量

常量就是其值固定不变的量，而且常量的值在编译时就已经确定了；变量用来表示一个数值、一个字符串值或者一个类的对象，变量存储的值可能会发生更改，但变量名称保持不变。

2.2.1 常量的声明和使用

常量又叫常数，它主要用来存储在程序运行过程中值不改变的量，通常可以分为字面常量和符号常量两种，下面分别进行讲解。

1. 字面常量

字面常量就是每种基本数据类型所对应的常量表示形式。

（1）整数常量
```
32
368
0x2F
```

（2）浮点常量
```
3.14
3.14F
3.14D
3.14M
```

（3）字符常量
```
'A'
'\X0056'
```

（4）字符串常量
```
"Hello World"
"Java"
```

（5）布尔常量
```
ture
false
```

2. 符号常量

在程序运行过程中一直不会改变的量称为常量，通常也被称为"final 变量"。常量在整个程序中只能被赋值一次。作为所有对象的共享值，常量是非常有用的。

在 Java 语言中声明一个常量，除了要指定数据类型外，还需要通过 final 关键字进行限定。声明常量的标准语法如下：
```
final 数据类型 常量名称[=值]
```

常量名通常使用大写字母，但这并不是硬性要求。很多 Java 程序员使用大写字母表示常量，是为了清楚地表明正在使用常量。

例如，声明常量，实例代码如下：

```
final double PI = 3.1415926D;              //声明double型常量PI并赋值
final boolean BOOL = true;                 //声明boolean型常量BOOL并赋值
```

当定义的final变量属于"成员变量"时，必须在定义时就设定它的初值，否则将会产生编译错误。

2.2.2 变量的声明和使用

变量是指在程序运行过程中其值可以不断变化的量。变量通常用来保存程序运行过程中的输入数据、计算获得的中间结果和最终结果等。在Java中，声明变量的语句由一个类型和跟在后面的一个或多个变量名组成，多个变量名之间用逗号分开，声明变量以分号结束，语法如下：

```
变量类型 变量名;                            //声明一个变量
变量类型 变量名1,变量名2,…变量名n;          //同时声明多个变量
```

例如，声明一个整型变量m，同时声明三个字符串型变量str1、str2和str3，代码如下：

```
int m;                                     //声明一个整型变量
String str1, str2, str3;                   //同时声明三个字符串型变量
```

上面的第一行代码中，声明了一个名称为m的整型变量；第二行代码中，声明了三个字符串型的变量，分别为str1、str2和str3。

另外，声明变量时，还可以初始化变量，即在每个变量名后面加上给变量赋初始值的指令。

例如，声明一个整型变量r，并且赋值为368，然后，再同时声明三个字符串型变量，并初始化，代码如下：

```
int r = 368;                                               //初始化整型变量r
String x = "明日科技", y = "Java编程词典", z = "Java";     //初始化字符串型变量x、y和z
```

声明变量时，要注意变量的命名规则。Java中的变量名是一种标识符，因此应该符合标识符的命名规则。变量名是区分大小写的，下面给出变量的命名规则。

（1）变量名只能由数字、字母和下画线组成。
（2）变量名的第一个符号只能是字母和下画线，不能是数字。
（3）不能使用关键字作为变量名。
（4）一旦在一个语句块中定义了一个变量名，那么在变量的作用域内都不能再定义同名的变量。

2.3 表达式与运算符

表达式是由运算符和操作数组成的。运算符决定对操作数进行什么样的运算。例如，+、-、*和/都是运算符，操作数包括文本、常量、变量和表达式等。

例如，下面几行代码就是使用简单的表达式组成的Java语句，代码如下：

```
int i = 927;                               //声明一个int类型的变量i并初始化为927
i = i * i + 112;                           //改变变量i的值
int j = 2011;                              //声明一个int类型的变量j并初始化为2011
j = j / 2;                                 //改变变量j的值
```

Java提供了多种运算符，运算符是具有运算功能的符号，根据使用运算符的个数，可以将运算符分为单目运算符、双目运算符和三目运算符，其中，单目运算符是作用在一个操作数上的运算符，如正号（+）等；双目运算符是作用在两个操作数上的运算符，如加法（+）、乘法（*）等；三目运算符是作用在三个操作数上的运算符，Java中唯一的三目运算符就是条件运算符（?:）。下面分别对常用的运算符进行讲解。

2.3.1 算术运算符

Java中的算术运算符是双目运算符，主要包括+、-、*、/和%5种，它们分别用

算术运算符

于进行加、减、乘、除和模（求余）运算。Java 中算术运算符的功能及使用方式如表 2-4 所示。

表 2-4　　　　　　　　　　　　　Java 算术运算符

运算符	说明	实例	结果
+	加	12.45f+15	27.45
-	减	4.56-0.16	4.4
*	乘	5L*12.45f	62.25
/	除	7/2	3
%	求余	12%10	2

例如，定义两个 int 变量 m 和 n，并分别初始化，使用算术运算符分别对它们执行加、减、乘、除、求余运算，代码如下：

```
int m = 8;                  //定义变量m，并初始化为8
int n = 4;;                 //定义变量m，并初始化为4
int r1 = m + n;             //结果为12
int r1 = m - n;             //结果为4
int r1 = m * n;             //结果为32
int r1 = m / n;             //结果为2
int r1 = m % n;             //结果为0
```

使用除法（/）运算符和求余运算符时，除数不能为 0，否则将会出现异常。

2.3.2　自增自减运算符

Java 中提供了两种特殊的算术运算符，即自增、自减运算符，它们分别用++和--表示，下面分别对它们进行讲解。

自增自减运算符

1. 自增运算符

自增运算符++是单目运算符。++在使用时有两种形式，分别是++expr 和 expr++，其中，++expr 是前置形式，它表示 expr 自身先加 1，其运算结果是自身修改后的值，再参与其他运算；而 expr++是后置形式，它也表示自身加 1，但其运算结果是自身未修改的值，也就是说，expr++是先参加完其他运算，然后再进行自身加 1 操作。++自增运算符放在不同位置时的运算示意图如图 2-3 所示。

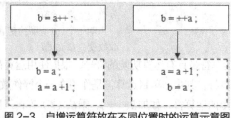

图 2-3　自增运算符放在不同位置时的运算示意图

例如，下面的代码演示自增运算符放在变量的不同位置时的运算结果：

```
int i = 0, j = 0;              // 定义 int 类型的 i、j
int post_i, pre_j;             // post_i表示后置形式运算的返回结果，pre_j表示前置形式运算的返回结果
post_i = i++;                  // 后置形式的自增，post_i是 0
System.out.println(i);         // 输出结果是 1
```

```
pre_j = ++j;                // 前置形式的自增,pre_j是1
System.out.println(j);      // 输出结果是1
```

2. 自减运算符

自减运算符--是单目运算符。--在使用时有两种形式,分别是--expr和expr--,其中,--expr是前置形式,它表示expr自身先减1,其运算结果是自身修改后的值,再参与其他运算;而expr--是后置形式,它也表示自身减1,但其运算结果是自身未修改的值,也就是说,expr--是先参加完其他运算,然后再进行自身减1操作。--自减运算符放在不同位置时的运算示意图如图2-4所示。

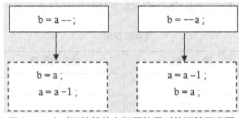

图2-4 自减运算符放在不同位置时的运算示意图

自增、自减运算符只能作用于变量,因此,下面的形式是不合法的:
```
3++;                  // 不合法,因为3是一个常量
(i+j)++;              // 不合法,因为i+j是一个表达式
```

2.3.3 赋值运算符

赋值运算符为变量、属性、事件等元素赋新值。赋值运算符主要有=、+=、-=、*=、/=、%=、&=、|=、^=、<<=和>>=。赋值运算符的左操作数必须是变量、属性访问、索引器访问或事件访问类型的表达式,如果赋值运算符两边的操作数的类型不一致,就需要首先进行类型转换,然后再赋值。

赋值运算符

在使用赋值运算符时,右操作数表达式所属的类型必须可隐式转换为左操作数所属的类型,运算将右操作数的值赋给左操作数指定的变量、属性或索引器元素。所有赋值运算符及其运算规则如表2-5所示。

表2-5   赋值运算符

名 称	运 算 符	运 算 规 则	意 义
赋值	=	将表达式赋值给变量	将右边的值给左边
加赋值	+=	x+=y	x=x+y
减赋值	-=	x-=y	x=x-y
除赋值	/=	x/=y	x=x/y
乘赋值	*=	x*=y	x=x*y
模赋值	%=	x%=y	x=x%y
位与赋值	&=	x&=y	x=x&y
位或赋值	|=	x|=y	x=x|y
右移赋值	>>=	x>>=y	x=x>>y
左移赋值	<<=	x<<=y	x=x<<y
异或赋值	^=	x^=y	x=x^y

下面以加赋值（+=）运算符为例，举例说明赋值运算符的用法。例如，声明一个 int 类型的变量 i，并初始化为 927，然后通过加赋值运算符改变 i 的值，使其在原有的基础上增加 112，代码如下：

```
int i = 927;                    //声明一个int类型的变量i并初始化为927
i += 112;                       //使用加赋值运算符
System.out.println(i);          //输出最后变量i的值为1039
```

2.3.4 关系运算符

关系运算符

关系运算符可以实现对两个值的比较运算，关系运算符在完成两个操作数的比较运算之后会返回一个代表运算结果的布尔值。常见的关系运算符如表 2-6 所示。

表 2-6　　　　　　　　　　　　　　关系运算符

关系运算符	说　　明	关系运算符	说　　明
==	等于	!=	不等于
>	大于	>=	大于等于
<	小于	<=	小于等于

下面通过一个实例演示关系运算符的使用。

【例 2-2】　在项目中创建类 Compare，在主方法中创建整型变量，使用比较运算符对变量进行比较运算，并将运算后的结果输出，代码如下：（实例位置：资源包\MR\源码\第 2 章\2-2）

```java
public static void main(String[] args) {
    int number1 = 4;                          //声明int型变量number1
    int number2 = 5;                          //声明int型变量number2
    /* 依次将变量number1与变量number2的比较结果输出 */
    System.out.println("number1>number的返回值为：" + (number1 > number2));
    System.out.println("number1< number2返回值为："+ (number1 < number2));
    System.out.println("number1==number2返回值为："+ (number1== number2));
    System.out.println("number1!=number2返回值为："+ (number1 != number2));
    System.out.println("number1>= number2返回值为："+ (number1 >= number2));
    System.out.println("number1<=number2返回值为："+ (number1 <= number2));
}
```

程序运行结果如图 2-5 所示。

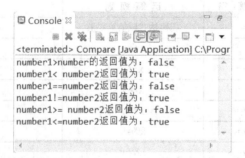

图 2-5　使用关系运算符比较变量的大小关系

关系运算符一般常用于判断或循环语句中。

2.3.5 逻辑运算符

逻辑运算符对真和假这两种布尔值进行运算，运算后的结果仍是一个布尔值。Java中的逻辑运算符主要包括&（&&）（逻辑与）、|（||）（逻辑或）、!（逻辑非）。在逻辑运算符中，除了"!"是单目运算符之外，其他都是双目运算符。表 2-7 列出了逻辑运算符的用法和说明。

逻辑运算符

表 2-7　　　　　　　　　　　　　　逻辑运算符

运 算 符	含 义	用 法	结合方向
&&、&	逻辑与	op1&&op2	左到右
||、|	逻辑或	op1||op2	左到右
!	逻辑非	! op	右到左

使用逻辑运算符进行逻辑运算时，其运算结果如表 2-8 所示。

表 2-8　　　　　　　　　　　使用逻辑运算符进行逻辑运算

表达式 1	表达式 2	表达式 1&&表达式 2	表达式 1||表达式 2	! 表达式 1
true	true	true	true	false
true	false	false	true	false
false	false	false	false	true
false	true	false	true	true

逻辑运算符"&&"与"&"都表示"逻辑与"，那么它们之间的区别在哪里呢？从表 2-8 可以看出，当两个表达式都为 true 时，逻辑与的结果才会是 true。使用"&"会判断两个表达式；而"&&"则是针对布尔类型的数据进行判断，当第一个表达式为 false 时，则不去判断第二个表达式，直接输出结果，从而节省计算机判断的次数。通常将在逻辑表达式中从左端的表达式可推断出整个表达式的值称为"短路"，而那些始终执行逻辑运算符两边的表达式称为"非短路"。"&&"属于"短路"运算符，而"&"则属于"非短路"运算符。"||"与"|"的区别跟"&&"与"&"的区别类似。

【例 2-3】　在项目中创建类 Calculation，在主方法中创建整型变量，使用逻辑运算符对变量进行运算，并将运算结果输出，代码如下：（实例位置：资源包\MR\源码\第 2 章\2-3）

```java
public class Calculation {                    //创建类
    public static void main(String[] args) {
        int a = 2;                            //声明int型变量a
        int b = 5;                            //声明int型变量b
        //声明boolean型变量，用于保存应用逻辑运算符"&&"后的返回值
        boolean result = ((a > b) && (a != b));
        //声明boolean型变量，用于保存应用逻辑运算符"||"后的返回值
        boolean result2 = ((a > b) || (a != b));
        System.out.println(result);           //将变量result输出
        System.out.println(result2);          //将变量result2输出
    }
}
```

程序运行结果为：

```
false
true
```

2.3.6 位运算符

位运算符的操作数类型是整型，可以是有符号的也可以是无符号的。Java 中的位运算符有位与、位或、位异或和取反，其中位与、位或、位异或为双目运算符，取反为单目运算符。位运算是完全针对位方面的操作，因此，在实际使用时，需要先将要执行运算的数据转换为二进制，然后才能执行运算。

位运算符、移位运算符

1. "位与"运算

"位与"运算的运算符为"&"，其运算法则是：如果两个整型数据 a、b 对应位都是 1，则结果位才是 1，否则为 0。如果两个操作数的精度不同，则结果的精度与精度高的操作数相同，如图 2-6 所示。

2. "位或"运算

"位或"运算的运算符为"|"，其运算法则是：如果两个操作数对应位都是 0，则结果位才是 0，否则为 1。如果两个操作数的精度不同，则结果的精度与精度高的操作数相同，如图 2-7 所示。

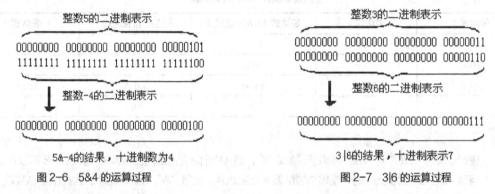

图 2-6 5&4 的运算过程　　　　图 2-7 3|6 的运算过程

3. "位异或"运算

"位异或"运算的运算符是"^"，其运算法则是：当两个操作数的二进制表示相同（同时为 0 或同时为 1）时，结果为 0，否则为 1。若两个操作数的精度不同，则结果数的精度与精度高的操作数相同，如图 2-8 所示。

4. "取反"运算

"取反"运算也称"按位非"运算，运算符为"~"。"取反"运算就是将操作数对应二进制中的 1 修改为 0，0 修改为 1，如图 2-9 所示。

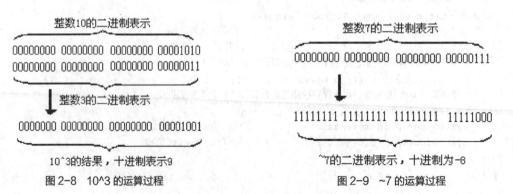

图 2-8 10^3 的运算过程　　　　图 2-9 ~7 的运算过程

2.3.7 移位运算符

除了上述位运算符之外，还可以对数据按二进制位进行移位操作。Java 中的移位运算符有以下 3 种。

（1）<<：左移。

（2）>>：右移。

（3）>>>：无符号右移。

左移就是将运算符左边的操作数的二进制数据按照运算符右边操作数指定的位数向左移动，右边移空的部分补 0。右移则复杂一些。当使用 ">>" 符号时，如果最高位是 0，右移空的位就填入 0；如果最高位是 1，右移空的位就填入 1，如图 2-10 所示。

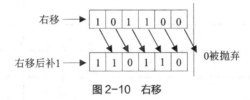

图 2-10 右移

Java 还提供了无符号右移 ">>>"，无论最高位是 0 还是 1，左侧被移空的高位都填入 0。

移位运算符适用的数据类型有 byte、short、char、int 和 long。

移位可以实现整数除以或乘以 2n 的效果。例如，y<<2 与 y*4 的结果相同；y>>1 与 y/2 的结果相同。总之，一个数左移 n 位，就是将这个数乘以 2n；一个数右移 n 位，就是将这个数除以 2n。

2.3.8 条件运算符

条件运算符用?:表示，它是 Java 中仅有的一个三目运算符，该运算符需要 3 个操作数，形式如下：

<表达式1> ？ <表达式2> ： <表达式3>

其中，表达式 1 是一个布尔值，可以为真或假，如果表达式 1 为真，则返回表达式 2 的运算结果，如果表达式 1 为假，则返回表达式 3 的运算结果。例如：

```
int  x=5, y=6, max;
max=x<y? y : x ;
```

上面代码的返回值为 6，因为 x<y 这个条件是成立的，所以返回 y 的值。

条件运算符

2.3.9 运算符的优先级与结合性

Java 中的表达式是使用运算符连接起来的符合 Java 规范的式子，运算符的优先级决定了表达式中运算执行的先后顺序。运算符优先级其实相当于进销存的业务流程，如进货、入库、销售、出库，只能按这个步骤进行操作。运算符的优先级也是这样的，它是按照一定的先后顺序进行计算的，Java 中的运算符优先级由高到低排列如下。

（1）自增、自减运算符。

（2）算术运算符。

（3）移位运算符。

运算符的优先级与结合性

（4）关系运算符。

（5）逻辑运算符。

（6）条件运算符。

（7）赋值运算符。

如果两个运算符具有相同的优先级，则会根据其结合性确定是从左至右运算，还是从右至左运算。表2-9列出了运算符从高到低的优先级顺序及结合性。

表 2-9　　　　　　　　　　　　运算符的优先级顺序

运算符类别	运算符	数目	结合性
单目运算符	++、--、!	单目	←
算术运算符	*、/、%	双目	→
	+、-	双目	→
移位运算符	<<、>>>、>>	双目	→
关系运算符	>、>=、<、<=	双目	→
	==、!=	双目	→
逻辑运算符	&&	双目	→
	||	双目	→
条件运算符	? :	三目	←
赋值运算符	=、+=、-=、*=、/=、%=	双目	←

表2-9中的"←"表示从右至左，"→"表示从左至右。从表2-9中可以看出，Java中的运算符中，只有单目、条件和赋值运算符的结合性为从右至左，其他运算符的结合性都是从左至右。

2.3.10　表达式中的类型转换

在 Java 中对一些不同类型的数据进行操作时，经常用到类型转换，类型转换主要分为隐式类型转换和显式类型转换，下面分别进行讲解。

1．隐式类型转换

隐式类型转换就是不需要声明就能进行的转换。进行隐式类型转换时，编译器不需要进行检查就能安全地进行转换。表2-10列出了各种数据类型转换的一般规则。

表达式中的类型转换

表 2-10　　　　　　　　　　　　隐式类型转换规则

操作数1的数据类型	操作数2的数据类型	转换后的数据类型
byte、short、char	int	int
byte、short、char、int	long	long
byte、short、char、int、long	float	float
byte、short、char、int、long、float	double	double

例如，将 int 型隐式转换成 long 型，代码如下：

```
int i =5;                    //声明一个整型变量i并初始化为5
long j = i;                  //隐式转换成long型
```

2. 显式类型转换

当把高精度的变量的值赋给低精度的变量时，必须使用显式类型转换运算（又称强制类型转换）。

语法如下：

(类型名)要转换的值

下面通过几种常见的显式数据类型转换实例来说明。

例如，将不同的数据类型进行显式类型转换，实例代码如下：

```
int a = (int)45.23;          //此时输出a的值为45
long y = (long)456.6F;       //此时输出y的值为456
int b = (int)'d';            //此时输出b的值为100
```

执行显式类型转换可能会导致精度损失。boolean 类型以外其他基本类型之间的转换，全部都能以显式类型转换的方法达到。

 当把整数赋值给 byte、short、int 或 long 型变量时，不可以超出这些变量的取值范围，否则必须进行强制类型转换。例如：

```
byte b = (byte)129;
```

2.4 选择语句

选择结构是程序设计过程中最常见的一种结构，比如用户登录、条件判断等都需要用到选择结构。Java 中的选择语句主要包括 if 语句和 switch 语句两种，本节将分别进行介绍。

2.4.1 if 语句

if 语句是最基础的一种选择结构语句，它主要有 3 种形式，分别为最简单的 if 语句、if...else 语句和 if...else if...else 语句，本节将分别对它们进行详细讲解。

1. 最简单的 if 语句

Java 语言中使用 if 关键字来组成选择语句，其最简单的语法形式如下：

```
if(表达式){
    语句块
}
```

其中，表达式部分必须用()括起来，它可以是一个单纯的布尔变量或常量，也可以是关系表达式或逻辑表达式。如果表达式为真，则执行"语句块"，之后继续执行"下一条语句"；如果表达式的值为假，就跳过"语句块"，执行"下一条语句"。这种形式的 if 语句相当于汉语里的"如果……那么……"，其流程图如图 2-11 所示。

例如，通过 if 语句实现只有年龄大于等于 56 岁才可以申请退休，代码如下：

```
int Age=50;
if(Age>=56){
    允许退休;
}
```

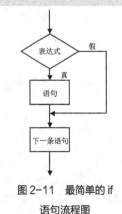

图 2-11 最简单的 if 语句流程图

2. if...else 语句

如果遇到只能二选一的条件，Java 中提供了 if...else 语句解决类似问题，其语法如下：

```
if(表达式){
    语句块;
}
else{
    语句块;
}
```

使用 if...else 语句时，表达式可以是一个单纯的布尔变量或常量，也可以是关系表达式或逻辑表达式，如果满足条件，则执行 if 后面的语句块，否则，执行 else 后面的语句块。这种形式的选择语句相当于汉语里的"如果……否则……"，其流程图如图 2-12 所示。

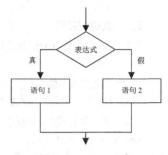

图 2-12　if...else 语句流程图

例如，使用 if...else 语句判断用户输入的分数是不是足够优秀，如果大于 90，则表示优秀，否则，输出"希望你继续努力！"，代码如下：

```java
Scanner sc = new Scanner(System.in);    //用于控制台输入
int score = sc.nextInt();               //接收用户输入
if (score > 90)                         //判断输入是否大于90
    System.out.println("你非常优秀！");
else                                    //不大于90的情况
    System.out.println("希望你继续努力！");
```

建议总是在 if 后面使用大括号{}将要执行的语句括起来，这样可以避免程序代码混乱。

3. if...else if...else 语句

在开发程序时，如果需要针对某一事件的多种情况进行处理，则可以使用 if...else if...else 语句，该语句是一个多分支选择语句，通常表现为"如果满足某种条件，进行某种处理，否则，如果满足另一种条件，则执行另一种处理……"。if...else if...else 语句的语法格式如下：

```
if(表达式1){
    语句1;
}
else if(表达式2){
    语句2;
}
else if(表达式3){
    语句3;
}
    …
else if(表达式m){
    语句m;
}
else{
    语句n;
}
```

使用 if...else if...else 语句时，表达式部分必须用( )括起来，它可以是一个单纯的布尔变量或常量，也可以是关系表达式或逻辑表达式。如果表达式为真，执行语句；而如果表达式为假，则跳过该语句，进行下一个 else if 的判断，只有在所有表达式都为假的情况下，才会执行 else 中的语句。if...else if...else 语句流程图如图 2-13 所示。

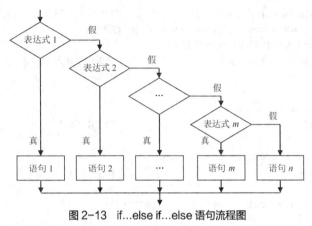

图 2-13　if...else if...else 语句流程图

例如，使用 if...else if...else 多分支语句实现根据用户输入的年龄输出相应信息提示的功能，代码如下：

```
Scanner sc = new Scanner(System.in);         //用于控制台输入
int YouAge = sc.nextInt();                    //接收用户输入
if (YouAge <= 18)                             //调用if语句判断输入的数据是否小于等于18
    System.out.println("您的年龄还小，要努力奋斗哦！");
else if (YouAge > 18 && YouAge <= 30)         //判断输入的年龄是否大于18岁小于30岁
    System.out.println("您现在的阶段正是努力奋斗的黄金阶段！");
else if (YouAge > 30 && YouAge <= 50)         //判断输入的年龄是否大于30岁小于等于50岁
    System.out.println("您现在的阶段正是人生的黄金阶段！");
else
    System.out.println("最美不过夕阳红！");
```

4. if 语句的嵌套

前面讲过 3 种形式的 if 选择语句，这 3 种形式的选择语句可以进行互相嵌套。例如，在最简单的 if 语句中嵌套 if...else 语句，形式如下：

```
if(表达式1){
    if(表达式2)
        语句1;
    else
        语句2;
}
```

例如，在 if...else 语句中嵌套 if...else 语句，形式如下：

```
if(表达式1){
    if(表达式2)
        语句1;
    else
        语句2;
}
else{
    if(表达式2)
        语句1;
    else
        语句2;
}
```

【例 2-4】 在项目中创建类 LeapYear，通过使用嵌套的 if 语句实现判断用户输入的年份是不是闰年的功能，代码如下：（实例位置：资源包\MR\源码\第 2 章\2-4）

```java
public static void main(String[] args) {
    Scanner sc = new Scanner(System.in);    // 用于控制台输入
    System.out.println("请输入一个年份: ");
    int iYear = sc.nextInt();                // 记录用户输入的年份
    if (iYear % 4 == 0)                      // 四年一闰
    {
        if (iYear % 100 == 0) {
            if (iYear % 400 == 0)            // 四百年再闰
            {
                System.out.println("这是闰年");
            } else                           // 百年不闰
            {
                System.out.println("这不是闰年");
            }
        } else {
            System.out.println("这是闰年");
        }
    } else {
        System.out.println("这不是闰年");
    }
}
```

运行程序，当输入一个闰年年份时（如 2000），效果如图 2-14 所示；当输入一个非闰年年份时（如 2019），效果如图 2-15 所示。

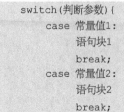

图 2-14　输入闰年年份的结果　　　　图 2-15　输入非闰年年份的结果

 （1）使用 if 语句嵌套时，要注意 else 关键字要和 if 关键字成对出现，并且遵守邻近原则，即 else 关键字总是和离自己最近的 if 语句相匹配。
（2）在进行条件判断时，应该尽量使用复合语句，以免产生二义性，导致运行结果和预想的不一致。

2.4.2　switch 语句

switch 语句

switch 语句是多分支条件判断语句，它根据参数的值使程序从多个分支中选择一个用于执行的分支，其基本语法如下：

```
switch(判断参数){
    case 常量值1:
        语句块1
        break;
    case 常量值2:
        语句块2
        break;
```

```
    …
    case 常量值n：
        语句块n
        break;
    defaul：
        语句块n+1
        break;
}
```

switch 关键字后面的小括号中是要判断的参数，参数必须是 sbyte、byte、short、ushort、int、uint、long、ulong、char、string、boolean 或者枚举类型中的一种，大括号中的代码是由多个 case 子句组成的，每个 case 关键字后面都有相应的语句块，这些语句块都是 switch 语句可能执行的语句块。如果符合常量值，则 case 下的语句块就会被执行，语句块执行完毕后，执行 break 语句，使程序跳出 switch 语句；如果条件都不满足，则执行 default 中的语句块。

（1）case 后的各常量值不可以相同，否则会出现错误。
（2）case 后面的语句块可以有多条语句，不必使用大括号括起来。
（3）case 语句和 default 语句的顺序可以改变，但不会影响程序执行结果。
（4）一个 switch 语句中只能有一个 default 语句，而且 default 语句可以省略。

switch 语句的执行流程如图 2-16 所示。

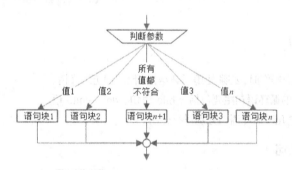

图 2-16　switch 语句的执行流程

【例 2-5】　使用 switch 语句判断用户的操作权限，代码如下：(实例位置：资源包\MR\源码\第 2 章\2-5)

```java
public static void main(String[] args) {
    Scanner sc = new Scanner(System.in);    // 用于控制台输入
    System.out.println("请您输入身份：");
    String strPop =sc.next();               //获取用户输入的数据
    switch (strPop)                         //判断用户输入的权限
    {
        case "管理员":
            System.out.println("您拥有学生成绩管理系统的所有操作权限！");
            break;
        case "高级用户":
            System.out.println("您可以编辑学生和成绩信息！");
            break;
        case "用户":
            System.out.println("您可以添加学生信息！");
            break;
```

```
        case "游客":
            System.out.println("您只能浏览系统首页! ");
            break;
        default:
            System.out.println("您输入的身份信息有误! ");
            break;
    }
}
```

运行程序，输入一个权限，按回车键，效果如图2-17所示。

图 2-17 判断用户的操作权限

使用 switch 语句时，常量表达式的值绝不可以是浮点类型。

2.5 循环语句

当程序要反复执行某一操作时，必须使用循环结构，比如遍历二叉树、输出数组元素等。Java 中的循环语句主要包括 while 语句、do...while 语句和 for 语句，本节将对这几种循环语句分别进行介绍。

2.5.1 while 循环语句

while 语句用来实现"当型"循环结构，它的语法格式如下：

```
while(表达式){
    语句
}
```

while 循环语句

表达式一般是一个关系表达式或一个逻辑表达式，表达式的值应该是一个逻辑值（true 或 false）。当表达式的值为真时，开始循环执行语句；当表达式的值为假时，退出循环，执行循环外的下一条语句。循环每次都是执行完语句后回到表达式处重新开始判断，重新计算表达式的值。

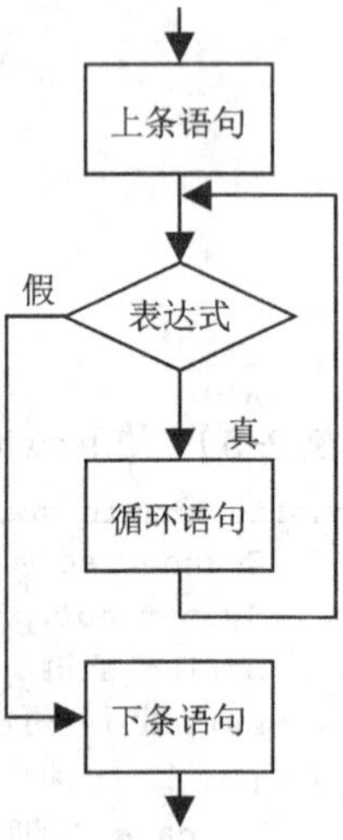

while 语句流程图如图 2-18 所示。

图 2-18 while 语句流程图

【例 2-6】 使用 while 循环编写程序实现 1 到 100 的累加，代码如下：（实例位置：资源包\MR\源码\第 2 章\2-6）

```java
public static void main(String[] args) {
    int iNum = 1;            //iNum从1到100递增
    int iSum = 0;            //记录每次累加后的结果
```

```
    while (iNum <= 100)              //iNum <= 100是循环条件
    {
        iSum += iNum;                //把每次iNum的值累加到上次累加的结果中
        iNum++;                      //每次循环iNum的值加1
    }
    System.out.println("1到100的累加结果是："+ iSum);
}
```

2.5.2 do…while 循环语句

有些情况下无论循环条件是否成立，循环体的内容都要被执行一次，这种时候可以使用 do…while 循环。do…while 循环的特点是先执行循环体，再判断循环条件，其语法格式如下：

do…while 循环语句

```
do
{
语句
}
while(表达式);
```

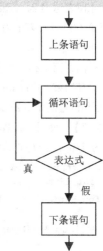

图 2-19　do…while 语句流程图

do 为关键字，必须与 while 配对使用。do 与 while 之间的语句称为循环体，该语句是用大括号{}括起来的复合语句。循环语句中的表达式与 while 语句中的相同，也为关系表达式或逻辑表达式，但特别值得注意的是：do…while 语句后一定要有分号";"。

do…while 语句流程图如图 2-19 所示。

【例 2-7】　使用 do…while 循环编写程序实现 1 到 100 的累加，代码如下：（实例位置：资源包\MR\源码\第 2 章\2-7）

```
public static void main(String[] args) {
    int iNum = 1;                    //iNum从1到100递增
    int iSum = 0;                    //记录每次累加后的结果
    do
    {
        iSum += iNum;                //把每次iNum的值累加到上次累加的结果中
        iNum++;                      //每次循环iNum的值加1
    } while (iNum <= 100);           //iNum <= 100 是循环条件
    System.out.println("1到100的累加结果是：" + iSum);
}
```

说明

while 语句和 do…while 语句都用来控制代码的循环，但 while 语句使用于先条件判断，再执行循环结构的场合，而 do…while 语句则适合于先执行循环结构，再进行条件判断的场合。具体来说，使用 while 语句时，如果条件不成立，则循环结构一次都不会执行，而使用 do…while 语句时，即使条件不成立，程序也至少会执行一次循环结构。

2.5.3 for 循环语句

for 循环是 Java 中最常用、最灵活的一种循环结构，for 循环既能够用于循环次数已知的情况，又能够用于循环次数未知的情况。for 循环的常用语法格式如下：

for 循环语句

```
for(表达式1;表达式2;表达式3)
{
    语句组
}
```

for 语句的执行过程如下。

（1）求解表达式 1。

（2）求解表达式 2，若表达式 2 的值为"真"，则执行循环体内的语句组，然后执行第（3）步，若值为"假"，转到第（5）步。

（3）求解表达式 3。

（4）转回到第（2）步执行。

（5）循环结束，执行 for 循环接下来的语句。

for 语句流程图如图 2-20 所示。

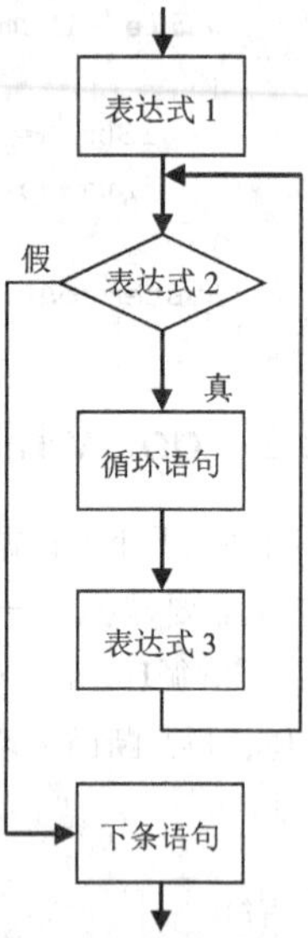

【例 2-8】 使用 for 循环编写程序实现 1 到 100 的累加，代码如下：（实例位置：资源包\MR\源码\第 2 章\2-8）

```java
public static void main(String[] args) {
    int iSum = 0;                              //记录每次累加后的结果
    for (int iNum = 1; iNum <= 100; iNum++)
    {
        iSum += iNum;                          //把每次的 iNum 的值累加到上次累加的结果中
    }
    System.out.println("1到100的累加结果是: " + iSum);
}
```

图 2-20 for 语句流程图

for 语句的 3 个参数都是可选的，理论上并不一定完全具备。但是如果不设置循环条件，程序就会产生死循环，此时需要通过跳转语句退出。

2.6 跳转语句

跳转语句主要用于无条件的转移控制，它会将控制转到某个位置，这个位置就是跳转语句的目标。如果跳转语句出现在一个语句块内，而跳转语句的目标却在该语句块之外，则称该跳转语句退出该语句块。跳转语句主要包括 break 语句、continue 语句和 goto 语句，本节将对这几种跳转语句分别进行介绍。

跳转语句

2.6.1 break 语句

使用 break 语句可以使流程跳出 switch 多分支结构，实际上，break 语句还可以用来跳出循环体，执行循环体之外的语句。break 语句通常应用于 switch、while、do…while 或 for 语句中，当多个 switch、while、do…while 或 for 语句互相嵌套时，break 语句只应用于最里层的语句。break 语句的语法格式如下：

```
break;
```

break 语句一般会与 if 语句搭配使用，表示在某种条件下，循环结束。

【例 2-9】 修改【例 2-6】，在 iNum 的值为 50 时，退出循环，代码如下：（实例位置：资源包\MR\源码\第 2 章\2-9）

```java
public static void main(String[] args) {
    int iNum = 1;                              //iNum从1到100递增
    int iSum = 0;                              //记录每次累加后的结果
    while (iNum <= 100)                        //iNum <= 100 是循环条件
    {
        iSum += iNum;                          //把每次的iNum的值累加到上次累加的结果中
        iNum++;                                //每次循环iNum的值加1
        if(iNum == 50)                         //判断iNum的值是否为50
            break;                             //退出循环
    }
    System.out.println("1到49的累加结果是: " + iSum);
}
```

2.6.2 continue 语句

continue 语句的作用是结束本次循环，它通常应用于 while、do...while 或 for 语句中，用来忽略循环语句内位于它后面的代码而直接开始一次循环。当多个 while、do...while 或 for 语句互相嵌套时，continue 语句只能使直接包含它的循环开始一次新的循环。continue 的语法格式如下：

```
continue;
```

continue 语句一般会与 if 语句搭配使用，表示在某种条件下不执行后面的语句，直接开始下一次循环。

【例 2-10】 通过在 for 循环中使用 continue 语句计算 1 到 100 之间的偶数和，代码如下：（实例位置：资源包\MR\源码\第 2 章\2-10）

```java
public static void main(String[] args) {
    int iSum = 0;
    int iNum = 1;
    for (; iNum <= 100; iNum++)
    {
        if (iNum % 2 == 1)                     //判断是否为奇数
            continue;                          //继续下一次循环
        iSum += iNum;
    }
    System.out.println("1到100之间的偶数的和: " + iSum);
}
```

continue 语句和 break 语句的区别是：continue 语句只结束本次循环，而不是终止整个循环；而 break 是结束整个循环过程，开始执行循环之后的语句。

2.7 数组

数组

数组是大部分编程语言中都支持的一种数据类型，无论是 C、C++，还是 Java，都支持数组的概念。数组包含若干相同类型的变量，这些变量都可以通过索引进行访问。

数组中的变量称为数组的元素，数组能够容纳元素的数量称为数组的长度。数组中的每个元素都有唯一的索引与其相对应，数组的索引从 0 开始。

数组是通过指定数组的元素类型、数组的秩（维数）及数组每个维度的上限和下限来定义的，即一个数组的定义需要包含以下几个要素。

（1）元素类型。
（2）数组的维数。
（3）每个维数的上下限。

数组可以分为一维数组、多维数组和不规则数组等。

2.7.1 声明数组

声明数组包括数组类型和数组标识符。

声明一维数组的方式如下：

```
数组类型[] 数组标识符；
数组类型 数组标识符[]；
```

上面两种声明数组格式的作用是相同的，相比之下，前一种方式更符合原理，但是后一种方式更符合原始编程习惯。例如，分别声明一个 int 型和一个 boolean 型一维数组，具体代码如下：

```
int[] months;
boolean members[];
```

Java 语言中的二维数组是一种特殊的一维数组，即数组的每个元素又是一个一维数组，Java 语言并不直接支持二维数组。声明二维数组的方式如下：

```
数组类型[][] 数组标识符；
数组类型 数组标识符[][]；
```

例如，分别声明一个 int 型和 boolean 型二维数组，具体代码如下：

```
int[][] days;
boolean holidays[][];
```

2.7.2 创建数组

创建数组实质上就是在内存中为数组分配相应的存储空间。

创建一维数组：

```
int[] months = new int[12];
```

创建二维数组：

```
int[][] days = new int[2][3];
```

可以将二维数组看成一个表格，例如，可以将上面创建的数组 days 看成表 2-11 所示的表格。

表 2-11　　　　　　　　　　　　　　二维数组内部结构表

	列索引 0	列索引 1	列索引 2
行索引 0	days[0][0]	days[0][1]	days[0][2]
行索引 1	days[1][0]	days[1][1]	days[1][2]

2.7.3 初始化数组

在声明数组的同时也可以给数组元素一个初始值，一维数组初始化如下：

```
int boy [] ={2,45,36,7,69};
```

上述语句等价于：

```
int boy [] = new int [5];
```

二维数组初始化如下：

```
boolean holidays[][] = { { true, false, true }, { false, true, false } };
```

2.7.4 数组长度

数组元素的个数称作数组的长度。对于一维数组，"数组名.length"的值就是数组中元素的个数；对于二维数组，"数组名.length"的值是它含有的一维数组的个数。

例如，分别定义两个一维数组和两个二维数组，代码如下：

```
int [] months = new int [12];                              //一维数组months
Boolean [] members = {false,true,true,false};              //一维数组members
int[][] days = new int[2][3];                              //二维数组days
//二维数组holidays
boolean holidays[][] = { { true, false, true }, { false, true, false } };
```

如果需要获得一维数组的长度，可以通过下面的方式：

```
System.out.println(months.length);       // 输出值为12
System.out.println(members.length);      // 输出值为4
```

如果是通过下面的方式获得二维数组的长度，得到的是二维数组的行数：

```
System.out.println(days.length);         // 输出值为2
System.out.println(holidays.length);     // 输出值为2
```

如果需要获得二维数组的列数，可以通过下面的方式：

```
System.out.println(days[0].length);      // 输出值为3
System.out.println(holidays[0].length);  // 输出值为3
```

如果是通过"{}"创建的数组，数组中每一行的列数也可以不相同，例如：

```
boolean holidays[][] = {
        { true, false, true },                  // 二维数组的第1行为3列
        { false, true },                        // 二维数组的第2行为2列
        { true, false, true, false } };         // 二维数组的第3行为4列
```

在这种情况下，通过下面的方式得到的只是第1行拥有的列数：

```
System.out.println(holidays[0].length);  // 输出值为3
```

如果需要获得二维数组中第2行和第3行拥有的列数，可以通过下面的方式：

```
System.out.println(holidays[1].length);  // 输出值为2
System.out.println(holidays[2].length);  // 输出值为4
```

2.7.5 使用数组元素

一维数组通过索引符来访问自己的元素，如 months[0]、months[1]等。需要注意的是，索引是从0开始，而不是从1开始。如果数组中有4个元素，那么索引到3为止。

在访问数组中的元素时，需要同时指定数组标识符和元素在数组中的索引，例如，访问上面代码中创建的数组，输出索引位置为2的元素，具体代码如下：

```
System.out.println(months[2]);
System.out.println(members[2]);
```

二维数组也是通过索引符访问自己的元素，在访问数组中的元素时，需要同时指定数组标识符和元素在数组中的索引，例如，访问2.7.4节代码中创建的二维数组，输出位于第2行、第3列的元素，具体代码如下：

```
System.out.println(days[1][2]);
System.out.println(holidays[1][2]);
```

2.7.6 遍历数组

遍历数组就是获取数组中的每个元素。在遍历数组时，使用 for 循环语句会更简单。下面的实例就是通过 for 循环语句遍历二维数组。

【例 2-11】 在项目中创建类 Tautog，在主方法中定义二维数组，使用 for 循环语句遍历二维数组，代码如下：（实例位置：资源包\MR\源码\第 2 章\2-11）

```java
public class Tautog {                                    // 创建类
    public static void main(String[] args) {            // 主方法
        int arr[][] = {{4, 3}, {1, 2}};                 // 定义二维数组
        System.out.println("数组中的元素是：");            // 提示信息
        // 利用循环读取二维数组中所有的一维数组
        for (int i = 0; i < arr.length; i++) {
            // 利用循环读取这些一维数组里面的元素
            for (int j = 0; j < arr[i].length; j++) {
                System.out.print(arr[i][j]);             // 输出每个元素的值
                // 如果读出的不是最后一个元素
                if (!(i == arr.length - 1 && j == arr[i].length - 1)) {
                    System.out.print("、");               // 输出顿号
                }
            }
        }
    }
}
```

运行结果如图 2-21 所示。

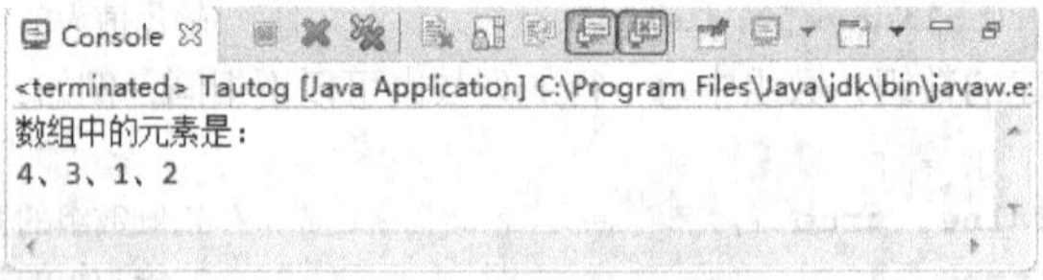

图 2-21 使用 for 循环语句遍历数组

小 结

本章对 Java 语言基础知识进行了详细讲解，学习本章时，读者应该重点掌握变量和常量的使用、各种运算符的使用、流程控制语句的使用以及数组的基本操作方法。本章内容是 Java 程序开发的基础，因此，我们一定要熟练掌握。

习 题

1. 下列定义的是常量的是（　　）。
   A. final int PIE   B. double fg   C. int i   D. float sum
2. Byte 占用的字节数是（　　）。
   A. 2 个字节   B. 1 个字节   C. 4 个字节   D. 8 个字节
3. unicode 编码一共可以存储（　　）个字符。
   A. 65536   B. 67365   C. 48324   D. 74656

4. 以下 switch 表达式语句正确的是：( )。
   A. public void switchTest (char c){switch(c){…}}
   B. public void switchTest(long c){switch(c){…}}
   C. public void switchTest(byte c){switch(c){…}}
   D. public void switchTest(double c){switch(c){…}}
5. int i =1,j=10;
   do{
   if(i++>-j)
   System.out.println(i)
   }while(i<5);
   上面的代码执行后，i 最终的值是多少？( )。
   A. i=2 B. i=3 C. i=4 D. i=5
6. 下面的执行结果中，正确的是 ( )。
   int a =-1;
   for(int i=4;i>0;i--){
       a+=i;
       System.out.print(a);
   }
   A. -1 B. 368 C. 3689 D. 9
7. 下面的执行结果中，正确的是 ( )。
   for(int i =1;i<=5;i++){
       System.out.print(i);
   }
   A. 代码成功编译，执行后，输出为 12345
   B. 代码成功编译，执行后，输出为 6
   C. 代码成功编译，执行后，输出为 1
   D. 代码编译不成功，编译器将生成一些错误
8. 下面代码执行后输出的结果是 ( )。
   char chA ='A',chB='b';
   if(chA+27<chB)++chA;
   System.out.println("*"+chA+"*");
   }
   A. *A* B. *B* C. *C* D. *a*
9. 执行以下代码后，打印出来的 y 的值是 ( )。
   int x=8;int y=2;
   if(Math.pow(x, y)==64)
   y=x;
   if(Math.pow(x, y)<63)
   y=2*x;
   if(Math.pow(x, y)>63)
   y=x/2;

```
System.out.println(y);
```
    A. 2   B. 4   C. 8   D. 16

10. 下面代码执行后，正确的是（　　）。
```
for(int i=0;i>=0;i++){
    System.out.println(i);
}
```
    A. 1   B. 18   C. 0   D. 死循环

11. byte 的取值范围是_____，short 的取值范围是_____。

12. 索引是从_____开始。

13. 下面代码的运行结果是_____。
```java
public class Example2{
    public static void main(String args[]){
        int a=69,b=29;
        if(a>b){                        //判断 a 与 b 的大小
            System.out.println(a+"大于"+b);
        }else{
            System.out.println(a+"小于"+b);
        }
    }
}
```

14. 下面的代码中，sum 的结果是：
```java
public class Demo2{
    public static void main(String args[]){
        int sum=0,i=0;
        do{
            sum+=i;                     //累加 i 的值
            i++;
        }while(i<=100);                 //当 i 小于等于 100
        System.out.println("从 1 到 100 的整数和为: "+sum);
    }
}
```

15. break 语句可以终止_____结构。它在_____、_____、_____循环中，用于强行终止循环。

第3章

面向对象编程基础

■ 面向对象是一种思想,它最初起源于20世纪60年代中期的仿真程序设计语言Simula I。面向对象思想将客观世界中的事物描述为对象,并通过抽象思维方法将需要解决的实际问题分解成人们易于理解的对象模型,然后通过这些对象模型来构建应用程序的功能。它的目标是开发出能够反映现实世界某个特定片段的软件。本章将介绍 Java 语言面向对象程序设计的基础知识。

本章要点

- 面向对象的基本概念
- 类与对象的使用
- 构造方法的使用
- 方法中的参数传值
- 实例方法与类方法
- this关键字的使用
- 包的创建与导入
- 访问权限
- 继承与多态
- 抽象类与接口

3.1 面向对象程序设计

面向对象程序设计

面向对象是新一代的程序开发模式，它模拟现实世界的事物，把软件系统抽象成各种对象的集合，以对象为最小系统单位，这更接近于人类的自然思维，给程序开发人员更灵活的思维空间。

3.1.1 面向对象程序设计概述

传统的程序采用结构化的程序设计方法，即面向过程。针对某一需求，自顶向下，逐步细化，将需求通过模块的形式实现，然后对模块中的问题进行结构化编码。可以说，这种方式是针对问题求解。随着用户需求的不断增加，软件规模越来越大，传统的面向过程开发方式暴露出许多缺点，如软件开发周期长、工程难于维护等。20世纪80年代后期，人们提出了面向对象（Object Oriented Programming，OOP）的程序设计方式。在面向对象程序设计里，数据和处理数据的方法紧密地结合在一起，形成类，再将类实例化，就形成了对象。在面向对象的世界中，不再需要考虑数据结构和功能函数，只要关注对象就可以了。

对象就是客观世界中存在的人、事、物体等实体。在现实世界中，对象随处可见，如路边生长的树、天上飞的鸟、水里游的鱼、路上跑的车等。不过这里说的树、鸟、鱼、车都是对一类事物的总称，这就是面向对象中的类（class）。这时读者可能要问，那么对象和类之间的关系是什么呢？对象就是符合某种类定义所产生出来的实例（instance）。虽然在日常生活中，我们习惯用类名称呼这些对象，但是实际上看到的还是对象的实例，而不是一个类。例如，你看见树上落着一只鸟，这里的"鸟"虽然是一个类名，但实际上你看见的是鸟类的一个实例对象，而不是鸟类。由此可见，类只是个抽象的称呼，而对象则是与现实生活中的事物相对应的实体。类与对象的关系如图3-1所示。

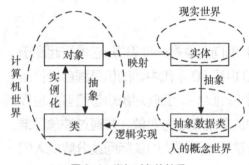

图3-1 类与对象的关系

在现实生活中，只使用类或对象并不能很好地描述一个事物。例如，聪聪对妈妈说"我今天放学看见一只鸟"，这时妈妈不会知道聪聪说的鸟是什么样子。但是如果聪聪说看见一只绿色的会说话的鸟，妈妈就可以想象到这只鸟是什么样的。这里说的绿色是对象的属性，而会说话则是对象的方法。由此可见，对象还具有属性和方法。在面向对象程序设计中，使用属性来描述对象的状态，使用方法来处理对象的行为。

3.1.2 面向对象程序设计的特点

面向对象编程更加符合人的思维模式，编写的程序更加健壮和强大，更重要的是，面向对象编程更有利于系统开发时责任的分工，能有效地组织和管理一些比较复杂的应用程序的开发。面向对象程序设计的特点主要有封装性、继承性和多态性。

1. 封装性

面向对象编程的核心思想之一就是将对象的属性和方法封装起来，用户知道并使用对象提供的属性和方法即可，而不需要知道对象的具体实现。例如，一部手机就是一个封装的对象，当使用手机拨打电话时，只需要使用它提供的键盘输入电话号码，并按下发送键即可，而不需要知道手机内部是如何工作的。

采用封装的原则可以使对象以外的部分不能随意存取对象内部的数据，从而有效地避免了外部错误对内部数据的影响，实现了错误局部化，大大降低了查找错误和解决错误的难度。此外，采用封装的原则，也可以提高程序的可维护性，因为当一个对象的内部结构或实现方法改变时，只要对象的接口没有改变，就不用改变其他部分的处理。

2. 继承性

面向对象程序设计中，允许通过继承原有类的某些特性或全部特性而产生新的类，这时，原有的类称为父类（或超类），产生的新类称为子类（或派生类）。子类不仅可以直接继承父类的共性，还可以创建它特有的个性。例如，已经存在一个手机类，该类中包括两个方法，分别是接听电话的方法 receive() 和拨打电话的方法 send()，这两个方法对于任何手机都适用。现在要定义一个时尚手机类，该类中除了要包括普通手机类包括的 receive() 和 send() 方法外，还需要包括拍照方法 photograph()、视频摄录的方法 kinescope() 和播放 MP4 的方法 playmp4()，这时就可以先让时尚手机类继承手机类，然后再添加新的方法完成时尚手机类的创建，如图 3-2 所示。由此可见，继承性简化了对新类的设计。

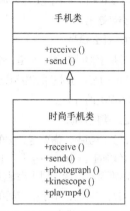

图 3-2　手机与时尚手机的类图

3. 多态性

多态是面向对象程序设计的又一重要特征。它是指在父类中定义的属性和方法被子类继承之后，可以具有不同的数据类型或表现出不同的行为。这使得同一个属性或方法在父类及其各个子类中具有不同的语义。例如，定义一个动物类，该类中存在一个指定动物行为：叫喊。再定义两个动物类的子类，大象和老虎，这两个类都重写了父类的叫喊()方法，实现了自己的叫喊行为，并且都进行了相应的处理（如不同的声音），如图 3-3 所示。

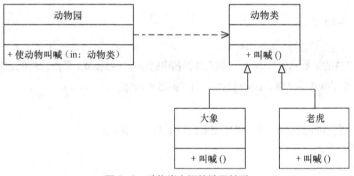

图 3-3　动物类之间的继承关系

这时，在动物园类中执行使动物叫喊()方法时，如果参数为动物类的实例，会使动物发出叫声。例如，参数为大象，则会输出"大象的吼叫声！"；如果参数为老虎，则会输出"老虎的吼叫声！"。由此可见，动物园类在执行使动物叫喊()方法时，根本不用判断应该去执行哪个类的叫喊()方法，因为 Java 编译器会自动根据所传递的参数进行判断，根据运行时对象的类型不同而执行不同的操作。

多态性丰富了对象的内容，扩大了对象的适应性，改变了对象单一继承的关系。

3.2　类

Java 语言与其他面向对象语言一样，引入了类和对象的概念。类是用来创建对象的模板，它包含被创建对象的属性和方法的定义。因此，要学习 Java 编程就必须学会编写类，即用 Java 的语法去描述一类事物共有的属性和行为。

3.2.1 定义类

在 Java 语言中，类是基本的构成要素，是对象的模板，Java 程序中所有的对象都是由类创建的。

1. 什么是类

类是事物的统称，它是一个抽象的概念，比如鸟类、人类、手机类、车类等。

Java 是面向对象的程序设计语言，而类是面向对象的核心机制，我们在类中编写属性和方法，然后通过对象来实现类的行为。

2. 类的声明

在类声明中，需要定义类的名称、对该类的访问权限、该类与其他类的关系等。类声明的格式如下：

[修饰符] **class** <类名> [**extends** 父类名] [**implements** 接口列表]{ }

修饰符：可选，用于指定类的访问权限，可选值为 public、abstract 和 final。

类名：必选，用于指定类的名称，类名必须是合法的 Java 标识符。一般情况下，要求首字母大写。

extends 父类名：可选，用于指定要定义的类继承于哪个父类。当使用 extends 关键字时，父类名为必选参数。

implements 接口列表：可选，用于指定该类实现的是哪些接口。当使用 implements 关键字时，接口列表为必选参数。

一个类被声明为 public，就表明该类可以被所有其他类访问和引用，也就是说程序的其他部分可以创建这个类的对象、访问这个类内部可见的成员变量和调用它的可见方法。

例如，定义一个 Apple 类，该类拥有 public 访问权限，即该类可以被它所在包之外的其他类访问或引用。具体代码如下：

```
public class Apple { }
```

Java 的类文件的扩展名为".java"，类文件的名称必须与类名相同，即类文件的名称为"类名.java"。例如，有一个 Java 类文件 Apple.java，则其类名为 Apple。

3. 类体

类声明部分大括号中的内容为类体。类体主要由以下两部分构成：

（1）成员变量的定义；

（2）成员方法的定义。

稍后将会详细介绍成员变量和成员方法。

在程序设计过程中，编写一个能完全描述客观事物的类是不现实的。比如，构建一个 Apple 类，该类可以拥有很多很多的属性（即成员变量），在定义该类时，选取程序需要的必要属性和行为就可以了。Apple 类的成员变量列表如下：

属性（成员变量）：颜色（color）、产地（address）、单价（price）、单位（unit）

这个 Apple 类只包含了苹果的部分属性和行为，但是它已经能够满足程序的需要。该类的实现代码如下：

```
class Apple {
    String color;           // 定义颜色成员变量
    String address;         // 定义产地成员变量
    String price;           // 定义单价成员变量
    String unit;            // 定义单位成员变量
}
```

3.2.2 成员变量和局部变量

在类体中变量定义部分所声明的变量为类的成员变量，而在方法体中声明的变量和方法的参数则称为局部变量。成员变量又可细分为实例变量和类变量。在声明成员变量时，用关键字 static 修饰的称为类变量（也可称作 static 变量或静态变量），否则称为实例变量。

1. 声明成员变量

Java 用成员变量来表示类的状态和属性，声明成员变量的基本语法格式如下：

[修饰符] [**static**] [**final**] <变量类型> <变量名>;

修饰符：可选参数，用于指定变量的被访问权限，可选值为 public、protected 和 private。

static：可选，用于指定该成员变量为静态变量，可以直接通过类名访问。如果省略该关键字，则表示该成员变量为实例变量。

final：可选，用于指定该成员变量为取值不会改变的常量。

变量类型：必选，用于指定变量的数据类型，其值可以为 Java 中的任何一种数据类型。

变量名：必选，用于指定成员变量的名称，变量名必须是合法的 Java 标识符。

例如，在类中声明 3 个成员变量。

```
public class Apple {
    public String color;                          //声明公共变量color
    public static int count;                      //声明静态变量count
    public final boolean MATURE=true;             //声明常量MATURE并赋值
    public static void main(String[] args) {
        System.out.println(Apple.count);
        Apple apple=new Apple();
        System.out.println(apple.color);
        System.out.println(apple.MATURE);
    }
}
```

类变量与实例变量的区别：在运行时，Java 虚拟机只为类变量分配一次内存，在加载类的过程中完成类变量的内存分配，可以直接通过类名访问类变量；而实例变量则不同，每创建一个实例，就会为该实例的变量分配一次内存。

2. 声明局部变量

定义局部变量的基本语法格式与定义成员变量类似，所不同的是不能使用 public、protected、private 和 static 关键字对局部变量进行修饰，但可以使用 final 关键字：

[**final**] <变量类型> <变量名>;

final：可选，用于指定该局部变量为常量。

变量类型：必选，用于指定变量的数据类型，其值可以为 Java 中的任何一种数据类型。

变量名：必选，用于指定局部变量的名称，变量名必须是合法的 Java 标识符。

例如，在成员方法 grow()中声明两个局部变量。

```
public void grow(){
    final boolean STATE;                          //声明常量STATE
    int age;                                      //声明局部变量age
}
```

3. 变量的有效范围

变量的有效范围是指该变量在程序代码中的作用区域，在该区域外不能直接访问变量。有效范围决定了变量的生命周期。变量的生命周期是指从声明一个变量并分配内存空间、使用变量，到释放该变量并清除所占用内存空间的一个过程。进行变量声明的位置，决定了变量的有效范围，根据有效范围的不同，可将变量分为以下两种。

（1）成员变量：在类中声明，在整个类中有效。

（2）局部变量：在方法内或方法内的复合代码块（就是方法内部，"{"与"}"之间的代码）中声明。在复合代码块中声明的变量，只在当前复合代码块中有效；在复合代码块外、方法内声明的变量在整个方法内都有效。以下是一个实例：

```
public class Olympics {
    private int medal_All=800;              //成员变量
    public void China(){
        int medal_CN=100;                   //方法的局部变量
        if(medal_CN<1000){                  //代码块
            int gold=50;                    //代码块的局部变量
            medal_CN+=50;                   //允许访问
            medal_All-=150;                 //允许访问
        }
    }
}
```

3.2.3 成员方法

成员方法

Java 中类的行为由类的成员方法来实现。类的成员方法由以下两部分组成：

（1）方法的声明；

（2）方法体。

一般格式如下：

[修饰符] <方法返回值的类型> <方法名>（[参数列表]）{
    [方法体]
}

修饰符：可选，用于指定方法的被访问权限，可选值为 public、protected 和 private。

方法返回值的类型：必选，用于指定方法的返回值类型，如果该方法没有返回值，可以使用关键字 void 进行标识。方法返回值的类型可以是任何 Java 数据类型。

方法名：必选，用于指定成员方法的名称，方法名必须是合法的 Java 标识符。

参数列表：可选，用于指定方法中所需的参数。当存在多个参数时，各参数之间应使用逗号分隔。方法的参数可以是任何 Java 数据类型。

方法体：可选，方法体是方法的实现部分，在方法体中可以完成指定的工作，可以只打印一句话，也可以省略方法体，使方法什么都不做。需要注意的是，当省略方法体时，其外面的大括号不能省略。

【例 3-1】 实现两数相加。（实例位置：资源包\MR\源码\第 3 章\3-1）

```
public class Count {
    public int add(int src,int des){
        int sum=src+des;                        // 将方法的两个参数相加
        return sum;                             // 返回运算结果
    }
    public static void main(String[] args){
        Count count=new Count();                // 创建类本身的对象
        int apple1=30;                          // 定义变量apple1
        int apple2=20;                          // 定义变量apple2
```

```
            int num=count.add(apple1,apple2);              // 调用add()方法
            System.out.println("苹果总数是："+num+"箱。")    // 输出运算结果
    }
}
```

程序运行结果如下：

```
苹果总数是：50箱。
```

上面的代码包含 add()方法和 main()方法。在 add()方法的定义中，首先定义整数类型的变量 sum，该变量是 add()方法参数列表中的两个参数之和，然后使用 return 关键字将变量 sum 的值返回给调用该方法的语句。main()方法是类的主方法，是程序执行的入口，该方法创建了本类自身的对象 count，然后调用 count 对象的 add()成员方法计算苹果数量的总和，并输出到控制台中。

在同一个类中，不能定义参数和方法名都和已有方法相同的方法。

3.2.4 注意事项

上面说过，类体是由成员变量和成员方法组成的。而对成员变量的操作只能放在方法中，方法使用各种语句对成员变量和方法体中声明的局部变量进行操作，声明成员变量时可以赋初值。

注意事项

例如：

```
public class A {
  int a = 12;   // 声明变量的同时赋予初始值
}
```

但是不能这样：

```
public class A {
  int a ;
  a = 12;       // 这样是非法的，此操作只能出现在方法体中
}
```

3.2.5 类的 UML 图

UML（Unified Modeling Language，统一建模语言）图是一种结构图，用来描述一个系统的静态结构，通常包含类（class）的 UML 图、接口（Interface）的 UML 图以及泛化关系（Generalizaiton）的 UML 图、关联关系（Association）的 UML 图、依赖关系（Dependency）的 UML 图和实现关系（Realization）的 UML 图。

类的 UML 图

在 UML 图中，使用一个长方形描述一个类的主要构成，将长方形垂直地分为三层。

第一层是名字层，如果类的名字是常规字形，表明该类是具体类，如果类的名字是斜体字形，表明该类是抽象类（后续会讲到抽象类）。

第二层是变量层，也称属性层，列出类的成员变量及类型。格式是"变量名:类型"。

第三层是方法层，列出类中的方法。格式是"方法名字:类型"。

例如，一个 Tiger 类的 UML 图如图 3-4 所示。

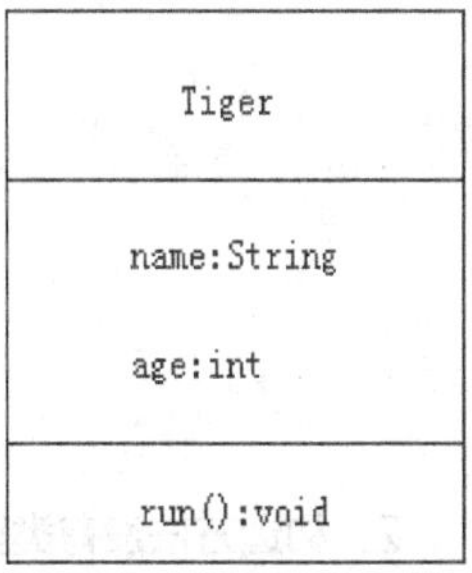

```
┌─────────────┐
│    Tiger    │
├─────────────┤
│ name:String │
│             │
│ age:int     │
├─────────────┤
│ run():void  │
└─────────────┘
```

图 3-4　Tiger 类的 UML 图

3.3 构造方法与对象

构造方法用于对对象中的所有成员变量进行初始化。对象的属性通过变量来刻画，也就是类的成员变量，而对象的行为通过方法来体现，也就是类的成员方法。方法可以操作属性形成一定的算法来实现一个具体的功能。类把属性和方法封装成一个整体。

构造方法的概念及用途

3.3.1 构造方法的概念及用途

构造方法是一种特殊的方法，它的名字必须与它所在类的名字完全相同，并且没有返回值，也不需要使用关键字 void 进行标识。

```java
public class Apple {
    public Apple() {                        // 默认的构造方法
    }
}
```

构造方法用于对对象中的所有成员变量进行初始化，在创建对象时立即被调用。

1. 默认构造方法和自定义构造方法

如果类里定义了一个或多个构造方法，那么 Java 中不提供默认的构造方法。

【例 3-2】 定义 Apple 类，在该类的构造方法中初始化成员变量。（实例位置：资源包\MR\源码\第 3 章\3-2）

```java
public class Apple {
    int num;                                // 声明成员变量
    float price;
    Apple apple;
    public Apple() {                        // 声明构造方法
        num=10;                             // 初始化成员变量
        price=8.34f;
    }
    public static void main(String[] args) {
        Apple apple=new Apple();            // 创建Apple的实例对象
        System.out.println("苹果数量："+apple.num);      // 输出成员变量值
        System.out.println("苹果单价："+apple.price);
        System.out.println("成员变量apple="+apple.apple);
    }
}
```

程序运行结果如图 3-5 所示。

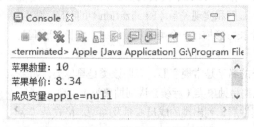

图 3-5 在构造方法中初始化成员变量

2. 构造方法没有类型

需要注意，构造方法没有类型。

```
public class Apple{
 int a,b;
 Apple(){    //是构造方法
  a = 1;
  b = 2;
 }
void  Apple(int x,int y){   //不是构造方法，该方法的返回值类型是void
 a = x;
 b = y;
 }

int Apple(){   //不是构造方法，该方法的返回值类型是int
  return 5;
  }
```

需要注意的是，如果用户没有定义构造方法，Java 会自动提供一个默认的构造方法，用来实现成员变量的初始化。Java 语言中各种类型变量的初值如表 3-1 所示。

表 3-1　　　　　　　　　　　　　Java 变量的初始值

类　　型	初　　值
byte	0
short	0
int	0
float	0.0F
long	0L
double	0.0D
char	'\u0000'
boolean	false
引用类型	null

3.3.2　对象的概述

在面向对象语言中，对象是对类的一个具体描述，是一个客观存在的实体。万物皆对象，也就是说任何事物都可看作对象，如一个人、一个动物，或者没有生命的轮船、汽车、飞机，甚至概念性的抽象，如公司业绩等。

一个对象在 Java 语言中的生命周期包括创建、使用和销毁 3 个阶段。

对象的概述

3.3.3　对象的创建

对象是类的实例。Java 定义任何变量都需要指定变量类型，因此，在创建对象之前，一定要先声明该对象。

1. 对象的声明

声明对象的一般格式如下：

类名 对象名;

对象的创建

类名：必选，用于指定一个已经定义的类。

对象名：必选，用于指定对象名称，对象名必须是合法的 Java 标识符。

声明 Apple 类的一个对象 redApple 的代码如下：

```
Apple  redApple;
```

2. 实例化对象

在声明对象时，只是在内存中为其建立一个引用，并置初值为 null，表示不指向任何内存空间。

声明对象以后，需要为对象分配内存，这个过程也称为实例化对象。在 Java 中使用关键字 new 来实例化对象，具体语法格式如下：

```
对象名=new 构造方法名([参数列表]);
```

对象名：必选，用于指定已经声明的对象名。

类名：必选，用于指定构造方法名，即类名，因为构造方法与类名相同。

参数列表：可选参数，用于指定构造方法的入口参数。如果构造方法无参数，则可以省略。

在声明 Apple 类的一个对象 redApple 后，可以通过以下代码为对象 redApple 分配内存（即创建该对象）：

```
redApple=new Apple();    //由于Apple类的构造方法无入口参数，所以省略了参数列表
```

在声明对象时，也可以直接实例化该对象：

```
Apple  redApple=new Apple();
```

这相当于同时执行了对象声明和创建对象：

```
Apple  redApple;
redApple=new Apple();
```

3.3.4 对象的使用

创建对象后，就可以访问对象的成员变量，并改变成员变量的值了，而且还可以调用对象的成员方法。通过使用运算符"."实现对成员变量的访问和成员方法的调用。

对象的使用

语法格式为：

```
对象.成员变量
对象.成员方法()
```

【例 3-3】 定义一个类，创建该类的对象，同时改变对象的成员变量的值并调用该对象的成员方法。（实例位置：资源包\MR\源码\第 3 章\3-3）

创建一个名称为 Round 的类，在该类中定义一个常量 PI、一个成员变量 r、一个不带参数的方法 getArea() 和一个带参数的方法 getCircumference()，具体代码如下：

```java
public class Round {
    final float PI=3.14159f;                        //定义一个用于表示圆周率的常量PI
    public float r=0.0f;
    public float getArea() {                        //定义计算圆面积的方法
        float area=PI*r*r;                          //计算圆面积并赋值给变量area
        return area;                                //返回计算后的圆面积
    }
    public float getCircumference(float r) {        //定义计算圆周长的方法
        float circumference=2*PI*r;                 //计算圆周长并赋值给变量circumference
        return circumference;                       //返回计算后的圆周长
    }
    public static void main(String[] args) {
        Round round=new Round();                    //创建Round类的对象round
        round.r=20;                                 //改变成员变量的值
        float r=20;
        float area=round.getArea();                 //调用成员方法
```

```
            System.out.println("圆的面积为："+area);
            float circumference=round.getCircumference(r);      //调用带参数的成员方法
            System.out.println("圆的周长为："+circumference);
    }
}
```

程序运行结果如图 3-6 所示。

图 3-6　对象的使用

3.3.5　对象的销毁

在许多程序设计语言中，需要手动释放对象所占用的内存，但是在 Java 中则不需要手动完成这项工作。Java 提供的垃圾回收机制可以自动判断对象是否还在使用，并能够自动销毁不再使用的对象，收回对象所占用的资源。

Java 提供了一个名为 finalize()的方法，用于在对象被垃圾回收机制销毁之前执行一些资源回收工作，由垃圾回收系统调用。但是垃圾回收系统的运行是不可预测的。finalize()方法没有任何参数和返回值，每个类有且只有一个 finalize()方法。

对象的销毁

3.4　方法中的参数传值

在 Java 程序中，如果声明方法时包含了形参声明，则调用方法时必须给这些形参指定参数值，调用方法时实际传递给形参的参数值被称为实参。

方法中的参数传值

3.4.1　传值机制

Java 方法中的参数传递方式只有一种，也就是值传递。所谓值传递，就是将实参的副本传递到方法内，而参数本身不受任何影响。例如，去银行开户需要身份证原件和复印件，原件和复印件上的内容完全相同，当复印件上的内容改变的时候，原件上的内容不会受到影响。也就是说，方法中参数变量的值是调用者指定值的副本。

3.4.2　基本数据类型的参数传值

对于基本数据类型的参数，向该参数传递值的级别不能高于该参数的级别，比如，不能向 int 型参数传递一个 float 值，但可以向 double 型参数传递一个 float 值。

【例 3-4】　在 Point 类中定义一个 add()方法，然后在 Example 类的 main()方法中创建 Point 类的对象，然后调用该对象的 add(int x,int y)方法，当调用 add()方法的时候，必须向 add()方法中传递两个参数。（实例位置：资源包\MR\源码\第 3 章\3-4）

```
public class Point{
    int add (int x, int y){
        return x+y;
    }
```

```
}
public class Example {
 public static void main (String [] args){
   Point ap = new Point ();
   int a = 15;
   int b = 32;
   int sum = ap.add(a,b);
   System.out.println(sum);
  }
}
```

3.4.3 引用类型的参数传值

当参数是引用类型时，传递的值是变量中存放的"引用"，而不是变量所引用的实体。如果两个相同类型的引用型变量具有同样的引用，就会用同样的实体。因此，如果改变参数变量所引用的实体，就会导致原变量的实体发生同样的变化；但是，改变参数中存放的"引用"不会影响向其传值的变量中存放的"引用"。

【例 3-5】 Car 类为汽车类，负责创建汽车类的对象，fuelTank 类是一个油箱类，负责创建油箱类的对象。Car 类创建的对象调用 run(fuelTank ft)方法时需要将 fuelTank 类创建的油箱对象 ft 传递给 run(fuelTank ft)，该方法消耗汽油，油箱中的油也会减少。（实例位置：资源包\MR\源码\第 3 章\3-5）

```
FuelTank类：
public class fuelTank { //定义一个油箱类
   int gas; //定义汽油
   fuelTank (int x){
    gas = x;
   }
}
Car类：
public class Car { //定义一个汽车类
   void run(fuelTank ft){
   ft.gas = ft.gas - 5; //消耗汽油
   }
}
public class Example2{
  public static void main (String [] args) {
    fuelTank ft = new fuelTank(100);  // 创建油箱对象，然后给油箱加满油
    System.out.println("当前油箱的油量是："+ ft.gas);//  显示当前油箱的油量
    Car car = new Car ();  // 创建汽车对象
    System.out.println("下面开始启动汽车");
    Car.run(ft); //启动汽车
    System.out.println("当前汽车油箱的油量是："+ ft.gas);
  }
}
```

实例方法与类方法

3.5 实例方法与类方法

在 3.2.3 节大家已经对方法有所了解。在类中定义的方法可分为实例方法和类方法。

3.5.1 实例方法与类方法的定义

声明方法时，方法类型前面不使用 static 修饰的是实例方法，使用 static 修饰的是类方法，也称作静态方法。

例如：

```
class Student {
 int sum (int a, int b){//实例方法
  return a + b;
 }

 static void run(){  //类方法
  ......
 }
}
```

Student 类包含两个方法，其中 sum()方法是实例方法，run()方法是类方法，也称静态方法，在声明类方法时，需要将 static 修饰符放在方法类型的前面。

3.5.2 实例方法和类方法的区别

1. 对象调用实例方法

当字节码文件被分配到内存时，实例方法不会被分配入口地址，只有当该类创建对象后，类中的实例方法才会分配入口地址，这时实例方法才可被类创建的对象调用。

2. 使用类名调用类方法

类中定义的方法，在该类被加载到内存时，就被分配了相应的入口地址，这样类方法不仅可以被类创建的任何对象调用执行，也可以直接通过类名调用。类方法的入口地址直到程序退出时才被取消。但是需要注意，类方法不能直接操作实例变量，因为在类创建对象之前，实例成员变量还没有分配内存。实例方法只能使用对象调用，不能通过类名调用。

3.6 this 关键字

this 关键字表示某个对象，它可以出现在实例方法和构造方法中，但不可以出现在类方法中。当局部变量和成员变量的名字相同时，成员变量就会被隐藏，这时如果想在成员方法中使用成员变量，则必须使用关键字 this。

语法格式为：

this.成员变量名
this.成员方法名()

例如，创建一个类文件，该类中定义了 setName()，并将方法的参数值赋予类中的成员变量，代码如下：

```
class A {
private void setName(String name){      //定义一个setName()方法
   this.name=name;                      //将参数值赋予类中的成员变量
  }
}
```

在上述代码中可以看到，成员变量与在 setName()方法中的形参的名称相同，都为 name，那么该如何在类中区分使用的是哪一个变量呢？在 Java 语言中规定使用 this 关键字来代表本类对象的引用，this 关键字被隐式地用于引用对象的成员变量和方法，如在上述代码中，this.name 指的就是 Book 类中的 name 成员变量，

而 this.name=name 语句中的第二个 name 则指的是形参 name。实质上 setName()方法实现的功能就是将形参 name 的值赋予成员变量 name。

在这里读者明白了 this 可以调用成员变量和成员方法，但 Java 语言中最常规的调用方式是使用"对象.成员变量"或"对象.成员方法"（关于使用对象调用成员变量和方法的问题，将在后续章节中进行讲述）。

既然 this 关键字和对象都可以调用成员变量和成员方法，那么 this 关键字与对象之间具有怎样的关系呢？

事实上，this 引用的就是本类的一个对象，在局部变量或方法参数覆盖了成员变量时，如上面代码的情况，就要添加 this 关键字明确引用的是类成员还是局部变量或方法参数。

如果省略 this 关键字，直接写成 name=name，那只是把参数 name 赋值给参数变量本身而已，成员变量 name 的值没有改变，因为参数 name 在方法的作用域中覆盖了成员变量 name。

其实，this 除了可以调用成员变量或成员方法之外，还可以作为方法的返回值。

例如，在项目中创建一个类文件，在该类中定义 Book 类的方法，并通过 this 关键字进行返回，代码如下：

```java
public Book getBook(){
    return this;         //返回Book类引用
}
```

在 getBook()方法中，方法的返回值为 Book 类，所以方法体中使用 return this 这种形式返回 Book 类的对象。

【例 3-6】 在 Fruit 类中定义一个成员变量 color，并且在该类的成员方法中定义一个局部变量 color，这时，如果想在成员方法中使用成员变量 color，则需要使用 this 关键字。（实例位置：资源包\MR\源码\第 3 章\3-6）

```java
public class Fruit {
    public String color="绿色";                                  //定义颜色成员变量
    //定义收获的方法
    public void harvest(){
        String color="红色";                                     //定义颜色局部变量
        System.out.println("水果是："+color+"的！");              //此处输出的是局部变量color
        System.out.println("水果已经收获……");
        System.out.println("水果原来是："+this.color+"的！");     //此处输出的是成员变量color
    }
    public static void main(String[] args) {
        Fruit obj=new Fruit();
        obj.harvest();
    }
}
```

程序运行结果如图 3-7 所示。

图 3-7 this 关键字的使用

3.7 包

Java 要求文件名和类名相同，所以如果将多个类放在一起，很可能出现文件名冲突的情况，这时 Java 提供了一种解决该问题的方法，那就是使用包将类分组。下面将对 Java 中的包进行详细介绍。

包

3.7.1 包的概念

包（package）是 Java 提供的一种区别类的命名空间的机制，是类的组织方式，是一组相关类和接口的集合，它提供了访问权限和命名的管理机制。Java 中提供的包主要有以下 3 种用途。

（1）将功能相近的类放在同一个包中，方便查找与使用。

（2）由于在不同包中可以存在同名类，所以使用包在一定程度上可以避免命名冲突。

（3）在 Java 中，某些访问权限是以包为单位的。

3.7.2 创建包

创建包可以通过在类或接口的源文件中使用 package 语句实现，package 语句的语法格式如下：

```
package 包名;
```

包名：必选，用于指定包的名称，包的名称必须为合法的 Java 标识符。当包中还有包时，可以使用"包1.包2.….包 n"进行指定，其中，包1 为最外层的包，而包 n 则为最内层的包。

package 语句位于类或接口源文件的第一行。例如，定义一个类 Round，将其放入 com.mrsoft 包中的代码如下：

```java
package com.mrsoft;
public class Round {
    final float PI=3.14159f;            //定义一个用于表示圆周率的常量PI
    public void paint(){                //定义一个绘图的方法
        System.out.println("画一个圆形！");
    }
}
```

 在 Java 中提供的包，相当于系统中的文件夹。例如，上面代码中的 Round 类如果保存到 C 盘根目录下，那么它的实际路径应该为"C:\com\lzw\Round.java"。

3.7.3 使用包中的类

类可以访问其所在包中的所有类，还可以使用其他包中的所有 public 类。访问其他包中的 public 类有以下两种方法。

（1）使用完整名引用包中的类。

使用完整名引用包中的类比较简单，只需要在每个类名前面加上完整的包名即可。例如，创建 Round 类（保存在 com.lzw 包中）的对象并实例化该对象的代码如下：

```java
com.mrsoft.Round round = new com.mrsoft.Round();
```

（2）使用 import 语句引入包中的类。

由于使用长名引用包中的类比较烦琐，所以 Java 提供了 import 语句来引入包中的类。import 语句的基本语法格式如下：

```
import 包名1[.包名2.……].类名|*;
```

当存在多个包名时,各个包名之间使用"."分隔,同时包名与类名之间也使用"."分隔。
*;表示包中所有的类。
例如,引入com.lzw包中的Round类的代码如下:

```
import com.mrsoft.Round;
```

如果com.lzw包中有多个类,也可以使用以下语句引入该包下的全部类:

```
import com.mrsoft.*;
```

3.8 访问权限

访问权限

访问权限使用访问修饰符进行限制,访问修饰符主要有private、protected、public,它们都是Java中的关键字。

1. 什么是访问权限

访问权限是指对象是否能够通过"."运算符操作自己的变量或通过"."运算符调用类中的方法。

在编写类的时候,类中的实例方法总是可以操作该类中的实例变量和类变量;类方法总是可以操作该类中的类变量,与访问修饰符没有关系。

2. 私有变量和私有方法

使用private修饰的成员变量和方法称为私有变量和私有方法。例如:

```
public class A {
 private int a;      // 变量a是私有变量
 private int sum (int m,int n) {  // 方法sum()是私有方法
   return m - n;
  }
}
```

假如现在有个B类,在B类中创建一个A类的对象后,该对象不能访问自己的私有变量和方法。例如:

```
public class B {
 public static void main (String [] args) {
   A ca = new A ();
   ca.a = 18; // 编译错误,访问不到私有的变量a
  }
}
```

如果一个类中的某个成员是私有类变量,那么在另一个类中,不能通过类名来操作这个私有类变量。如果一个类中的某个方法是私有的类方法,那么在另外一个类中,也不能通过类名Tom来调用这个私有的类方法。

3. 公有变量和公有方法

使用public修饰的变量和方法称为公有变量和公有方法。例如:

```
public class A {
 public int a;     // 变量a 是公有的变量
 public int sum (int m,int n) {  // 方法sum()是公有方法
   return m - n;
  }
}
```

使用public访问修饰符修饰的变量和方法在任何一个类中创建对象后都可以访问。例如:

```
public class B {
 public static void main (String [] args) {
   A ca = new A ();
```

```
    ca.a = 18; // 可以访问,编译通过
   }
 }
```

4. 受保护的成员变量和方法

用 protected 访问修饰符修饰的成员变量和方法称为受保护的成员变量和受保护的方法。例如:

```
public class A {
 protected int a;    // 变量a 是受保护的变量
 protected int sum (int m,int n) {   // 方法sum()是受保护的方法
   return m - n;
   }
}
```

同一个包中的两个类,一个类在另一个类创建对象后可以通过该对象访问自己的 protected 变量和 protected 方法。例如:

```
public class B {
 public static void main (String [] args) {
   A ca = new A ();
   ca.a = 18; // 可以访问,编译通过
   }
}
```

5. 友好变量和友好方法

不使用 private、public、protected 修饰符修饰的成员变量和方法称为友好变量和友好方法。例如:

```
public class A {
 int a;    // 变量a是友好变量
 int sum (int m,int n) {  // 方法sum是友好方法
   return m - n;
   }
}
```

同一包中的两个类,如果在一个类中创建了另外一个类的对象,该对象能访问自己的友好变量和友好方法。例如:

```
public class B {
 public static void main (String [] args) {
   A ca = new A ();
   ca.a = 18; // 可以访问,编译通过
   }
}
```

如果源文件使用 import 语句引入了另外一个包中的类,并用该类创建了一个对象,那么该类的这个对象将不能访问自己的友好变量和友好方法。

6. public 类与友好类

在声明类的时候,如果在关键字 class 前面加上 public 关键字,那么这样的类就是公有的类。例如:

```
public class A {
 ……
}
```

可以在另外任何一个类中,使用 public 类创建对象。如果一个类不加 public 修饰,例:

```
class A {
    ......
}
```

这个没有被 public 修饰的类就称为友好类,那么在另一个类中使用友好类创建对象时,必须保证它们是在同一个包中。

3.9 类的继承

类的继承

在面向对象程序设计中,继承是不可或缺的一部分。通过继承可以实现代码的重用,提高程序的可维护性。

3.9.1 继承的概念

继承一般是指晚辈从父辈那里继承财产,也可以指子女拥有父母所给予他们的东西。在面向对象程序设计中,继承的含义与此类似,所不同的是,这里继承的实体是类。也就是说继承是子类拥有父类的成员。

动物园中有许多动物,而这些动物又具有相同的属性和行为,这时就可以编写一个动物类 Animal(该类中包括所有动物均具有的属性和行为),即父类。但是不同类的动物又具有不同的属性和行为。例如,鸟类具有飞的行为,这时就可以编写一个鸟类 Bird,由于鸟类也属于动物类,所以它也具有动物类所共同拥有的属性和行为,因此,在编写鸟类时,就可以使 Bird 类继承父类 Animal。这样不但节省了程序的开发时间,而且提高了代码的可重用性。Bird 类与 Animal 类的继承关系如图 3-8 所示。

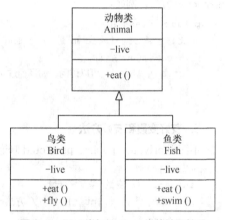

图 3-8 Bird 类与 Animal 类的继承关系

3.9.2 子类对象的创建

在类的声明中,可以通过使用关键字 extends 来显式地指明其父类。
语法格式为:

[修饰符] class 子类名 extends 父类名

修饰符:可选,用于指定类的访问权限,可选值为 public、abstract 和 final。
子类名:必选,用于指定子类的名称,类名必须是合法的 Java 标识符。一般情况下,要求首字母大写。
extends 父类名:必选,用于指定要定义的子类继承哪个父类。
例如,定义一个 Cattle 类,该类继承父类 Animal,即 Cattle 类是 Animal 类的子类:

```
abstract class Cattle extends Animal {
    //此处省略了类体的代码
}
```

3.9.3 继承的使用原则

子类可以继承父类中所有可被子类访问的成员变量和成员方法,但必须遵循以下原则。
(1)子类能够继承父类中被声明为 public 和 protected 的成员变量和成员方法,但不能继承被声明为 private 的成员变量和成员方法。
(2)子类能够继承在同一个包中的由默认修饰符修饰的成员变量和成员方法。

（3）如果子类声明了一个与父类的成员变量同名的成员变量，则子类不能继承父类的成员变量，此时称子类的成员变量隐藏了父类的成员变量。

（4）如果子类声明了一个与父类的成员方法同名的成员方法，则子类不能继承父类的成员方法，此时称子类的成员方法覆盖了父类的成员方法。

【例 3-7】 定义一个动物类 Animal 及它的子类 Bird。（实例位置：资源包\MR\源码\第 3 章\3-7）

（1）创建一个名称为 Animal 的类，在该类中声明一个成员变量 live 和两个成员方法，分别为 eat()和 move()，具体代码如下：

```java
public class Animal {
    public boolean live=true;                //定义一个成员变量
    public String skin="";
    public void eat(){                        //定义一个成员方法
        System.out.println("动物需要吃食物");
    }
    public void move(){                       //定义一个成员方法
        System.out.println("动物会运动");
    }
}
```

（2）创建一个 Animal 类的子类 Bird 类，在该类中隐藏了父类的成员变量 skin，并且覆盖了成员方法 move()，具体代码如下：

```java
public class Bird extends Animal {
    public String skin="羽毛";
    public void move(){
        System.out.println("鸟会飞翔");
    }
}
```

（3）创建一个名称为 Zoo 的类，在该类的 main()方法中创建子类 Bird 的对象并为该对象分配内存，然后对象调用该类的成员方法及成员变量，具体代码如下：

```java
public class Zoo {
    public static void main(String[] args) {
        Bird bird=new Bird();
        bird.eat();
        bird.move();
        System.out.println("鸟有："+bird.skin);
    }
}
```

eat()方法是从父类 Animal 继承下来的方法，move()方法是 Bird 子类覆盖父类的成员方法，skin 变量为子类的成员变量。

程序运行结果如图 3-9 所示。

图 3-9 类的继承

3.9.4 使用 super 关键字

子类可以继承父类的非私有成员变量和成员方法（不是以 private 关键字修饰的），但是，如果子类中声明的成员变量与父类的成员变量同名，那么父类的成员变量将被隐藏。如果子类中声明的成员方法与父类的成员方法同名，并且参数个数、类型和顺序也相同，那么称子类的成员方法覆盖了父类的成员方法。这时，如果想在子类中访问父类中被子类隐藏的成员方法或变量，就可以使用 super 关键字。

super 关键字主要有以下两种用途。

（1）调用父类的构造方法。

子类可以调用父类的构造方法，但是必须在子类的构造方法中使用 super 关键字来调用。具体的语法格式如下：

```
super([参数列表]);
```

如果父类的构造方法中包括参数，则参数列表为必选项，用于指定父类构造方法的入口参数。

例如，下面的代码在 Animal 类中添加一个默认的构造方法和一个带参数的构造方法：

```
public Animal(){
}
public Animal(String strSkin){
    skin=strSkin;
}
```

这时，如果想在子类 Bird 中使用父类的带参数的构造方法，则需要在子类 Bird 的构造方法中通过以下代码进行调用：

```
public Bird(){
    super("羽毛");
}
```

（2）操作被隐藏的成员变量和被覆盖的成员方法。

如果想在子类中操作父类中被隐藏的成员变量和被覆盖的成员方法，也可以使用 super 关键字。

语法格式为：

```
super.成员变量名
super.成员方法名([参数列表])
```

如果想在子类 Bird 的方法中改变父类 Animal 的成员变量 skin 的值，可以使用以下代码：

```
super.skin="羽毛";
```

如果想在子类 Bird 的方法中使用父类 Animal 的成员方法 move()，可以使用以下代码：

```
super.move();
```

3.10 多态

多态

多态是面向对象程序设计的重要部分，是面向对象的 3 个基本特性之一。在 Java 语言中，通常使用方法的重载和覆盖实现类的多态性。

3.10.1 方法的重载

方法的重载是指在一个类中，出现多个方法名相同，但参数个数或参数类型不同的方法。Java 在执行具有重载关系的方法时，将根据调用参数的个数和类型区分具体执行的是哪个方法。

【例 3-8】 定义一个名称为 Calculate 的类，在该类中定义两个名称为 getArea() 的方法（参数个数不同）和两个名称为 draw() 的方法（参数类型不同）。（实例位置：资源包\MR\源码\第 3 章\3-8）

具体代码如下:
```java
public class Calculate {
    final float PI=3.14159f;                    //定义一个用于表示圆周率的常量PI
    //求圆形的面积
    public float getArea(float r){              //定义一个用于计算面积的方法getArea()
        float area=PI*r*r;
        return area;
    }
    //求矩形的面积
    public float getArea(float l,float w){      //重载getArea()方法
        float area=l*w;
        return area;
    }
    //画任意形状的图形
    public void draw(int num){                  //定义一个用于画图的方法draw()
        System.out.println("画"+num+"个任意形状的图形");
    }
    //画指定形状的图形
    public void draw(String shape){             //重载draw()方法
        System.out.println("画一个"+shape);
    }
    public static void main(String[] args) {
        Calculate calculate=new Calculate();//创建Calculate类的对象并为其分配内存
        float l=20;
        float w=30;
        float areaRectangle=calculate.getArea(l, w);
        System.out.println("求长为"+l+" 宽为"+w+"的矩形的面积是: "+areaRectangle);
        float r=7;
        float areaCirc=calculate.getArea(r);
        System.out.println("求半径为"+r+"的圆的面积是: "+areaCirc);
        int num=7;
        calculate.draw(num);
        calculate.draw("三角形");
    }
}
```
程序运行结果如图 3-10 所示。

图 3-10 方法的重载

重载的方法之间并不是必须有联系,但是为了提高程序的可读性,一般只重载功能相似的方法。

在方法重载时，方法返回值的类型不能作为区分方法重载的标志。

3.10.2 避免重载出现的歧义

重载方法之间必须保证参数不同，但是需要注意，重载方法在被调用时可能出现调用歧义。例如，下面Student类中的speak方法就很容易引发歧义。

```
public class Student {
 static void speak (double a ,int b) {
    System.out.println("我很高兴");
 }
  static void speak (int a,double b) {
    System.out.println("I am so Happy");
 }
}
```

对于上面的Student类，当代码为"Student.speak(5.5,5);"时，控制台输出"我很高兴"；当代码为"Student.speak(5,5.5)"时，控制台输出"I am so Happy"；当代码为"Student.speak(5,5)"时，就会出现无法解析的编译问题（提示：方法speak(double, int)对类型Student有歧义），因为Student.speak(5,5)不清楚应该执行重载方法中的哪一个。

3.10.3 方法的覆盖

当子类继承父类中所有可能被子类访问的成员方法时，如果子类的方法名与父类的方法名相同，那么子类就不能继承父类的方法，此时，称子类的方法覆盖了父类的方法。覆盖体现了子类补充或者改变父类方法的能力，通过覆盖，可以使一个方法在不同的子类中表现出不同的行为。

【例3-9】 定义动物类Animal及它的子类，然后在Zoo类中分别创建各个子类对象，并调用子类覆盖父类的cry()方法。（实例位置：资源包\MR\源码\第3章\3-9）

（1）创建一个名称为Animal的类，在该类中声明一个成员方法cry()：

```
public class Animal {
    public Animal(){
    }
    public void cry(){
        System.out.println("动物发出叫声！");
    }
}
```

（2）创建一个Animal类的子类Dog类，在该类中覆盖父类的成员方法cry()：

```
public class Dog extends Animal {
    public Dog(){
    }
    public void cry(){
        System.out.println("狗发出"汪汪……"声！");
    }
}
```

（3）再创建一个Animal类的子类Cat类，在该类中覆盖父类的成员方法cry()：

```
public class Cat extends Animal{
```

```
    public Cat(){
    }
    public void cry(){
        System.out.println("猫发出"喵喵……"声！");
    }
}
```

（4）再创建一个 Animal 类的子类 Cattle 类，在该类中不定义任何方法：

```
public class Cattle extends Animal {
}
```

（5）创建 Zoo 类，在该类的 main()方法中分别创建子类 Dog、Cat 和 Cattle 的对象并调用它们的 cry()成员方法：

```
public class Zoo {
    public static void main(String[] args) {
        Dog dog=new Dog();              //创建Dog类的对象并为其分配内存
        System.out.println("执行dog.cry();语句时的输出结果：");
        dog.cry();
        Cat cat=new Cat();              //创建Cat类的对象并为其分配内存
        System.out.println("执行cat.cry();语句时的输出结果：");
        cat.cry();
        Cattle cattle=new Cattle();     //创建Cattle类的对象并为其分配内存
        System.out.println("执行cattle.cry();语句时的输出结果：");
        cattle.cry();
    }
}
```

程序运行结果如图 3-11 所示。

图 3-11 方法的覆盖

从上面的运行结果中可以看出，Dog 类和 Cat 类都重载了父类的方法 cry()，所以执行的是子类中的 cry()方法，但是 Cattle 类没有重载父类的方法，所以执行的是父类中的 cry()方法。

在进行方法覆盖时，需要注意以下几点。
（1）子类不能覆盖父类中声明为 final 或者 static 的方法。
（2）子类必须覆盖父类中声明为 abstract 的方法，或者子类也将该方法声明为 abstract。
（3）子类覆盖父类中的同名方法时，子类中方法的声明也必须和父类中被覆盖的方法的声明一样。

3.10.4 向上转型

一个对象可以看作本类类型，也可以看作它的超类类型。取得一个对象的引用并将它看作超类的对象，称为向上转型。

【例 3-10】 创建抽象的动物类，在该类中定义一个 move()移动方法，并创建两个子类：鹦鹉和乌龟。在 Zoo 类中定义 free()放生方法，该方法接收动物类做方法的参数，并调用参数的 move()方法使动物获得自由。（实例位置：资源包\MR\源码\第 3 章\3-10）

```java
abstract class Animal {
    public abstract void move();                    // 移动方法
}
class Parrot extends Animal {
    public void move() {                            // 鹦鹉的移动方法
        System.out.println("鹦鹉正在飞行……");
    }
}
class Tortoise extends Animal {
    public void move() {                            // 乌龟的移动方法
        System.out.println("乌龟正在爬行……");
    }
}
public class Zoo {
    public void free(Animal animal) {               // 放生方法
        animal.move();
    }
    public static void main(String[] args) {
        Zoo zoo = new Zoo();                        // 动物园
        Parrot parrot = new Parrot();               // 鹦鹉
        Tortoise tortoise = new Tortoise();         // 乌龟
        zoo.free(parrot);                           // 放生鹦鹉
        zoo.free(tortoise);                         // 放生乌龟
    }
}
```

程序运行结果如图 3-12 所示。

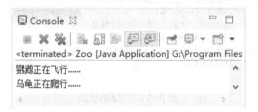

图 3-12 类的向上转型

3.11 抽象类

抽象类

通常可以说四边形具有 4 条边，或者更具体一点，平行四边形是具有对边平行且相等特性的特殊四边形，等腰三角形是腰相等的三角形，这些描述都是合乎情理的。但对图形对象却不能使用具体的语言进行描述，它有几条边，究竟是什么图形，没有人能说清楚，这种类在 Java 中被定义为抽象类。

3.11.1 抽象类和抽象方法的概念

所谓抽象类，就是只声明方法的存在而不去具体实现它的类。抽象类不能被实例化，即不能创建其对象。

在定义抽象类时，要在关键字 class 前面加上关键字 abstract。

语法格式如下：

```
abstract class 类名{
    类体
}
```

例如，定义一个名称为 Fruit 的抽象类可以使用如下代码：

```
abstract class Fruit {                      //定义抽象类
    public String color;                    //定义颜色成员变量
    //定义构造方法
    public Fruit(){
        color="绿色";                       //对变量color进行初始化
    }
}
```

在抽象类中创建的、没有实现的、必须要子类重写的方法称为抽象方法。抽象方法只有方法的声明，而没有方法的实现，用关键字 abstract 进行修饰。

语法格式如下：

abstract <方法返回值类型> 方法名(参数列表);

方法返回值类型：必选，用于指定方法的返回值类型，如果该方法没有返回值，可以使用关键字 void 进行标识。方法返回值的类型可以是任何 Java 数据类型。

方法名：必选，用于指定抽象方法的名称，方法名必须是合法的 Java 标识符。

参数列表：可选，用于指定方法中所需的参数。当存在多个参数时，各参数之间应使用逗号分隔。方法的参数可以是任何 Java 数据类型。

在上面定义的抽象类中添加一个抽象方法，可使用如下代码：

```
//定义抽象方法
public abstract void harvest();             //收获的方法
```

抽象方法不能使用 private 或 static 关键字进行修饰。

包含一个或多个抽象方法的类必须被声明为抽象类。这是因为抽象方法没有定义方法的实现部分，如果不声明为抽象类，这个类将可以生成对象，这时当用户调用抽象方法时，程序就不知道如何处理了。

【例 3-11】 定义一个水果类 Fruit，该类为水果的抽象类，并在该类中定义一个抽象方法，同时在其子类中实现该抽象方法。（实例位置：资源包\MR\源码\第 3 章\3-11）

（1）创建 Fruit 类，在该类中定义相应的变量和方法：

```
abstract class Fruit {                      //定义抽象类
    public String color;                    //定义颜色成员变量
    //定义构造方法
    public Fruit(){
        color="绿色";                       //对变量color进行初始化
    }
    //定义抽象方法
    public abstract void harvest();         //收获的方法
}
```

（2）创建 Fruit 类的子类 Apple，在该类中实现其父类的抽象方法 harvest()：

```
class Apple extends Fruit {
    public void harvest() {
        System.out.println("苹果已经收获！");        //输出字符串"苹果已经收获！"
    }
}
```

（3）再创建一个 Fruit 类的子类 Orange，同样实现父类的抽象方法 harvest()：

```
class Orange extends Fruit {
    public void harvest() {
        System.out.println("橘子已经收获！");        //输出字符串"橘子已经收获！"
    }
}
```

（4）创建 Farm 类，在该类中执行 Fruit 类的两个子类的 harvest()方法：

```
public class Farm {
    public static void main(String[] args) {
        System.out.println("调用Apple类的harvest()方法的结果：");
        Apple apple=new Apple();              //声明Apple类的一个对象apple，并为其分配内存
        apple.harvest();                      //调用Apple类的harvest()方法
        System.out.println("调用Orange类的harvest()方法的结果：");
        Orange orange=new Orange();           //声明Orange类的一个对象orange，并为其分配内存
        orange.harvest();                     //调用Orange类的harvest()方法
    }
}
```

程序运行结果如图 3-13 所示。

图 3-13 抽象类和抽象方法的使用

3.11.2 抽象类和抽象方法的规则

综上所述，抽象类和抽象方法的规则总结如下。

（1）抽象类必须使用 abstract 修饰符来修饰，抽象方法必须使用 abstract 修饰符来修饰。

（2）抽象类不能被实例化，无法使用 new 关键字来调用抽象类的构造器创建抽象类的实例，即使抽象类里不包含抽象方法，这个抽象类也不能创建实例。

（3）抽象类可以包含属性、方法（普通方法和抽象方法）、构造器、初始化块、内部类、枚举类。抽象类的构造器不能用于创建实例，主要用于被其子类调用。

（4）含有抽象方法的类（包括三种情况：直接定义了一个抽象方法；继承了一个抽象父类，但没有完全实现父类包含的抽象方法；实现了一个接口，但没有完全实现接口包含的抽象方法）只能被定义成抽象类。

3.11.3 抽象类的作用

抽象类不能被创建实例，只能被继承。从语义角度上看，抽象类是从多个具体类中抽象出来的父类，它具有更高层次的抽象。从多个具有相同特征的类中抽象出一个抽象类，以这个抽象类为模板，可避免子类的

随意设计。

抽象类体现的就是这种模板模式的设计，抽象类作为多个子类的模板，子类在抽象类的基础上进行扩展，但是子类大致保留抽象类的行为。

3.12 接口

接口

读者可能听说过接口，实际生活中充满了接口。比如，USB（Universal Serial Bus，通用串行总线）接口的电子设备，手机充电头、U 盘、鼠标都是 USB 接口的实现类。对于设备而言，它们各自的 USB 接口都遵循一个规范，遵守这个规范就可以保证插入 USB 接口的设备之间进行正常的通信。

Java 中的接口是一个特殊的抽象类，接口中的所有方法都没有方法体。比如，定义一个人类，人类可以为老师，可以为学生，所以人这个类就可以定义成抽象类，还可以定义几个抽象的方法，比如讲课、看书等，这样就形成了一个接口。如果你想要一个老师，那么就可以实现人类这个接口，同样可以实现人类接口中的方法，当然，也可以存在老师特有的方法。就像 USB 接口一样，只需把 USB 接到接口上，就能实现你想要的功能。

3.12.1 定义接口

Java 语言使用关键字 interface 来定义一个接口。接口定义与类的定义类似，也分为接口的声明和接口体这两部分，其中接口体由常量定义和方法定义两部分组成。

语法格式如下：

```
[修饰符] interface 接口名 [extends 父接口名列表]{
    [public] [static] [final] 常量;
    [public] [abstract] 方法;
}
```

修饰符：可选，用于指定接口的访问权限，可选值为 public。如果省略则使用默认的访问权限。

接口名：必选，用于指定接口的名称，接口名必须是合法的 Java 标识符。一般情况下，要求首字母大写。

extends 父接口名列表：可选参数，用于指定要定义的接口继承于哪个父接口。当使用 extends 关键字时，父接口名为必选参数。

方法：接口中的方法只有定义而没有被实现。

例如，定义一个 Calculate 接口，在该接口中定义一个常量 PI 和两个方法。

```
public interface Calculate {
    final float PI=3.14159f;                //定义用于表示圆周率的常量PI
    float getArea(float r);                 //定义一个用于计算面积的方法getArea()
    float getCircumference(float r);        //定义一个用于计算周长的方法getCircumference()
}
```

Java 接口文件的文件名必须与接口名相同。

3.12.2 接口的继承

接口是可以被继承的。但是接口的继承与类的继承不太一样，接口可以实现多继承，也就是说接口可以有多个直接父接口。和类的继承相似，当子类继承父类接口时，子类会获得父类接口中定义的所有抽象方法、常量属性等。

当一个接口继承多个父类接口时，多个父类接口排列在 extends 关键字之后，各个父类接口之间使用逗号隔开。例如：

```java
public interface interfaceA {
    int one =1;
    void sayA();
}

public interface interfaceB {
    int two =2;
    void sayB();
}
public interface interfaceC extends interfaceA,interfaceB{
    int three =3;
    void sayC();
}

public class app {
    public static void main(String[] args) {
        System.out.println(interfaceC.one) ;
        System.out.println(interfaceC.two) ;
        System.out.println(interfaceC.three) ;
    }
}
```

3.12.3 接口的实现

接口可以被类实现也可以被其他接口继承。在类中实现接口可以使用关键字 implements。
语法格式如下：

[修饰符] **class** <类名> [**extends** 父类名] [**implements** 接口列表]{
}

修饰符：可选，用于指定类的访问权限，可选值为 public、final 和 abstract。
类名：必选，用于指定类的名称，类名必须是合法的 Java 标识符。一般情况下，要求首字母大写。
extends 父类名：可选参数，用于指定要定义的类继承哪个父类。当使用 extends 关键字时，父类名为必选参数。
implements 接口列表：可选参数，用于指定该类实现哪些接口。当使用 implements 关键字时，接口列表为必选参数。当接口列表中存在多个接口名时，各个接口名之间使用逗号分隔。
在类实现接口时，方法的名字、返回值类型、参数的个数及类型必须与接口中的完全一致，并且必须实现接口中的所有方法。
例如，创建实现了 Calculate 接口的 Circle 类，可以使用如下代码：

```java
public class Cire implements Calculate {
    //实现计算圆面积的方法
    public float getArea(float r) {
        float area=PI*r*r;              //计算圆面积并赋值给变量area
        return area;                    //返回计算后的圆面积
    }
    //实现计算圆周长的方法
    public float getCircumference(float r) {
```

```
        float circumference=2*PI*r;    //计算圆周长并赋值给变量circumference
        return circumference;          //返回计算后的圆周长
    }
}
```

每个类只能实现单重继承，而实现接口时，一次则可以实现多个接口，每个接口间使用逗号","分隔。这时就可能出现常量或方法名冲突的情况。解决该问题时，如果常量冲突，则需要明确指定常量的接口，这可以通过"接口名.常量"实现。如果出现方法冲突，只要实现一个方法就可以了。

3.12.4 抽象类与接口的区别

抽象类和接口都包含可以由子类继承实现的成员，但抽象类是对根源的抽象，而接口是对动作的抽象，抽象类和接口的区别主要有以下几点。

（1）子类只能继承一个抽象类，但可以实现任意多个接口。
（2）接口中的方法都是抽象方法，抽象类可以有非抽象方法。
（3）抽象类中的成员变量可以是各种类型，接口中的成员变量只能是静态常量。
（4）抽象类中可以有静态方法和静态代码块等，接口中不可以。
（5）接口没有构造方法，抽象类可以有构造方法。

综上所述，抽象类和接口在主要成员及继承关系上的不同如表 3-2 所示。

表 3-2　　　　　　　　　　　　　抽象类与接口的不同

比较项	抽象类	接口
方法	可以有非抽象方法	所有方法都是抽象方法
属性	属性中可以有非静态常量	所有的属性都是静态常量
构造方法	有构造方法	没有构造方法
继承	一个类只能继承一个父类	一个类可以同时实现多个接口
被继承	一个类可以同时被多个子类继承	一个接口可以同时继承多个接口

小　结

本章主要讲解了有关面向对象的知识和 Java 语言中对面向对象的实现方法，主要包括面向对象的程序设计、类和对象、构造方法和对象、方法中的参数传值、实例方法与类方法、this 关键字、包、import 语句、访问权限、类的继承与多态、抽象类和接口等。

通过学习本章，读者首先应该认真了解面向对象的含义，并掌握 Java 语言中类和对象、构造方法与对象、参数传值以及包的使用方法，然后理解 this 关键字、import 语句和访问权限，并掌握继承和多态的使用方法。

习　题

1. 下面的代码中，a 的值是（　　）。
```
public class A {
    int a ;
    a = 12;
}
```

A. 未对 a 进行赋值　　　　　B. a 的值是 12
C. a 的值是 0　　　　　　　　D. 编译错误

2. 下面的代码输出结果中，正确的是（　　）。

```java
public class Apple {
    int num;
    float price;
    Apple apple;
    public Apple() {
        num=10;
        price=8.34f;
    }
    public static void main(String[] args) {
        Apple apple=new Apple();
        System.out.println(apple.num);
    }
}
```

A. 10　　　　　B. 0　　　　　C. 8.34f　　　　　D. 以上选项都不正确

3. 下列方法中，是构造方法的是（　　）。

A. static void Func(){}　　　　B. public class Apple { public Apple(){ }}
C. abstract void Func()　　　　D. override void Func()

4. 关于继承和接口，以下说法正确的是（　　）。

```java
public class Apple {
    _____            //声明公共变量color
    public static int count;          //声明静态变量count
    public final boolean MATURE=true; //声明常量MATURE并赋值
    public static void main(String[] args) {
        System.out.println(Apple.count);
        Apple apple=new Apple();
        System.out.println(apple.color);
        System.out.println(apple.MATURE);
    }
}
```

A. public String color;　　　　B. public String color
C. private String color;　　　　D. String color;

5. 关于参数传值说法正确的是（　　）。

A. 不能向 int 型参数传递一个 float 的值
B. 不能向 double 型参数传递一个 float 的值
C. Java 方法中参数传递方式有很多种，其中一种是值传递
D. Java 中没有参数传值的概念

6. 在类的声明中，可以通过使用关键字（　　）来显式地指明其父类。

A. extends　　　　　　　　　B. implements
C. import　　　　　　　　　　D. super

7. 子类能够继承父类中被声明为（　　）的成员变量和成员方法。

A. public 和 protected　　　　B. public 和 private
C. private 和 protected　　　　D. 以上都不对

8. 下列方法中，哪个是抽象方法（　　）。
   A. abstract void Func(){}   B. virtual void Func(){}
   C. abstract void Func();   D. override void Func()
9. 实现接口的关键字是（　　）。
   A. extends   B. final   C. interface   D. implements
10. 下面关于抽象类和接口论述正确的是（　　）。
    A. 接口中可以包含普通方法
    B. 抽象类中只能包含抽象方法，不能包含普通方法
    C. 接口中只能定义静态常量属性，不能定义普通属性
    D. 接口中可以包含构造器
11. 下面关于接口的定义正确的是（　　）
    A. interface B {void print() {}}
    B. abstract interface B {void print()}
    C. abstract interface B extends A1,A2{abstract void print(){};}
    D. interface B {void print();}
12. 面向对象的设计特点是_____、_____、_____。
13. Java 声明成员变量的时候，访问修饰符可以使用_____、_____或_____。
14. 请将下面的代码补充完整。
```
public class Apple {
    public String color;
    public static int count;
    public final boolean MATURE=true;
    public static void main(String[] args) {
        System.out.println(Apple.count);
        _____
        System.out.println(apple.color);
        System.out.println(apple.MATURE);
    }
}
```
15. 下面的代码输出结果是_____
```
public interface People {
 void Say(String s);
}
public class Teacher implements People{ // Teacher实现接口
 public void Say(String s){
     System.out.println(s);
 }
}

public class Student implements People{ // Student实现接口
 public void Say(String s){
     System.out.print(s);
 }
}
```

```
public class app {
    public static void main(String[] args) {
        People tea
            tea = new Teacher();
        tea.Say("我是老师");
        tea = new Student();
        tea.Say("我是学生");
    }
}
```

第4章

推箱子游戏

——Java Swing + Java AWT 实现

■ 虽然市面上难见到用 Java 技术开发的游戏，但 JDK 提供了一套完整的 GUI 开发框架，Java 语言完全可以开发一些简单的游戏。本章就以经典休闲游戏——推箱子为例，来演示 Java Swing 技术和 Java AWT 技术的用法，并重点介绍键盘事件和鼠标事件的用法。

本章要点

- Swing窗体组件的使用
- 鼠标事件和键盘事件的使用
- 系统的功能结构及业务流程
- 地图编辑器设计
- 地图文件生成模块
- 设计业务逻辑层类
- 游戏逻辑算法的实现

4.1 需求分析

需求分析

自从电子游戏问世那一刻起，人们的休闲娱乐方式就发生了翻天覆地的变化，男女老幼都对电子游戏抱有极大的热情。随着技术的发展，电子游戏的硬件越做越小，价格越来越低，玩游戏的人越来越多，如今游戏市场已经是互联网行业的主要市场之一了。

与功能繁多、操作复杂、会掺杂血腥暴力的大型游戏不同，休闲益智的小型游戏适合全年龄段的玩家，因此拥有极大的用户人群。小型游戏容量小，可以移植到任何平台，如网页、手机，甚至可以成为 MP3、电子词典的附加功能。

推箱子是一款经典的休闲益智类游戏，玩家需要通过严谨的逻辑设计出正确移动路线才可以将所有的箱子都推到目的地。本章将介绍如何使用 Java 语言开发一款推箱子窗体游戏。

4.2 系统设计

系统设计

4.2.1 系统目标

本程序属于休闲益智小游戏，通过本程序可以达到以下目标。
- 游戏规则简单，操作灵活，难度适中，充满趣味性，老少皆宜。
- 通过复杂关卡地图考验玩家的逻辑分析能力。
- 允许玩家自己绘制关卡地图，避免了游戏单调、枯燥，极大地提高耐玩性。

4.2.2 构建开发环境

- 系统开发平台：Eclipse。
- 系统开发语言：Java。
- 运行平台：Windows 7（SP1）/ Windows 8/Windows 8.1/Windows 10。
- 运行环境：JDK 11。

4.2.3 系统功能结构

推箱子游戏是一个非常小的休闲益智类游戏。玩家打开游戏之后可以选择开始游戏选项或地图编辑器选项，这两个选项的具体规划如下。
- 开始游戏

玩家可以通过方向键控制游戏角色推动箱子，当所有箱子都推到目的地之后，游戏通关并进入下一关。如果玩家绘制了自定义地图，则开始游戏之后首先会进入玩家绘制的地图，通关自定义地图之后会进入标准关卡中的第 1 关。
- 地图编辑器

打开地图编辑器之后，可以通过鼠标左键绘制游戏元素，默认绘制墙块。玩家可以通过窗体下方的按钮选择绘制其他元素，如箱子、玩家和目的地。如果玩家按住鼠标左键在画板上拖曳，则会在鼠标划过区域画满游戏元素。鼠标右键具有擦除功能，可以取消已绘制元素，支持拖曳。若玩家单击"清除"按钮会清除画板中所有已绘制的元素。玩家绘制完毕之后，可以单击"保存"按钮自动生成地图数据文件，并跳转到开始界面。单击"返回"按钮则直接回到开始界面。

推箱子游戏功能结构如图 4-1 所示。

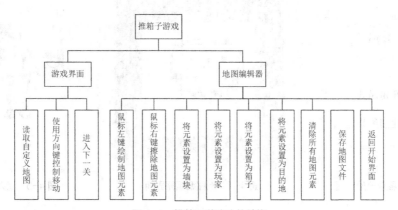

图 4-1　推箱子游戏功能结构

4.2.4　系统流程图

推箱子游戏的系统流程图如图 4-2 所示。

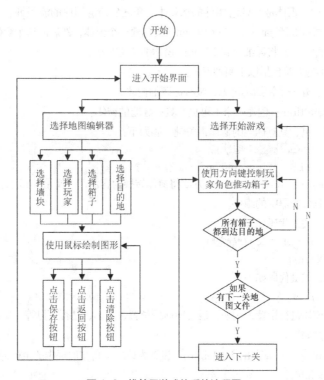

图 4-2　推箱子游戏的系统流程图

4.2.5　系统预览

推箱子游戏的程序界面如图 4-3 至图 4-5 所示。

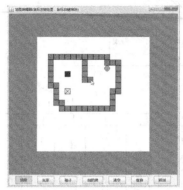
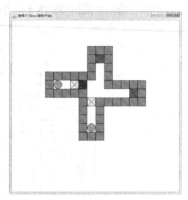

图 4-3　程序开始界面　　　　图 4-4　地图编辑器界面　　　　图 4-5　游戏界面

4.3　技术准备

4.3.1　Swing 窗体程序开发

Swing 窗体程序开发

在开发 Swing 程序时，窗体是 Swing 组件的承载体。开发 Swing 程序的流程可以被简单地概括为首先通过继承 javax.swing.JFrame 类创建一个窗体，然后向这个窗体中添加组件，最后为添加的组件设置监听事件。下面将详细讲解 JFrame 窗体的使用方法。

JFrame 类的常用构造方法包括以下两种形式。

public JFrame()：创建一个初始不可见、没有标题的窗体。

public JFrame(String title)：创建一个不可见、具有标题的窗体。

例如，创建一个不可见、具有标题的窗体，关键代码如下：

```
JFrame jf = new JFrame("登录系统");
Container container = jf.getContentPane();
```

在创建窗体后，先调用 getContentPane() 方法将窗体转换为容器，再调用 add() 方法或者 remove() 方法向容器中添加组件或者删除容器中的组件。

向容器中添加按钮，关键代码如下：

```
JButton okBtn = new JButton("确定")
container.add(okBtn);
```

删除容器中的按钮，关键代码如下：

```
container.remove(okBtn);
```

创建窗体后，要对窗体进行设置，例如，设置窗体的位置、大小、是否可见等。JFrame 类提供相应方法实现上述设置操作，具体如下。

setBounds(int x, int y, int width, int leight)：设置窗体左上角在屏幕中的坐标为(x, y)，窗体的宽度为 width，窗体的高度为 height。

setLocation(int x, int y)：设置窗体左上角在屏幕中的坐标为(x, y)。

setSize(int width, int height)：设置窗体的宽度为 width，高度为 height。

setVisibale(boolean b)：设置窗体是否可见，b 为 true 时，表示可见，b 为 false 时，表示不可见。

setDefaultCloseOperation(int operation)：设置窗体的关闭方式，默认值为 DISPOSE_ON_CLOSE。Java 语言提供了多种窗体的关闭方式，常用的有 4 种，如表 4-1 所示。

表 4-1　　　　　　　　　　　　　JFrame 窗体关闭的几种方式

窗体关闭方式	实 现 功 能
DO_NOTHING_ON_CLOSE	表示单击"关闭"按钮时，窗体无任何操作
DISPOSE_ON_CLOSE	表示单击"关闭"按钮时，隐藏并释放窗体
HIDE_ON_CLOSE	表示单击"关闭"按钮时，隐藏窗体
EXIT_ON_CLOSE	表示单击"关闭"按钮时，退出窗体并关闭程序

例如，创建 JFreamTest 类，使之继承 JFrame 类，在 JFreamTest 类中创建一个内容为"这是一个 JFrame 窗体"的标签后，把这个标签添加到窗体中。具体代码如下。

```java
import java.awt.*;                                          //导入AWT包
import javax.swing.*;                                       //导入Swing包
public class JFreamTest extends JFrame {                    //继承JFrame类
    public void CreateJFrame(String title) {
        JFrame jf = new JFrame(title);
        Container container = jf.getContentPane();          // 获取主容器
        JLabel jl = new JLabel("这是一个JFrame窗体");
        jl.setHorizontalAlignment(SwingConstants.CENTER);   // 使标签上的文字居中
        container.add(jl);                                  // 将标签添加到容器中
        container.setBackground(Color.white);               // 设置容器的背景颜色
        jf.setVisible(true);                                // 使窗体可见
        jf.setSize(300, 150);                               // 设置窗体大小
        // 关闭窗体则停止程序
        jf.setDefaultCloseOperation(WindowConstants.EXIT_ON_CLOSE);
    }
    public static void main(String args[]) {                // 主方法
        new JFreamTest().CreateJFrame("创建一个JFrame窗体");
    }
}
```

运行结果如图 4-6 所示。

4.3.2　AWT 绘图技术

绘图是高级程序设计中非常重要的技术，例如，应用程序需要绘制闪屏图像、背景图像、组件外观，Web 程序可以绘制统计图、数据库存储

AWT 绘图技术

图 4-6　向窗体中添加标签

的图像资源等。正所谓"一图胜千言"，使用图像能够更好地表达程序运行结果，进行细致的数据分析与保存。

1. Graphics 绘图类

Graphics 类是所有图形上下文的抽象基类，它允许应用程序在组件以及闭屏图像上进行绘制。Graphics 类封装了 Java 支持的基本绘图操作所需的状态信息，主要包括颜色、字体、画笔、文本、图像等。

Graphics 类提供了绘图常用的方法，利用这些方法可以实现直线、矩形、多边形、椭圆、圆弧等形状和文本、图像的绘制操作。另外，在执行这些操作之前，还可以使用相应的方法，设置绘图的颜色和字体等状态属性。

2. Graphics2D 绘图类

使用 Graphics 类可以完成简单的图形绘制任务，但是它所实现的功能非常有限，无法改变线条的粗细，不能对图像使用旋转和模糊等过滤效果。

Graphics2D 继承 Graphics 类，实现了功能更加强大的绘图操作的集合。由于 Graphics2D 类是 Graphics 类的扩展，也是推荐使用的 Java 绘图类，所以本章主要介绍如何使用 Graphics2D 类实现 Java 绘图。

> Graphics2D 是推荐使用的绘图类，但是程序设计中提供的绘图对象大多是 Graphics 类的实例对象，这时应该使用强制类型转换将其转换为 Graphics2D 类型。

3. 绘制图像

绘图类不仅可以绘制几何图形和文本，还可以绘制图像，绘制图像时需要使用 drawImage()方法，该方法用来将图像资源显示到绘图上下文中，语法如下：

drawImage(Image img, int x, int y, ImageObserver observer)

该方法将 img 图像显示在通过 x、y 指定的位置上，方法中涉及的参数说明如表 4-2 所示。

表 4-2　　　　　　　　　　　　　　参数说明

参　　数	说　　明
img	要显示的图像对象
x	图像左上角的 x 坐标
y	图像左上角的 y 坐标
observer	当图像重新绘制时要通知的对象

> Java 中默认支持的图像格式主要有 .jpg（jpeg）、.gif 和 .png 这 3 种。

下面通过一个实例演示如何在画布上绘制图片文件中的图像。

创建 DrawImage 类，使用 drawImage()方法在窗体中绘制图像，并使图像的大小保持不变。图片文件 img.png 放到项目中 src 源码文件夹下的默认包中，其位置如图 4-7 所示。

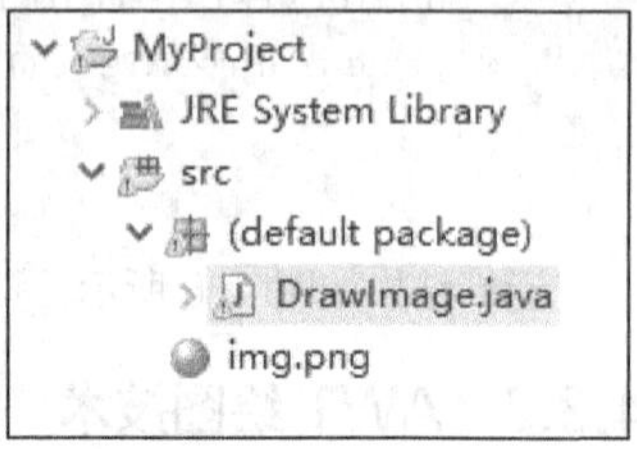

图 4-7　图片文件在项目中的位置

DrawImage 类的具体代码如下：

```java
import java.awt.*;
import java.net.*;
import javax.swing.*;
public class DrawImage extends JFrame {
    Image img; // 显示的图片
    public DrawImage() {
        URL imgUrl = DrawImage.class.getResource("img.png");   // 获取图片资源的路径
        img = Toolkit.getDefaultToolkit().getImage(imgUrl);    // 获取图片资源
        this.setSize(500, 250);                                // 设置窗体大小
        setDefaultCloseOperation(JFrame.EXIT_ON_CLOSE);        // 设置窗体关闭模式
        add(new CanvasPanel());       // 设置窗体面板为绘图面板对象
        this.setTitle("绘制图片");     // 设置窗体标题
    }
    public static void main(String[] args) {
        new DrawImage().setVisible(true);
    }
}
class CanvasPanel extends Canvas {
    public void paint(Graphics g) {
```

```
            Graphics2D g2 = (Graphics2D) g;
            g2.drawImage(img, 0, 0, this);    // 显示图片
        }
    }
}
```

程序运行结果如图 4-8 所示。

图 4-8 在窗体中绘制图像

4.4 公共类设计

开发项目时，通过编写公共类可以减少重复代码的编写，有利于代码的重用及维护。推箱子游戏中创建了两个公共类文件 GameImageUtil.java（图片工具类）和 GameMapUtil.java（地图数据工具类），下面分别对以上两个公共类中的方法进行详细介绍。

4.4.1 图片工具类

GameImageUtil 图片工具类用来统一管理程序中使用到的图片。程序中的所有图片都放在了 com.mr.image 这个包中，并使用静态常量 IMAGE_PATH 来记录这个文件夹地址。GameImageUtil 分别提供了玩家图片、箱子未到达目的地图片、箱子已到达目的地图片、墙图片、目的地图片和开始面板的背景图片，代码如下：

图片工具类

```java
private static final String IMAGE_PATH = "src/com/mr/image";// 图片存放的路径
public static BufferedImage playerImage;         // 玩家图片
public static BufferedImage boxImage1;           // 箱子未到达目的地图片
public static BufferedImage boxImage2;           // 箱子已到达目的地图片
public static BufferedImage wallImage;           // 墙图片
public static BufferedImage destinationImage;    // 目的地图片
public static BufferedImage backgroundImage;     // 背景图片
```

因为所有图片对象均为静态属性，所以不能在构造方法中赋值，因此本类使用静态代码块为这些图片对象赋值。静态代码块代码如下：

```java
static {
    try {
        playerImage = ImageIO.read(new File(IMAGE_PATH, "player.png"));
        boxImage1 = ImageIO.read(new File(IMAGE_PATH, "box1.png"));
        boxImage2 = ImageIO.read(new File(IMAGE_PATH, "box2.png"));
        wallImage = ImageIO.read(new File(IMAGE_PATH, "wall.png"));
        destinationImage = ImageIO
                .read(new File(IMAGE_PATH, "destination.png"));
```

```
            backgroundImage = ImageIO
                    .read(new File(IMAGE_PATH, "background.png"));
        } catch (IOException e) {
            e.printStackTrace();
        }
    }
```

4.4.2 地图数据工具类

GameMapUtil 地图数据工具类作为程序读写地图数据文件的接口类,所有对地图数据文件的操作都封装在该类中。

地图数据工具类

1. 静态常量

GameMapUtil 类的静态常量分三种类型:各元素在地图数据文件中的占位符、地图文件的存放路径和自定义地图的名称。其中前两个常量是私有的,只有自定义地图名称会在地区编辑器中用到,所以是公有的。所有静态常量如下:

```
private static final char NULL_CODE = '0';         // 空白区域使用的占位符
private static final char WALL_CODE = '1';         // 墙使用的占位符
private static final char BOX_CODE = '2';          // 箱子使用的占位符
private static final char PLAYER_CODE = '3';       // 玩家使用的占位符
private static final char DESTINATION_CODE = '4';  // 目的地使用的占位符
private static final String MAP_PATH = "src/com/mr/map";  // 地图存放的路径
public static final String CUSTOM_MAP_NAME = "custom";    // 自定义地图名称
```

2. 创建地图文件

createMap()方法用于创建地图数据文件。地图数据文件中使用占位符记录各个游戏元素所在的位置。createMap()方法有两个参数,参数 arr 数组表示地图中的刚体矩阵,参数 mapName 表示要创建的地图文件名称。方法会解析 arr 数组中的所有刚体对象,根据刚体对象所属的类型在字符串 data 中填充该类型对应的占位符。最后使用文件输出流将字符串 data 写入地图文件。

该方法的具体代码如下:

```
static public void createMap(RigidBody[][] arr, String mapName) {
    StringBuilder data = new StringBuilder();// 地图文件将要写入的内容
    for (int i = 0, ilength = arr.length; i < ilength; i++) {
        for (int j = 0, jlength = arr[i].length; j < jlength; j++) {
            RigidBody rb = arr[i][j];// 获取地图数据中的刚体对象
            if (rb == null) {// 如果是空对象
                data.append(NULL_CODE);// 拼接空白区域的占位符
            } else if (rb instanceof Wall) {// 如果是墙
                data.append(WALL_CODE);// 拼接墙的占位符
            } else if (rb instanceof Player) {// 如果是玩家
                data.append(PLAYER_CODE);// 拼接玩家的占位符
            } else if (rb instanceof Box) {// 如果是箱子
                data.append(BOX_CODE);// 拼接箱子的占位符
            } else if (rb instanceof Destination) {// 如果是目的地
                data.append(DESTINATION_CODE);// 拼接目的地的占位符
            }
        }
        data.append("\n");// 拼接换行
    }
    File mapFile = new File(MAP_PATH, mapName);// 创建地图文件对象
```

```java
    // 开始文件输出流
    try (FileOutputStream fos = new FileOutputStream(mapFile);) {
        fos.write(data.toString().getBytes());// 将字符串写入文件
        fos.flush();// 刷新输出流
    } catch (IOException e) {
        e.printStackTrace();
    }
}
```

3. 读取地图文件数据

程序需要通过 readMap() 方法将地图文件数据转为 Map 地图类对象。方法中的 mapName 参数表示要读取的地图文件名称。游戏的默认地图以数字命名，而玩家自己绘制的地图则以本来的 CUSTOM_MAP_NAME 属性值命名，所以方法参数的类型是字符串类型。

方法通过文件输入流逐行读取地图文件中的字符，然后创建 20×20 的刚体类数组 data，判断读出的字符属于哪种刚体类型，并在数组对应的位置创建刚体对象，这样就可以将文件数据转为刚体矩阵数组了。最后根据填充好的数组 data 创建 Map 地图对象，这样就完成了读取地图数据文件功能。

方法的具体代码如下：

```java
public static Map readMap(String mapName) {
    File f = new File(MAP_PATH, mapName);// 获取地图文件对象
    if (!f.exists()) {// 如果文件不存在
        System.err.println("地图不存在:" + mapName);
        return null;
    }
    RigidBody[][] data = new RigidBody[20][20];// 地图数据数组
    // 开启缓冲输入流
    try (FileInputStream fis = new FileInputStream(f);
            InputStreamReader isr = new InputStreamReader(fis);
            BufferedReader br = new BufferedReader(isr)) {
        String tmp = null;// 读取一行数据的临时字符串
        int row = 0;// 当前读取的行数
        while ((tmp = br.readLine()) != null) {// 循环读出一行有内容的字符串
            char codes[] = tmp.toCharArray();// 读出的字符串拆分成字符数组
            // 循环字符数组，并保证读取的行数不超过20
            for (int i = 0; i < codes.length && row < 20; i++) {
                RigidBody rb = null;// 准备保存到地图数组中的刚体对象
                switch (codes[i]) {// 判断读出的字符
                    case WALL_CODE ://如果是墙的占位符
                        rb = new Wall();// 刚体以墙的形式实例化
                        break;
                    case BOX_CODE ://如果是箱子的占位符
                        rb = new Box();// 刚体以箱子的形式实例化
                        break;
                    case PLAYER_CODE ://如果是玩家的占位符
                        rb = new Player();// 刚体以玩家的形式实例化
                        break;
                    case DESTINATION_CODE ://如果是目的地的占位符
                        rb = new Destination();// 刚体以目的地的形式实例化
                        break;
                }
                data[row][i] = rb;// 刚体对象保存到地图数组中
```

```
                    row++;// 读取的行数递增
                }
            } catch (IOException e) {
                e.printStackTrace();
            }
            return new Map(data);// 返回包含此地图数据的地图对象
        }
```

读取地图文件数据还有另一个重载方法，可以直接以 int 类型变量作为参数。使用 int 参数有利于程序计算关卡数。重载方法会自动将 int 类型转为 String 类型，代码如下：

```
public static Map readMap(int mapNum) {
    // 将数字转为字符串，调用重载方法
    return readMap(String.valueOf(mapNum));
}
```

4. 读取自定义地图文件

readCustomMap()方法用来专门读取玩家绘制的自定义地图文件。因为自定义文件的文件名是写死的，所以不需要传入任何参数。

方法首先会判断玩家是否创建了自定义地图，如果没有创建则返回 null，否则调用 readMap()方法读取自定义文件。

方法的具体代码如下：

```
public static Map readCustomMap() {
    File f = new File(MAP_PATH, CUSTOM_MAP_NAME);// 创建定义地图文件对象
    if (!f.exists()) {// 如果文件不存在
        return null;
    }
    Map map = readMap(CUSTOM_MAP_NAME);// 读取自定义文件中的数据
    return map;// 返回自定义地图对象
}
```

5. 获取总关卡数

因为游戏中通过一个关卡之后会自动进入下一个关卡，所以需要判断游戏共有多少关卡，当通过最后一个关卡之后，游戏要回到开始界面。getLevelCount()方法就是用来返回总关卡数的。

方法会读取 MAP_PATH 路径下的所有文件，如果文件中包含玩家绘制的自定义地图，则返回文件总数 -1 表示总关卡数；否则返回总文件数。如果 MAP_PATH 路径表示的不是某个文件夹，则直接返回 0。

方法的具体代码如下：

```
public static int getLevelCount() {
    File dir = new File(MAP_PATH);// 读取地图存放路径
    if (dir.exists()) {// 如果该路径是文件夹
        File maps[] = dir.listFiles();// 获取该文件夹下的所有文件
        for (File f : maps) {// 遍历这些文件
            if (CUSTOM_MAP_NAME.equals(f.getName())) {// 如果存在自定义地图
                return maps.length - 1;// 总关卡数 = 文件数 -1
            }
        }
        return maps.length;// 总关卡数 = 文件数
    }
    return 0;// 没有关卡
}
```

6. 读取自定义地图文件

当玩家重启游戏之后，将会自动清除以前创建的自定义地图。clearCustomMap()方法用于实现此功能，在主窗体创建时会调用此方法清除过去的自定义地图文件。

方法的具体代码如下：

```java
public static void clearCustomMap() {
    File f = new File(MAP_PATH, CUSTOM_MAP_NAME);// 创建定义地图文件对象
    if (f.exists()) {// 如果文件存在
        f.delete();// 删除
    }
}
```

4.5 模型类设计

模型类指将游戏中出现的实物封装成的类。本程序中有两种模型类：刚体类和地图类。下面分别介绍这两个类。

模型类设计

4.5.1 刚体类

刚体是指形状不会发生改变的物体，如石头、楼房等。游戏中出现的墙块、箱子、玩家角色甚至目的地可以被抽象为刚体。程序创建了刚体抽象类作为以上这些模型的父类，下面分别介绍这些类。

1. 刚体抽象类

游戏中会有很多种类型的刚体，这些刚体有一些共同特征，例如，有坐标和图片。将这些共同特征封装成一个刚体抽象类作为公共的父类，可以减少其他刚体模型的代码量。RigidBody 类就是刚体抽象类，下面从四个方面介绍该类。

（1）属性

RigidBody 类有三个属性，分别是刚体在游戏面板中所处的横坐标 x 和纵坐标 y，以及刚体使用的图片对象 image，代码如下：

```java
public abstract class RigidBody {
    public int x;// 横坐标索引
    public int y;// 纵坐标索引
    private Image image;// 图片
}
```

（2）构造方法

RigidBody 类提供了两种构造方法，第一种构造方法仅初始化图片，代码如下：

```java
public RigidBody(Image image) {
    this.image = image;
}
```

第二种构造方法仅初始化横纵坐标，该构造方法会被箱子类用到，代码如下：

```java
public RigidBody(int x, int y) {
    this.x = x;
    this.y = y;
}
```

（3）获取刚体图片，重设刚体图片

虽然 RigidBody 类已经提供了初始化图片的构造方法，但游戏过程中刚体的图片可能会发生变化，所以除了要提供图片的 getter 方法以外，还要提供 setter 方法，这样可以保证刚体的图片可以被灵活地读取和替换。

代码如下：

```
public Image getImage() {
    return image;
}
public void setImage(Image image) {
    this.image = image;
}
```

（4）重写 equals()方法

在程序中需要判断某个刚体对象是否已经包含在地图数据中。因为程序使用 ArrayList 来保存地图数据对应的刚体对象，所以想使用 ArrayList 的 contains()方法来判断是否包含某个刚体的话，需要重写 RigidBody 类的 equals()方法来指定比较规则。

程序判断两个刚体对象是否是游戏中的同一个元素时，除了要看两个刚体对象所属模型类是否一致，还要看两者坐标是否重合。因此 equals()方法中以类型和横纵坐标作为判断标准，类型相同、坐标相同的刚体对象，在游戏中都被认为是同一个元素，如两个处在同一个位置的墙块。重写后的 equals()方法代码如下：

```
public boolean equals(Object obj) {
    if (this == obj)
        return true;
    if (obj == null)
        return false;
    if (getClass() != obj.getClass())
        return false;
    RigidBody other = (RigidBody) obj;
    if (x != other.x)
        return false;
    if (y != other.y)
        return false;
    return true;
}
```

2. 墙块类

墙块在游戏中会阻挡玩家和箱子移动。Wall 类是程序中的墙块类。墙块使用的图片是图片工具类 GameImageUtil.wallImage 所提供的灰色方块，效果如图 4-9 所示。墙块类直接使用父类构造方法为图片赋值。

图 4-9 游戏中的墙块效果图

墙块类代码如下：

```
public class Wall extends RigidBody {
    public Wall() {
        super(GameImageUtil.wallImage);
    }
}
```

3. 目的地类

目的地在游戏中标示箱子需要摆放的目标位置，当所有箱子都摆放在目的地之后，游戏会通关。Destination 类是程序中的目的地类。目的地使用的图片是图片工具类 GameImageUtil.destinationImage 所提供的绿色圆圈，效果如图 4-10 所示。目的地类直接使用父类构造方法为图片赋值。

图 4-10 游戏中的目的地效果图

目的地类代码如下：

```
public class Destination extends RigidBody {
    public Destination() {
        super(GameImageUtil.destinationImage);
    }
}
```

4. 玩家类

玩家类是受玩家控制的游戏角色，该角色可以在上下左右四个方向自由移动，也可以推动箱子。Player 类是程序中的玩家类。玩家类使用的图片是图片工具类 GameImageUtil.playerImage 所提供的蓝色方块，效果如图 4-11 所示。玩家类直接使用父类构造方法为图片赋值。

图 4-11　游戏中的玩家效果图

玩家类代码如下：

```
public class Player extends RigidBody{
    public Player() {
        super(GameImageUtil.playerImage);
    }
}
```

5. 箱子类

箱子是游戏中可被玩家推着移动的游戏元素，当所有箱子都摆放到目的地则通关游戏。Box 类是程序中的箱子类。为了让玩家容易区分箱子的到达状态，图片工具类提供两种箱子图片：未到达目的地的黄色箱子 GameImageUtil.boxImage1，效果如图 4-12 所示；已到达目的地的红色箱子 GameImageUtil.boxImage2，效果如图 4-13 所示。

图 4-12　箱子未达到目的地的效果图 　　　图 4-13　箱子已到达目的地的效果图

为了让箱子可以灵活地更换图片，Box 类提供了 arrived 属性用于记录箱子是否已经到达了目的地，又提供了到达目的地时触发的方法 arrive() 和离开目的地时触发的方法 leave()，这两个方法触发之后可以更换箱子的状态和图片。

箱子类的代码如下：

```
public class Box extends RigidBody {
    private boolean arrived = false;// 是否到达目的地
    public Box() {
        super(GameImageUtil.boxImage1);
    }
    public Box(int x, int y) {
        super(x,y);
        setImage(GameImageUtil.boxImage1);
    }
    public void arrive() {// 到达
        setImage(GameImageUtil.boxImage2);
        arrived = true;
    }
    public void leave() {// 离开
        setImage(GameImageUtil.boxImage1);
        arrived = false;
    }
```

```java
    public boolean isArrived() {
        return arrived;
    }
}
```

4.5.2 地图类

Map 类是程序中的地图类，该类用来封装和加工地图数据。整个游戏地图中出现的所有元素都是 RigidBody 刚体类的子类，所以整张地图的数据都记录在一个 RigidBody[ ][ ]二维数组中。地图类在初始化的时候会单独把玩家对象和箱子对象从二维数组中抽出来，然后单独保存，这样方便程序随时修改这两种元素的坐标。下面将从四个方面介绍地图类。

（1）属性

地图类有三个属性，分别记录了三种数据：matrix[ ][ ]用于记录地图数据，包含墙块、目的地和空白区域；player 记录玩家对象和该对象在游戏中的位置；boxes 记录地图中所有的箱子对象和其对应的位置。代码如下：

```java
private RigidBody matrix[][];// 地图数据数组
private Player player;// 地图中的玩家对象
private ArrayList<Box> boxs;// 地图中包含的箱子列表
```

（2）构造方法

构造方法参数为地图原始数据二维数组，这个数组由地图工具类从地图文件中读取出来。地图类在构造时要对这个二维数组做加工，加工的代码在 init()地图初始化方法中。构造方法的代码如下：

```java
public Map(RigidBody matrix[][]) {
    this.matrix = matrix;
    player = new Player();
    boxs = new ArrayList<>();
    init(); //地图初始化
}
```

（3）地图初始化

因为传入的地图数据数组中是包含玩家和箱子的，为了让程序方便操作玩家和箱子的坐标，在创建地图的同时就将这两种类型的对象提取出来。init()方法就是初始化方法，在该方法中找出地图数组中玩家和箱子的位置，并单独记录这些位置，同时把原数组中玩家和箱子的对象清空。方法的代码如下：

```java
private void init() {
    // 遍历地图数组
    for (int i = 0, ilength = matrix.length; i < ilength; i++) {
        for (int j = 0, jlength = matrix[i].length; j < jlength; j++) {
            RigidBody rb = matrix[i][j];// 读出刚体对象
            if (rb instanceof Player) {// 如果是玩家
                player.x = i;// 记录用户横坐标索引
                player.y = j;// 记录用户纵坐标索引
                matrix[i][j] = null;// 将该索引下的刚体对象清除
            } else if (rb instanceof Box) {
                Box box = new Box(i, j);// 创建对应该横纵坐标索引的箱子对象
                boxs.add(box);// 箱子列表保存此箱子
                matrix[i][j] = null;// 将该索引下的刚体对象清除
            }
        }
    }
}
```

（4）获取地图数据

地图类中的每一个属性都提供了对应的 getter 方法。获取地图数据的代码如下：

```java
public RigidBody[][] getMapData() {
    return matrix;
}
```

获取地图中的玩家对象的代码如下：

```java
public Player getPlayer() {
    return player;
}
```

获取地图中的箱子列表的代码如下：

```java
public ArrayList<Box> getBoxs() {
    return boxs;
}
```

4.6 主窗体设计

4.6.1 模块概述

主窗体设计

主窗体是程序操作过程中必不可少的，它是人机交互中的重要环节。通过主窗体，用户才能看到游戏画面、操控游戏角色，实现互动。主窗体除了提供可视化的最外层容器之外，还承担加载键盘事件监听和鼠标事件监听任务。主窗体会作为参数传入每个面板中，面板类中编写键盘事件和鼠标事件都必须交给主窗体对象加载，否则这些事件无法正确地被监听到。

本程序中大部分坐标、宽高都是开发时微调出来的，读者在编写代码时也可以做出调整。

4.6.2 代码实现

（1）首先创建一个 Java 类，命名为 MainFrame，并继承 JFrame 类，代码如下：

```java
public class MainFrame extends JFrame {
}
```

（2）在类中创建两个属性，分别记录窗体的宽和高。游戏界面采用 600 像素×600 像素的宽高，但是考虑到主窗体有外部边界，所以主窗体宽高采用 605 像素×627 像素。代码如下：

```java
private int width = 605;// 不可调整大小时的宽度，可调整大小宽度选择616像素
private int height = 627;// 不可调整大小时的高度，可调整大小高度选择638像素
```

（3）编写主窗体的构造方法，在构造方法中设置窗体的宽高、位置等属性。通过 Toolkit 工具类获取屏幕，计算出让窗体居中显示的坐标。最后要做三步游戏初始化的操作：开启窗体事件监听；载入开始面板；删除自定义地图。构造方法的具体代码如下：

```java
public MainFrame() {
    setTitle("推箱子");// 设置标题
    setResizable(false);// 不可调整大小
    setSize(width, height);// 设置宽高
    Toolkit tool = Toolkit.getDefaultToolkit(); // 创建系统默认组件工具包
    Dimension d = tool.getScreenSize(); // 获取屏幕尺寸，赋给一个二维坐标对象
    // 让主窗体在屏幕中间显示
```

```
        setLocation((d.width - getWidth()) / 2, (d.height - getHeight()) / 2);
        setDefaultCloseOperation(DO_NOTHING_ON_CLOSE);// 关闭窗体时，窗体不做任何操作
        addListener();// 添加监听
        setPanel(new StarPanel(this));// 载入开始面板
        GameMapUtil.clearCustomMap();// 删除自定义地图
    }
```

（4）构造方法中调用的 addListener()方法用于为窗体添加监听，在该方法中为窗体添加了窗体事件，在玩家关闭窗体时，会弹出选择框让玩家确认关闭操作，如果玩家选择"是"则关闭程序，否则不做任何操作。这种确认关闭的功能可以防止玩家误关程序。addListener()方法代码如下：

```
private void addListener() {
    addWindowListener(new WindowAdapter() {// 添加窗体事件监听
        public void windowClosing(WindowEvent e) {// 窗体关闭时
            // 弹出选择对话框，并记录用户选择
            int closeCode = JOptionPane.showConfirmDialog(MainFrame.this,
                "是否退出游戏？", "提示！", JOptionPane.YES_NO_OPTION);
            if (closeCode == JOptionPane.YES_OPTION) {// 如果用户选择确定
                System.exit(0);// 关闭程序
            }
        }
    });
}
```

（5）构造方法中调用的 setPanel()方法用于更换主容器中显示的面板，这个方法用于切换游戏场景，是个非常重要的方法。方法中 panel 参数就是要显示的面板，传入 panel 之后，主窗体会获取主容器对象，然后将容器中已存在的所有组件都删除，然后将 panel 重新放入容器中并重新校验、显示。这样就完成了场景切换的功能。setPanel()方法的代码如下：

```
public void setPanel(JPanel panel) {
    Container c = getContentPane();// 获取主容器对象
    c.removeAll();// 删除容器中所有组件
    c.add(panel, BorderLayout.CENTER);// 容器添加面板
    c.validate();// 容器重新验证所有组件
    c.repaint();
}
```

开始面板设计

4.7 开始面板设计

4.7.1 模块概述

开始面板是启动程序之后玩家看到的第一个面板。开始面板中显示了游戏标题和游戏选项，玩家可以通过键盘的上下方向键控制蓝色方块对选项进行选择，敲击回车键即可确认选项。开始面板的效果如图 4-14 所示。

4.7.2 代码实现

（1）首先创建一个 Java 类，命名为 StarPanel，并继承 JPanel 面板类和实现 KeyListener 键盘事件监听接口，实现接口的同时要实现该接口中的三个抽象方法。这些方法的代码会后续补充。StarPanel 类

图 4-14 开始面板效果

的代码如下：

```java
public class StarPanel extends JPanel implements KeyListener {
    public void keyPressed(KeyEvent e) {
    }
    public void keyReleased(KeyEvent e) {
    }
    public void keyTyped(KeyEvent e) {
    }
}
```

（2）在类中创建属性，分别记录主窗体对象、面板背景图片、背景图片的绘图对象以及选择图标的可用坐标，代码如下：

```java
MainFrame frame;// 主窗体
BufferedImage image;// 面板中显示的图片
Graphics2D g2;// 图片绘图对象
int x = 160;// 图标的横坐标
int y;// 图标的纵坐标
final int y1 = 320;// 第一个选项的纵坐标
final int y2 = 420;// 第二个选项的纵坐标
```

（3）在构造方法中要传入主窗体对象，这样才可以实现为窗体添加键盘监听、修改窗体标题功能。构造方法中调用主窗体的 setFocusable(true)方法是为了防止从地图编辑器返回开始面板造成主窗体丢失焦点的问题。构造方法在最后定义了选择图标的 y 坐标，让图标停留在第一个选项上。构造方法的代码如下：

```java
public StarPanel(MainFrame frame) {
    this.frame = frame;
    this.frame.addKeyListener(this);
    this.frame.setFocusable(true);
    this.frame.setTitle("推箱子");
    // 图片使用600像素×600像素的彩图
    image = new BufferedImage(600, 600, BufferedImage.TYPE_INT_RGB);
    g2 = image.createGraphics();
    y = y1;// 默认选择第一个选项
}
```

（4）image 是开始面板中显示的图片，paintImage()方法用于在这张图片上绘制内容，包括绘制背景图片、绘制选项文字和选项图标。因为选项图标的纵坐标是变量，所以每次绘制时，图标都可能出现在不同位置。paintImage()方法的代码如下：

```java
private void paintImage() {
    g2.drawImage(GameImageUtil.backgroundImage, 0, 0, this);
    g2.setColor(Color.BLACK);// 使用黑色
    g2.setFont(new Font("黑体", Font.BOLD, 40));// 字体
    g2.drawString("开始游戏", 230, y1 + 30);// 绘制第一个选项的文字
    g2.drawString("地图编辑器", 230, y2 + 30);// 绘制第二个选项的文字
    g2.drawImage(GameImageUtil.playerImage, x, y, this);// 将玩家图片作为选择图标
}
```

（5）绘制完 image 图片之后，将该图片显示到面板上，重写 paint()绘图方法可以实现此功能。paint()方法是面板类的父类——javax.swing.JComponent 组件抽象类提供的，该方法在展示面板时会自动调用。重写的 paint()方法的代码如下：

```java
public void paint(Graphics g) {
    paintImage();// 绘制图片
```

```
        g.drawImage(image, 0, 0, this);// 将图片绘制在面板中
    }
```

（6）开始面板实现键盘事件中的 keyPressed()方法，该方法会在键盘上任意键被按下时触发。在该方法中使用 KeyEvent 键盘事件对象获取按下的按键编码；如果按下的是回车键，则根据选择图标的 y 坐标判断玩家选中的选项，进入对应的面板；如果按下的是上箭头键或下箭头键，则更换选择图标的 y 坐标。接口中剩下的 keyReleased()方法和 keyTyped()方法无须实现。keyPressed()方法的代码如下：

```
public void keyPressed(KeyEvent e) {
    int key = e.getKeyCode();// 获取按键的编码
    switch (key) {// 判断按键
        case KeyEvent.VK_ENTER :// 如果是回车键
            switch (y) {// 判断图标的坐标
                case y1 :// 如果选中第一个选项
                    frame.removeKeyListener(this);// 删除当前键盘事件
                    frame.setPanel(new GamePanel(frame, 0));// 进入游戏面板
                    break;
                case y2 :// 如果选中第二个选项
                    frame.removeKeyListener(this);// 删除当前键盘事件
                    frame.setPanel(new MapEditPanel(frame));// 进入地图编辑器面板
                    break;
            }
            break;
        case KeyEvent.VK_UP :// 如果是上箭头键，采用和下箭头一样的逻辑
        case KeyEvent.VK_DOWN :// 如果是下箭头键，采用和上箭头一样的逻辑
            if (y == y1) {// 如果图标选中第一个选项
                y = y2;// 更换选中第二个选项
            } else {
                y = y1;// 更换选中第一个选项
            }
            break;
    }
    repaint();// 重绘面板
}
```

4.8 地图编辑器设计

4.8.1 模块概述

地图编辑器设计

地图编辑器是本程序的一大亮点，让玩家自己绘制游戏地图可以避免游戏枯燥乏味，激发玩家的主动性，增强趣味。

游戏编辑器的所有功能都集中在地图编辑器面板当中，在该面板中，玩家可以在空白区域通过单击鼠标左键绘制游戏元素，如果按住鼠标左键拖曳则会在鼠标经过区域绘制游戏元素。如果玩家在已绘制好的元素上单击鼠标右键则会擦除该元素，按住鼠标右键拖曳则会将鼠标经过区域的元素全部擦除。

面板下方的按钮区可以让玩家选择绘制哪种类型的元素，如墙块、玩家、箱子和目的地。如果玩家觉得绘制的地图不满意，可以单击"清空"按钮清空所有元素。玩家单击"保存"按钮会将绘制好的地图保存成自定义地图文件，从开始界面进入游戏后就可以体验自己绘制的地图了。如果玩家单击"返回"按钮，则直接返回开始界面且不会做任何保存操作。地图编辑器面板效果如图 4-15 所示。

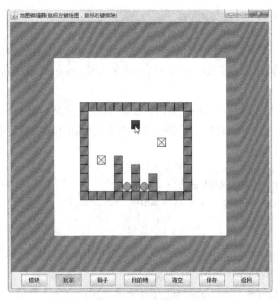

图 4-15 地图编辑器面板效果

4.8.2 代码实现

（1）首先创建一个 Java 类，命名为 MapEditPanel，并继承 JPanel 面板类，代码如下：

```
public class MapEditPanel extends JPanel {
}
```

（2）在类中创建属性，分别记录主窗体对象、用于绘制地图的主图片、各种按钮对象、地图数据数组和地图图片的坐标偏移量。因为地图图片并不是紧挨着面板左上角，而是在面板居中的位置，会对鼠标坐标计算产生影响，所以需要坐标偏移量参与鼠标的计算。

地图编辑器中需要创建一个 DrawMapPanel 绘图面板类，该面板类用于提供鼠标绘图的空间。该类是一个成员内部类。

属性代码如下：

```
private MainFrame frame;// 主窗体绘图面板
private BufferedImage image;// 绘制地图的主图片
private Graphics2D g2;// 地图图片的绘图对象
private DrawMapPanel editPanel;// 绘制面板
private JToggleButton wall;// 墙按钮，可显示被选中状态
private JToggleButton player;// 玩家按钮，可显示被选中状态
private JToggleButton box;// 箱子按钮，可显示被选中状态
private JToggleButton destination;// 目的地按钮，可显示被选中状态
private JButton save, clear, back;// 保存按钮，清除按钮，返回按钮
private RigidBody data[][];// 地图数据数组
private int offsetX = 100, offsetY = 80;// 地图图片在绘制面板中的横纵坐标偏移量
```

（3）在 MapEditPanel 类中创建名为 DrawMapPanel 的成员内部类，该类继承 JPanel 面板类，同时实现 MouseListener 鼠标事件监听和 MouseMotionListener 鼠标移动事件监听。DrawMapPanel 类中创建两个属性，paintFlag 用来记录用户是否正在利用鼠标绘图，clickButton 用来记录用户按下的是哪个鼠标按键。DrawMapPanel 类的代码如下：

```
class DrawMapPanel extends JPanel implements MouseListener, MouseMotionListener {
    boolean paintFlag = false;// 绘制墙体标志
```

```
    int clickButton;// 鼠标按下的按键
}
```

（4）因为 DrawMapPanel 类实现了两个鼠标事件接口，所以需要重写接口的抽象方法。游戏中用到了鼠标按键按下、抬起和拖曳操作，所以要实现 mousePressed()方法、mouseReleased()方法和 mouseDragged()方法。

当鼠标按键按下时会触发 mousePressed()方法，在该方法中首先将绘制 paintFlag 属性变为 true，表示正在绘图，然后记录用户按下了哪个按键，最后调用类中的 drawRigid()方法执行绘图。该方法会在后面介绍。mousePressed()方法的代码如下：

```
public void mousePressed(MouseEvent e) {
    paintFlag = true;// 绘制墙体标志为true
    clickButton = e.getButton();// 记录当前按下的鼠标按键
    drawRigid(e);// 绘制墙块
}
```

当鼠标按键抬起时会触发 mouseReleased()方法，在该方法中将 paintFlag 属性变为 false，就表示停止了绘图操作。mouseReleased()方法的代码如下：

```
public void mouseReleased(MouseEvent e) {
    paintFlag = false;// 绘制墙体标志为false
}
```

当鼠标拖曳时会触发 mouseDragged()方法，在该方法中直接触发 drawRigid()方法绘制图片即可。mouseDragged()方法的代码如下：

```
public void mouseDragged(MouseEvent e) {
    drawRigid(e);// 绘制墙块
}
```

（5）在鼠标事件中调用的 drawRigid()方法也是 DrawMapPanel 类中的方法，该方法可以在空白图片中绘制地图元素。方法的参数 MouseEvent 是鼠标事件对象，该对象可以获取当前鼠标在面板中的坐标。获得鼠标坐标之后首先要判断鼠标是否在空白区域内，如果在空白区域之外就不会绘制任何元素。如果处于空白区域内并且 paintFlag 绘图状态是 true，首先要获取鼠标坐标对应二维数组的索引，这个索引通过(鼠标坐标-偏移量)/刚体宽度获得，例如，第一个墙块的坐标为(0,0)，横向第二个墙块的坐标应该是(20,0)，当鼠标处在(0,0)~(20,20)这个坐标范围之内，就认为鼠标选中的是第一个墙块；然后再判断用户按下了哪个鼠标键，左键则根据选中按钮在这个位置上创建对应的模型类，右键则将这个位置上的对象清空；最后调用 repaint()方法重新把地图图片绘制到面板上。drawRigid()方法的代码如下：

```
private void drawRigid(MouseEvent e) {
    RigidBody rb;// 创建刚体对象
    // 创建鼠标是否在地图范围内的标志，由于窗体压缩了绘图面板，所以有些数值需要微调
    boolean inMap = e.getX() > offsetX && e.getX() < 400 + offsetX
            && e.getY() > offsetY + 20 && e.getY() < 400 + offsetY + 20;
    if (inMap && paintFlag) {// 如果鼠标在地图内的标志和绘制墙体标志都为true
        int x = (e.getX() - offsetX) / 20;// 计算鼠标所在区域的刚体的横坐标索引
        int y = (e.getY() - offsetY - 20) / 20;// 计算鼠标所在区域的刚体的纵坐标索引
        if (wall.isSelected()) {// 如果墙按钮被选中
            rb = new Wall();// 刚体按照墙进行实例化
        } else if (player.isSelected()) {// 如果玩家按钮被选中
            rb = new Player();// 刚体按照玩家进行实例化
        } else if (box.isSelected()) {// 如果箱子按钮被选中
            rb = new Box();// 刚体按照箱子进行实例化
        } else {// 如果目的地按钮被选中
```

```
            rb = new Destination();// 刚体按照目的地进行实例化
        }
        if (clickButton == MouseEvent.BUTTON1) {// 如果按下的是鼠标左键
            if (data[x][y] == null) {// 选中的位置没有任何刚体
                data[x][y] = rb;// 填充选中按钮对应的刚体
            }
        } else if (clickButton == MouseEvent.BUTTON3) {// 如果按下的是鼠标右键
            data[x][y] = null;// 将选中位置的对象清空
        }
        repaint();// 重绘组件
    }
}
```

（6）重写 DrawMapPanel 类的 paint()绘图方法，将地图图片绘制到面板中，这样就可以显示玩家绘制完的效果了。paint()方法的代码如下所示：

```
public void paint(Graphics g) {
    paintImage();// 绘制主图片
    g.setColor(Color.gray);// 使用灰色
    g.fillRect(0, 0, getWidth(), getHeight());// 绘制一个矩形填充整个面板
    g.drawImage(image, offsetX, offsetY, this);// 将主图片绘制到面板中
}
```

（7）DrawMapPanel 类的 paint()绘图方法中调用了一个 paintImage()方法，这个方法是写在外部类 MapEditPanel 类中的。paintImage()方法用来解析地图数据数组中的刚体对象，将这些对象转化成图片并绘制在相应的位置上。方法中的 g2 是 MapEditPanel 类中的属性，是地图图片的绘图对象。方法首先在地图中绘制了一个白色的矩形填充了整个图片，这样图片就有了白色的背景；然后遍历地图数据，如果取出的对象不是 null，则调用刚体对象的 getImage()方法得到刚体图片；最后将图片绘制到地图图片中。不管刚体图片多大，都按照宽和高都是 20 像素的正方形绘制。

paintImage()方法的代码如下：

```
void paintImage() {
    g2.setColor(Color.WHITE);// 使用白色
    // 填充一个覆盖整个图片的白色矩形
    g2.fillRect(0, 0, image.getWidth(), image.getHeight());
    for (int i = 0, ilength = data.length; i < ilength; i++) {// 遍历地图数据数组
        for (int j = 0, jlength = data[i].length; j < jlength; j++) {
            RigidBody rb = data[i][j];// 取出刚体对象
            if (rb != null) {// 如果不是null
                Image image = rb.getImage();// 获取此刚体的图片
                g2.drawImage(image, i * 20, j * 20, 20, 20, this);// 绘制在主图片中
            }
        }
    }
}
```

（8）编写完绘图相关的组件之后，接下来就要初始化地图编辑器中的其他组件了。init()方法用来为所有组件做初始化操作，包括实例化地图图片对象、绘图面板对象以及各种按钮对象。init()方法的代码如下：

```
private void init() {
    // 使用400像素×400像素的彩色图片,游戏画面为600像素×600像素，此处为游戏画面的缩放版
    image = new BufferedImage(400, 400, BufferedImage.TYPE_INT_RGB);
    g2 = image.createGraphics();// 获取图片绘图对象
    editPanel = new DrawMapPanel();// 实例化绘制面板
```

```java
    data = new RigidBody[20][20];// 地图数组与游戏中行列数保持一致
    setLayout(new BorderLayout());// 使用边界布局

    save = new JButton("保存");// 实例化按钮对象
    clear = new JButton("清空");
    back = new JButton("返回");
    wall = new JToggleButton("墙块");
    player = new JToggleButton("玩家");
    box = new JToggleButton("箱子");
    destination = new JToggleButton("目的地");
    wall.setSelected(true);// 墙按钮默认选中

    ButtonGroup group = new ButtonGroup();// 按钮组
    group.add(wall);// 按钮组添加墙按钮
    group.add(player);// 按钮组添加玩家按钮
    group.add(box);// 按钮组添加箱子按钮
    group.add(destination);// 按钮组添加目的地按钮

    FlowLayout flow = new FlowLayout();// 流布局
    flow.setHgap(20);// 水平间隔20像素
    JPanel buttonPanel = new JPanel(flow);// 创建按钮面板,采用流布局

    buttonPanel.add(wall);// 按钮面板依次添加按钮
    buttonPanel.add(player);
    buttonPanel.add(box);
    buttonPanel.add(destination);
    buttonPanel.add(clear);
    buttonPanel.add(save);
    buttonPanel.add(back);

    add(editPanel, BorderLayout.CENTER);// 绘图面板放在中央位置
    add(buttonPanel, BorderLayout.SOUTH);// 按钮面板放在南部
}
```

（9）addListener()方法用来为地图编辑器添加监听事件。因为鼠标事件都写在了内部类 DrawMapPanel 类中,所以为主窗体添加鼠标事件直接传入已经创建好的 DrawMapPanel 类对象即可。"清空"按钮通过 lambda 表达式添加动作事件,单击此按钮时重新创建地图数据数组,原有的数据就被清除了。"保存"按钮通过 lambda 表达式添加动作事件,单击此按钮时会将地图数据数组交给地图工具类生成自定义地图数据文件,最后触发返回按钮的单击事件。"返回"按钮通过 lambda 表达式添加动作事件,单击此按钮时首先会将之前交给主窗体的鼠标事件都删除,然后跳转到开始面板。addListener()方法的代码如下:

```java
private void addListener() {
    frame.addMouseListener(editPanel);// 主窗体添加绘图面板中的鼠标事件
    frame.addMouseMotionListener(editPanel);// 主窗体添加绘图面板中的鼠标拖曳事件

    clear.addActionListener(e -> { // 单击"清空"按钮时
        data = new RigidBody[20][20];// 地图数据数组重新赋值
        repaint();// 重绘组件
    });

    save.addActionListener(e -> {// 单击"保存"按钮时
        String name = GameMapUtil.CUSTOM_MAP_NAME;// 地图名称为自定义地图名称
        GameMapUtil.createMap(data, name);// 保存此地图的数据文件
```

```
        JOptionPane.showMessageDialog(MapEditPanel.this,
            "自定义地图创建成功！请直接开始游戏。");// 弹出对话框提示创建成功
        back.doClick();// 触发"返回"按钮的单击事件
    });
    back.addActionListener(e -> {// 当单击"返回"按钮时
        frame.removeMouseListener(editPanel);// 主窗体删除绘图面板中的鼠标事件
        frame.removeMouseMotionListener(editPanel);// 主窗体删除绘图面板中的鼠标拖曳事件
        frame.setPanel(new StarPanel(frame));// 主窗体载入开始面板
    });
}
```

（10）最后不要忘了编写 MapEditPanel 类的构造方法，在构造方法中修改主窗体标题，同时初始化所有组件，并添加监听事件。构造方法的代码如下：

```
public MapEditPanel(MainFrame frame) {
    this.frame = frame;
    this.frame.setTitle("地图编辑器(鼠标左键绘图，鼠标右键擦除)");
    init();// 组件初始化
    addListener();// 添加组件事件监听
}
```

4.9 游戏面板设计

4.9.1 模块概述

游戏面板是程序中的核心面板，所有的游戏算法均在此面板中实现。用户可以在游戏面板中通过方向键控制玩家角色移动，玩家移动的同时可以推动箱子一起移动，当所有的箱子都到达目的地之后还要进入下一个关卡。如果玩家在游戏过程中将箱子推到了死胡同，可以按下键盘上的 Esc 键重新开始本局游戏。

游戏面板中的模型图片与地图编辑器中的模型图片有些许差别：地图编辑器中的每一个图片的大小都是 20 像素×20 像素，而游戏面板中每一个图片的大小都是 30 像素×30 像素。

游戏面板的效果如图 4-16 所示。

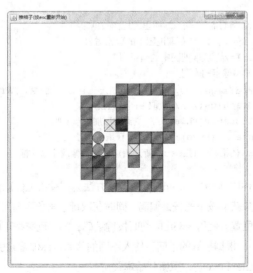

图 4-16　游戏面板效果

4.9.2 代码实现

（1）首先创建一个 Java 类，命名为 GamePanel，并继承 JPanel 面板类，并实现 KeyListener 键盘事件监听接口，代码如下：

```java
public class GamePanel extends JPanel implements KeyListener {
}
```

（2）在类中创建属性，分别记录主窗体对象、用于绘制地图的主图片、地图数据数组、关卡编号、玩家对象和保存箱子对象的 ArrayList 等，代码如下：

```java
private MainFrame frame;// 主窗体
private int level;// 关卡编号
private RigidBody[][] data = new RigidBody[20][20];// 地图数据
private BufferedImage image;// 主图片
private Graphics2D g2;// 主图片的绘图对象
private Player player;// 玩家
private ArrayList<Box> boxs;// 箱子列表
```

（3）编写 GamePanel 类的构造方法，方法有两个参数，frame 是主窗体对象，level 是关卡编号，根据此关卡编号读取对应的游戏地图，如果关卡编号小于 1，则读取自定义地图。构造方法最后为主窗体添加键盘事件监听。构造方法代码如下：

```java
public GamePanel(MainFrame frame, int level) {
    this.frame = frame;
    this.level = level;
    Map map;// 游戏地图对象
    if (level < 1) {// 如果关卡编号小于1
        map = GameMapUtil.readCustomMap();// 读取自定义地图对象
        this.level = 0;// 关卡编号设为0, 方便定义下一关
        if (map == null) {// 如果没有自定义地图文件
            this.level = 1;// 关卡设为第一关
            map = GameMapUtil.readMap(1);// 开始第一关
        }
    } else {// 如果关卡编号大于等于1
        map = GameMapUtil.readMap(level);// 读取对应关卡的地图
    }
    data = map.getMapData();// 获取地图里的地图数据数组
    player = map.getPlayer();// 获取地图中的玩家对象
    boxs = map.getBoxs();// 获取地图中的箱子列表
    // 主图片为600像素×600像素的彩图
    image = new BufferedImage(600, 600, BufferedImage.TYPE_INT_RGB);
    g2 = image.createGraphics();// 获取主图片绘图对象
    this.frame.addKeyListener(this);// 主窗体添加键盘监听
    this.frame.setFocusable(true);// 主窗体获取焦点
    this.frame.setTitle("推箱子(按esc重新开始)");// 修改主窗体标题
}
```

（4）游戏面板实现键盘事件中 keyPressed()方法，该方法会在键盘上任意按键被按下时触发。在该方法中使用 KeyEvent 键盘事件对象获取按下的按键编码，同时获取玩家角色当前所处的坐标索引。坐标索引表示玩家角色在二维数组中的索引位置。使用 switch 判断按键编码；如果玩家按下的是方向键，则调用本类的移动角色方法 moveThePlayer()，根据按键的不同，传入不同的移动目标位置索引；如果按下的是 Esc 键，则调用本类的跳关方法 gotoAnotherLevel()，重新开始本关游戏。

keyPressed()方法的代码如下：

```java
public void keyPressed(KeyEvent e) {
    int key = e.getKeyCode();// 获取按下的按键编码
    int x = player.x;// 记录玩家横坐标索引
    int y = player.y;// 记录玩家纵坐标索引
    switch (key) {// 判断按键
        case KeyEvent.VK_UP ://如果按下的是上箭头键
            moveThePlayer(x, y - 1, x, y - 2);
            break;
        case KeyEvent.VK_DOWN ://如果按下的是下箭头键
            moveThePlayer(x, y + 1, x, y + 2);
            break;
        case KeyEvent.VK_LEFT ://如果按下的是左箭头键
            moveThePlayer(x - 1, y, x - 2, y);
            break;
        case KeyEvent.VK_RIGHT ://如果按下的是右箭头键
            moveThePlayer(x + 1, y, x + 2, y);
            break;
        case KeyEvent.VK_ESCAPE ://如果按Esc键
            gotoAnotherLevel(level);// 重新开始本局游戏
            break;
    }
    repaint();// 重绘面板
}
```

（5）moveThePlayer()方法用来移动玩家角色和箱子。该方法中有四个参数，前两个参数表示玩家移动一步后所到达的目标位置的横坐标索引和纵坐标索引，后两个参数表示玩家移动两步后所到达的目标位置的横坐标索引和纵坐标索引，前两个参数用于判断玩家的移动路线是否被挡住，后两个参数用于判断箱子的移动路线是否被挡住。这个判断逻辑如图4-17所示。

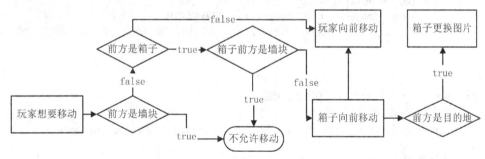

图 4-17 玩家移动时触发的判断逻辑

因为玩家可以在四个方向上移动，所以只需控制这四个参数就可以指定玩家下一步移动的位置。moveThePlayer()方法的代码如下：

```java
private void moveThePlayer(int xNext1, int yNext1, int xNext2, int yNext2) {
    if (data[xNext1][yNext1] instanceof Wall) {// 如果玩家前方是墙
        return;// 什么都不做
    }
    Box box = new Box(xNext1, yNext1);// 在玩家前方位置创建箱子对象
    if (boxs.contains(box)) {// 如果这个箱子在箱子列表中是存在的
        int index = boxs.indexOf(box);// 获取该箱子在列表中的索引
```

```
            box = boxs.get(index);// 取出列表中该箱子的对象
            if (data[xNext2][yNext2] instanceof Wall) {// 如果箱子的前方是墙
                return;// 什么都不做
            }
            if (boxs.contains(new Box(xNext2, yNext2))) {// 如果箱子的前方还有其他箱子
                return;// 什么都不做
            }
            if (data[xNext2][yNext2] instanceof Destination) {// 如果箱子的前方是目的地
                box.arrive();// 箱子到达
            } else if (box.isArrived()) {// 如果箱子就在目的地上
                box.leave();// 箱子离开
            }
            box.x = xNext2;// 箱子被玩家推到了新位置
            box.y = yNext2;
        }
        player.x = xNext1;// 玩家移动到新位置
        player.y = yNext1;
    }
```

（6）确定了游戏中所有元素的位置之后，就要绘制游戏界面，image 主图片对象就是游戏界面中显示的内容。paintImage()方法用于绘制主图片，在该方法中首先会绘制一个白色的实心矩形来填充整张图片，这样就得到了白色的背景；然后遍历地图数据数组，绘制数组中不是 null 的刚体对象；最后绘制箱子和玩家角色。paintImage()方法代码如下：

```
private void paintImage() {
    g2.setColor(Color.WHITE);// 使用白色
    g2.fillRect(0, 0, getWidth(), getHeight());// 绘制一个矩形填充整个图片
    for (int i = 0, ilength = data.length; i < ilength; i++) {// 遍历地图数据数组
        for (int j = 0, jlength = data[i].length; j < jlength; j++) {
            RigidBody rb = data[i][j];// 获取刚体对象
            if (rb != null) {
                Image image = rb.getImage();// 获取刚体图片
                g2.drawImage(image, i * 30, j * 30, 30, 30, this);// 在对应位置绘制刚体图片
            }
        }
    }
    for (Box box : boxs) {// 遍历箱子列表
        // 在对应位置绘制箱子图片
        g2.drawImage(box.getImage(), box.x * 30, box.y * 30, 30, 30, this);
    }
    // 绘制玩家图片
    g2.drawImage(player.getImage(), player.x * 30, player.y * 30, 30, 30,
            this);
}
```

（7）绘制完 image 图片之后，要将该图片显示到面板上，就需要重写 paint()绘图方法。在 paint()方法中除了要绘制图片之外，还要分析游戏的进程：如果所有箱子都到达了目的地则进入下一关。paint()方法的代码如下：

```
public void paint(Graphics g) {
    paintImage();// 绘制主图片
    g.drawImage(image, 0, 0, this);// 将主图片绘制到面板中
```

```java
boolean finish = true;// 用于判断游戏是否结束的标志
for (Box box : boxs) {// 遍历箱子列表
    finish &= box.isArrived();// 结束标志与箱子到达状态做与运算
}
if (finish && boxs.size() > 0) {// 如果所有箱子都到达目的地且箱子的个数大于0
    gotoAnotherLevel(level + 1);// 进入下一关
}
```

（8）gotoAnotherLevel()方法用于进入其他关卡，方法参数为关卡编号。如果传入的关卡编号大于总关卡数则认为完成了所有关卡，直接进入开始面板。如果传入的参数小于总关卡数则让主窗体载入下一关的游戏面板。跳转代码都封装到了一个 Thread 线程对象中，这样可以在跳转前添加 0.5 秒的延时，以免切换场景过快，让玩家反应不过来。gotoAnotherLevel()方法的代码如下：

```java
private void gotoAnotherLevel(int level) {
    frame.removeKeyListener(this);// 主窗体删除本类实现的键盘事件
    // 创建线程，创建Runnable接口的匿名类
    Thread t = new Thread(() -> {
        try {
            Thread.sleep(500);// 0.5秒之后
        } catch (Exception e) {
            e.printStackTrace();
        }
        if (level > GameMapUtil.getLevelCount()) {// 如果传入的关卡编号大于总关卡数
            frame.setPanel(new StarPanel(frame));// 进入开始面板
            JOptionPane.showMessageDialog(frame, "通关啦！");// 弹出通关对话框
        } else {
            frame.setPanel(new GamePanel(frame, level));// 进入对应关卡
        }
    });
    t.start();// 启动线程
}
```

4.10 运行项目

运行项目

图 4-18 Start 类在项目中的位置

编写完项目代码之后，在 src 根目录包（也叫默认包，或 default package）下创建一个 Start 类，位置如图 4-18 所示。

在 Start 类中创建 main()方法，并在 main()方法中创建 MainFrame 主窗体类对象，同时调用主窗体的 setVisible()方法使主窗体可见。Start 类的代码如下：

```java
import com.mr.view.MainFrame;
public class Start {
    public static void main(String[] args) {
        new MainFrame().setVisible(true);
    }
}
```

在 Start 类的代码中单击鼠标右键，依次选择 "Run As" / "1Java Application" 即可运行游戏，操作步骤如图 4-19 所示。

111

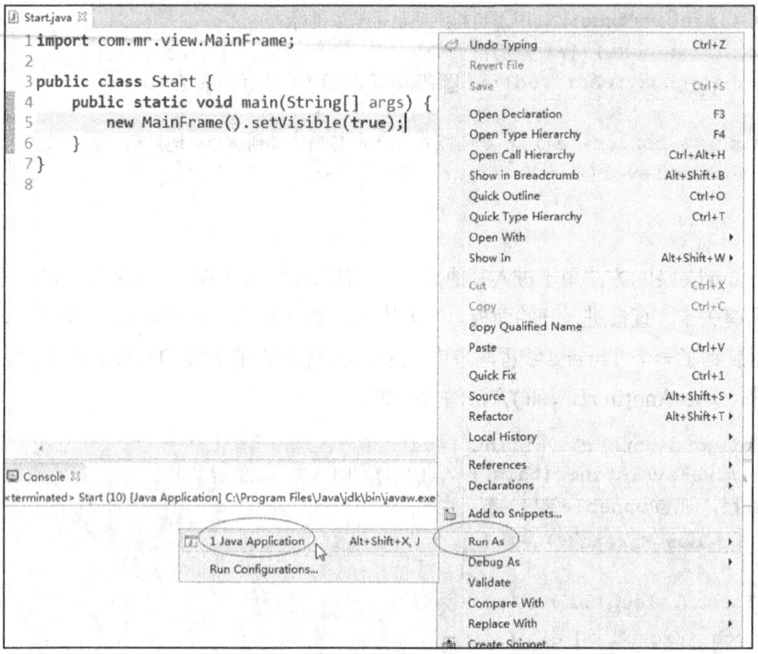

图 4-19　运行程序操作步骤

小　结

　　本章使用 Java Swing 技术和 Java AWT 技术编写了一款推箱子小游戏，这种游戏是平面类游戏，且对画面效果没有要求，JDK 提供的技术完全满足开发要求。在开发过程中主要的难点在于如何理解和使用 paint() 方法，这个方法在 Java 虚拟机展示组件时会自动调用。程序中将所有页面内容都绘制在一张 BufferedImage 图片中，每次游戏页面发生变化，都重新将新图片通过 paint() 方法绘制到面板中，这样用户就可以看到会动的游戏界面了。

第5章

飞机大战游戏

——Swing+AWT+Timer实现

本章要点

- 抽象类和接口的使用方法
- 重写paint()方法实现绘图
- 使用Graphics类提供的绘图方法
- 使用BufferedImage和ImageIO处理图片
- 鼠标事件的使用
- 使用Timer类实现定时功能

■ Java 语言设计的初衷是使其无所不能，但客户端游戏（简称"端游"）却是 Java 语言不能编写的。原因有二：一、Java 语言不能直接操作内存；二、Java 语言的垃圾回收机制是自动的，会影响游戏的流畅性。但是，类似于第 4 章的推箱子的游戏（其他界面或桌面游戏还包括俄罗斯方块、五子棋、贪吃蛇等），Java 语言是能够编写的。本章趁热打铁，将继续使用 Swing 和 AWT 编写一个飞机大战游戏。

5.1 需求分析

微信已成为家喻户晓的社交软件，它提供公众平台、朋友圈、消息推送等功能，用户既能添加好友，又能关注公众平台，还能将看到的精彩内容分享给好友和朋友圈。除此之外，微信也会时常带来惊喜，例如，微信 5.0 版本引入了飞机大战。

需求分析与系统设计

微信 5.0 版本引入的飞机大战采用涂鸦风格（见图 5-1），虽然简单却不失趣味，用户通过消灭更多的飞机，挑战更高的分数。本章将以微信 5.0 版本引入的飞机大战为原型，使用 Java 语言编写一个飞机大战游戏。

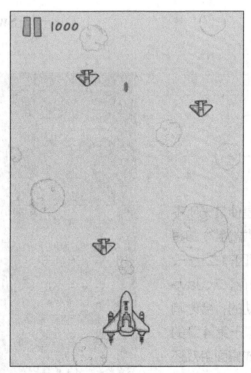

图 5-1 微信 5.0 版本的飞机大战

5.2 系统设计

5.2.1 系统目标

本程序属于射击类小游戏，程序设计完成后，将达到以下目标。
- 窗体界面设计美观，不采用涂鸦风格。
- 基本模型的全面设置，包括玩家飞机、导弹、敌机、空投物资等。
- 游戏规则简单、操作灵活。
- 程序运行稳定。

5.2.2 构建开发环境

- 操作系统：Windows 10。
- JDK 版本：Java SE 11.0.1。
- 开发工具：Eclipse for Java EE 2018-12 (4.10.0)。
- 开发语言：Java。

5.2.3 系统功能结构

飞机大战游戏功能结构如图 5-2 所示。

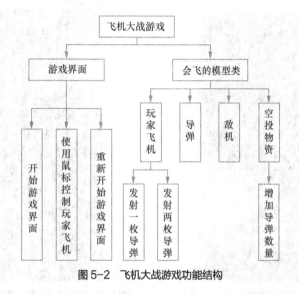

图 5-2 飞机大战游戏功能结构

5.2.4 系统流程图

飞机大战游戏的系统流程图如图 5-3 所示。

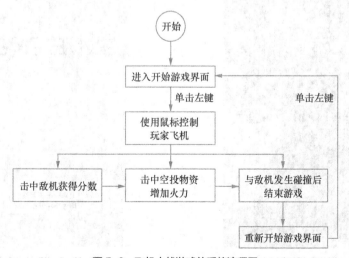

图 5-3 飞机大战游戏的系统流程图

5.2.5 系统预览

飞机大战游戏由三个界面组成，分别是开始游戏界面、主界面（使用鼠标控制玩家飞机）和重新开始游戏界面。运行程序后，即可进入开始游戏界面，开始游戏界面如图 5-4 所示。

在开始游戏界面的任意位置单击鼠标左键，即可进入使用鼠标控制玩家飞机的主界面。若未击中空投物资，玩家飞机只能发射一枚导弹，此时主界面如图 5-5 所示；若击中空投物资，玩家飞机能够同时发射两枚导弹，此时主界面如图 5-6 所示。

当敌机与玩家飞机发生碰撞时，游戏结束，程序将进入重新开始游戏界面，如图 5-7 所示。

图 5-4　开始游戏界面

图 5-5　主界面（玩家飞机只能发射一枚导弹）

图 5-6　主界面（玩家飞机能够同时发射两枚导弹）

图 5-7　重新开始游戏界面

5.3 技术准备

技术准备

当游戏开始时，空投物资和敌机纷纷入场，玩家飞机开始移动并发射导弹。当导弹击中敌机时，玩家获得分数；当导弹击中空投物资时，玩家飞机的火力变强；当敌机与玩家飞机发生碰撞时，游戏结束。对移动到游戏面板外的敌机、空投物资和导弹，将予以删除处理。这些类似于动画的设计过程，将借助 Java 提供的 Timer 类予以实现。本节将重点介绍 Timer 类。

5.3.1 Timer 类的概念

定时计划任务功能在 Java 中主要使用的就是 Timer 对象，它在内部使用多线程的方式进行处理，所以它和多线程技术还是有非常大的关联的。在 JDK 中，虽然 Timer 类主要负责计划任务的功能，也就是在指定的时间开始执行某一个任务，但封装任务的类却是 TimerTask 类。

下面将使用 Timer 类和 TimerTask 类编写一个程序：程序计划在"2019-03-01 00:00:00"被运行。如果计划时间早于当前时间，则程序立即被运行；反之，则程序不被运行。具体代码如下：

（1）创建用于记录程序被运行的日期和时间的 ExecuteNotes 类，通过继承 TimerTask 类并实现 run() 方法来自定义要执行的任务。具体代码如下：

```java
public class ExecuteNotes extends TimerTask {
    @Override
    public void run(){
        DateFormat dateFormat = RunOrNot.dateFormat.get();
        System.out.println("程序被运行的日期和时间是" + dateFormat.format(new Date()));
    }
}
```

（2）创建用于格式化程序被运行的日期和时间的 RunOrNot 类。具体代码如下：

```java
public class RunOrNot {
    public static final
    ThreadLocal<DateFormat> dateFormat = new ThreadLocal<DateFormat>() {
        @Override
        protected DateFormat initialValue() {
            return new SimpleDateFormat("yyyy-MM-dd HH:mm:ss");
        }
    };
}
```

（3）创建可运行 Test 类，通过执行 Timer.schedule(TimerTask task,Date time)在"2019-03-01 00:00:00"（计划时间）运行程序。具体代码如下：

```java
public class Test {
    private static Timer timer = new Timer();
    public static void main(String[] args) throws ParseException {
        timer.schedule(new ExecuteNotes(),
                RunOrNot.dateFormat.get().parse("2019-03-01 00:00:00"));
    }
}
```

5.3.2 Timer 类的注意事项

正确并合理使用 Timer 类，才能达到预期的定时效果。使用 Timer 类的注意事项如下：

（1）创建一个 Timer 对象就是新启动了一个线程，但是这个新启动的线程，并不是守护线程，它一直在后台运行。将新启动的 Timer 线程设置为守护线程的代码如下：

```
Timer timer=new Timer(true);
```

（2）提前：当计划时间早于当前时间，则程序立即被运行。

（3）延迟：TimerTask 是以队列的方式一个一个顺序运行程序的，所以执行的时间和预期的时间可能不一致。如果前面的程序消耗的时间较长，则后面的程序运行的时间会被延迟。延迟的程序具体开始的时间，取决于前面程序的结束时间。

（4）周期性运行：Timer 对象通过调用 schedule(TimerTask task,Date firstTime,long period)方法，可以实现从 firstTime 开始每隔 period 毫秒执行一次程序。

（5）schedule(TimerTask task,long delay) 方法以当前的时间为参考时间，在此时间基础上延迟指定的毫秒数后执行一次 TimerTask 程序。

（6）schedule(TimerTask task,long delay,long period)方法以当前的时间为参考时间，在此基础上延迟指定的毫秒数，再以某一间隔时间不限次数地执行某一程序。

5.4 公共类设计

公共类设计

在定义公共类时，需要设置与各个模型类相对应的成员变量，并为这些成员变量设置相应的 getter 与 setter 方法。这样，在定义各个模型类时，既能减少重复代码的编写，又有利于代码的重复使用与维护。

在飞机大战游戏中，玩家飞机、导弹、敌机和空投物资均属于飞行中的物体，其共同特点就是会飞。因此，将玩家飞机、导弹、敌机和空投物资抽象为会飞的模型类。

开始游戏后，玩家飞机、导弹、敌机和空投物资将有各自的图片和初始位置。其中，图片有宽度和高度；初始位置则由图片左上角的 x、y 坐标决定。这样，就发现了会飞的模型类中的 5 个成员变量，分别是图片、图片的宽度、图片的高度、图片左上角的 x 坐标和图片左上角的 y 坐标。为这些成员变量设置相应的 getter 与 setter 方法的代码如下：

```java
public abstract class FlyModel {
    protected BufferedImage image; // 图片
    protected int x; // 图片左上角的x坐标
    protected int y; // 图片左上角的y坐标
    protected int width; // 图片的宽度
    protected int height; // 图片的高度
    
    // 使用getter()和setter()方法封装模型类中的属性
    public int getX() {
        return x;
    }
    
    public void setX(int x) {
        this.x = x;
    }
    
    public int getY() {
        return y;
    }
    
    public void setY(int y) {
        this.y = y;
```

```java
    }

    public int getWidth() {
        return width;
    }

    public void setWidth(int width) {
        this.width = width;
    }

    public int getHeight() {
        return height;
    }

    public void setHeight(int height) {
        this.height = height;
    }

    public BufferedImage getImage() {
        return image;
    }

    public void setImage(BufferedImage image) {
        this.image = image;
    }
}
```

除此之外，会飞的模型类还包括以下内容：玩家飞机、导弹、敌机和空投物资有各自的移动方式，是否可以移动到游戏面板外以及敌机、空投物资是否被导弹击中。因为抽象类中既可以有方法，也可以有抽象方法，所以表示上述内容的代码如下：

```java
/**
 * 会飞的模型的移动方法
 */
public abstract void move();


/**
 * 会飞的模型是否移动到游戏面板外
 */
public abstract boolean outOfPanel();


/**
 * 检查当前会飞的模型是否被导弹击中
 * @param Ammo 导弹对象
 */
public boolean shootBy(Ammo ammo) {
    int x = ammo.x;  //导弹图片左上角的x坐标
    int y = ammo.y;  //导弹图片左上角的y坐标
    return this.x < x && x < this.x + width && this.y < y && y < this.y + height;
}
```

5.5 玩家飞机模型设计

5.5.1 模块概述

玩家飞机模型设计

玩家飞机类是会飞的模型类的子类，除具有会飞的模型类的属性外，还具有图片数组（玩家飞机享有两张图片）、初始化切换玩家飞机图片时的索引、玩家飞机同时发射两枚导弹以及玩家飞机的生命数。玩家飞机的图片如图 5-8 和图 5-9 所示。

图 5-8 玩家飞机图片 1

图 5-9 玩家飞机图片 2

此外，玩家飞机类除需要重写会飞的模型类中的 move() 方法和 outOfPanel() 方法外，还要提供一些特有的方法。例如，发射一枚导弹，同时发射两枚导弹，减少生命数，获得生命数，更新玩家飞机移动后的中心点坐标。

5.5.2 代码实现

（1）由于玩家飞机类具有 4 个特有的成员变量，因此要在玩家飞机类的构造方法中，为这 4 个特有的成员变量赋值。此外，还要为会飞的模型类中的 5 个成员变量赋值。具体代码如下：

```java
public class Player extends FlyModel {
    private BufferedImage[] playerImages;  // 用于保存玩家飞机的图片
    private int imageIndex;  // 初始化切换玩家飞机图片时的索引
    private int doubleAmmos;  // 玩家飞机同时发射两枚导弹
    private int lifeNumbers;  // 玩家飞机的生命数

    /**
     * 在构造方法中，初始化玩家飞机类中的数据
     */
    public Player() {
        lifeNumbers = 1;  // 游戏开始时玩家飞机有1条命
        doubleAmmos = 1;  // 设置游戏开始时，玩家飞机只能在同一时间发射一枚导弹
        playerImages = new BufferedImage[]
            { GamePanel.player1Image, GamePanel.player2Image };  // 初始化玩家飞机的图片
        image = GamePanel.player1Image;  // 设置游戏开始时的玩家飞机的图片
        width = image.getWidth();  // 初始化玩家飞机图片的宽度
        height = image.getHeight();  // 初始化玩家飞机图片的高度
        x = 145;  // 设置游戏开始时，玩家飞机图片左上角的x坐标
        y = 450;  // 设置游戏开始时，玩家飞机图片左上角的y坐标
    }
}
```

（2）会飞的模型类中有两个抽象方法，即 move() 方法和 outOfPanel() 方法。因为玩家飞机类是会飞的模型类的子类，所以要在玩家飞机类中重写 move() 方法和 outOfPanel() 方法。代码如下：

```java
/**
 * 玩家飞机图片的移动方法
 */
public void move() {
    if (playerImages.length > 0) {
        // 每移动一步，玩家飞机的图片就在player1Image和player2Image之间切换一次
        image = playerImages[imageIndex++ / 10 % playerImages.length];
    }
}
/**
 * 玩家飞机的图片不能移动到游戏面板外
 */
public boolean outOfPanel() {
    return false;
```

（3）游戏开始时，玩家飞机只能发射一枚导弹，此时 doubleAmmos 的值为 1，为了增强视觉效果，导弹位于玩家飞机的中间，而且第一枚导弹与玩家飞机要有充足的距离。当导弹击中空投物资后，玩家飞机能够同时发射两枚导弹，此时 doubleAmmos 的值为 2，这两枚导弹位于玩家飞机的左右两侧。代码如下：

```java
/**
 * 玩家飞机同时发射两枚导弹
 */
public void fireDoubleAmmos() {
    doubleAmmos = 2;
}
/**
 * 玩家飞机发射导弹
 * @return 发射的导弹对象
 */
public Ammo[] fireAmmo() {
    int xStep = width / 4; // 把玩家飞机图片的宽度平均分为4份
    int yStep = 20; // 游戏开始时，第一枚导弹与玩家飞机的距离
    if (doubleAmmos == 1) { // 发射一枚导弹
        Ammo[] ammos = new Ammo[1]; // 一枚导弹
        // x + 2 * xStep（导弹相对玩家飞机的x坐标），y-yStep（导弹相对玩家飞机的y坐标）
        ammos[0] = new Ammo(x + 2 * xStep, y - yStep);
        return ammos;
    } else { // 发射两枚导弹
        Ammo[] ammos = new Ammo[2]; // 两枚导弹
        ammos[0] = new Ammo(x + xStep, y - yStep);
        ammos[1] = new Ammo(x + 3 * xStep, y - yStep);
        return ammos;
    }
}
```

（4）如果敌机与玩家飞机发生碰撞，游戏将结束。为此，需要对碰撞进行检验，检验过程由 hit() 方法予以实现，代码如下：

```java
/**
 * 判断玩家飞机是否发生碰撞
 */
```

```java
public boolean hit(FlyModel model) {
    int x1 = model.x - this.width / 2;  // 距离玩家飞机最小的x坐标
    int x2 = model.x + this.width / 2 + model.width;  // 距离玩家飞机最大的x坐标
    int y1 = model.y - this.height / 2;  // 距离玩家飞机最小的y坐标
    int y2 = model.y + this.height / 2 + model.height;  // 距离玩家飞机最大的y坐标

    int playerx = this.x + this.width / 2;  // 表示玩家飞机中心点的x坐标
    int playery = this.y + this.height / 2;  // 表示玩家飞机中心点的y坐标
    // 区间范围内发生碰撞
    return playerx > x1 && playerx < x2 && playery > y1 && playery < y2;
}
```

（5）除上述方法外，玩家飞机类中，还包括减少生命数、获得生命数、更新玩家飞机移动后的中心点坐标这3个方法，这3个方法的代码如下：

```java
/**
 * 减少生命数
 */
public void loseLifeNumbers() {
    lifeNumbers--;
}

/**
 * 获得生命数
 */
public int getLifeNumbers() {
    return lifeNumbers;
}

/**
 * 更新玩家飞机移动后的中心点坐标
 * @param mouseX 鼠标所处位置的x坐标
 * @param mouseY 鼠标所处位置的y坐标
 */
public void updateXY(int mouseX, int mouseY) {
    this.x = mouseX - width/2;
    this.y = mouseY - height/2;
}
```

5.6 敌机模型设计

5.6.1 模块概述

与玩家飞机类相同，敌机类也是会飞的模型类的子类。游戏开始时，敌机开始进入游戏面板。敌机被玩家飞机用导弹击中后，玩家飞机会获得分数奖励，每击中一架敌机，玩家飞机会获得5分。而未被导弹击中的敌机将移动到游戏面板外。敌机图片如图5-10所示。

图 5-10 敌机图片

5.6.2 代码实现

（1）上文介绍了，不仅敌机类也是会飞的模型类的子类，而且每击中一架敌机，玩家飞机会获得 5 分。因为 Java 不支持多继承，所以为同时实现这两个效果，需引入接口。新建一个名为 Hit 的接口，在接口中编写一个被用于获得分数的抽象方法。具体代码如下：

```java
/**
 * 敌机被击中，玩家飞机获得分数
 */
public interface Hit {
    int getScores();  // 获得分数
}
```

（2）首先，在敌机类中，初始化敌机图片的移动速度。然后，在敌机类的构造方法中，初始化敌机图片、敌机图片的宽度、敌机图片的高度、敌机图片左上角的 x 坐标和敌机图片左上角的 y 坐标。当游戏开始时，敌机的位置是随机的，为此，需要借助 Random 类予以实现。代码如下：

```java
public class Enemy extends FlyModel implements Hit {
    private int speed = 3;  // 敌机图片的移动速度

    /**
     * 初始化数据
     */
    public Enemy(){
        this.image = GamePanel.enemyImage;  // 敌机图片
        width = image.getWidth();  // 敌机图片的宽度
        height = image.getHeight();  // 敌机图片的高度
        y = -height;  // 游戏开始时，敌机图片左上角的y坐标
        Random rand = new Random();  // 创建随机数对象
        // 游戏开始时，敌机图片左上角的x坐标（随机）
        x = rand.nextInt(GamePanel.WIDTH - width);
    }
}
```

（3）敌机类既继承了抽象的会飞的模型类，又实现了 Hit 接口。所以，在敌机类中，要重写会飞的模型类中的 move()方法和 outOfPanel()方法，以及 Hit 接口中的 getScores()方法。代码如下：

```java
/**
 * 获得分数
 */
public int getScores() {
    return 5;  // 击落一架敌机得5分
}

/**
 * 敌机图片移动
 */
public void move() {
    y += speed;
}

/**
 * 敌机图片是否移动到游戏面板外
```

```
    */
    public boolean outOfPanel() {
        return y > GamePanel.HEIGHT;
    }
}
```

5.7 导弹模型设计

5.7.1 模块概述

导弹模型设计

在飞机大战游戏中,导弹类继承自会飞的模型类。导弹类除具有会飞的模型类的属性外,还具有移动速度这一属性。导弹图片如图5-11所示。

5.7.2 代码实现

图 5-11 导弹图片

(1)定义导弹的移动速度为3,在导弹类的构造方法中,初始化导弹图片、导弹图片左上角的 x 坐标和导弹图片左上角的 y 坐标。代码如下:

```java
public class Ammo extends FlyModel {
    private int speed = 3;  // 导弹的移动速度

    /** 初始化数据 */
    public Ammo(int x,int y){
        this.x = x;
        this.y = y;
        this.image = GamePanel.ammoImage;
    }
}
```

(2)因为导弹类继承自会飞的模型类,所以在导弹类中要重写会飞的模型类中的 move()方法和 outOfPanel()方法。其中,在 move()方法中,通过语句 y -= speed,使得导弹图片左上角的 y 坐标不断地改变;在 outOfPanel()方法中,通过语句 y <- height,判断导弹图片是否移动到游戏面板外。代码如下:

```java
/**
 * 导弹图片的移动方法
 */
public void move(){
    y -= speed;
}

/**
 * 导弹图片是否移动到游戏面板外
 */
public boolean outOfPanel() {
    return y <- height;
}
```

5.8 空投物资模型设计

空投物资模型设计

5.8.1 模块概述

空投物资是会飞的模型类的子类,其运动轨迹与敌机和导弹不同,是斜飞入游戏面板中的。也就是说,空投物资既具有 x 轴方向的速度,又具有 y 轴方向的速度。此外,当空投物资移动至游戏面板的左右边缘时,空投物资不会移动到游戏面板外,而是与游戏面板发生碰撞后,反弹回来,继续移动,直至移动到游戏面板下边缘后消失。空投物资图片如图 5-12 所示。

图 5-12 空投物资图片

5.8.2 代码实现

(1)因为空投物资既具有 x 轴方向的速度,又具有 y 轴方向的速度,所以要先予以定义,而后在空投物资类的构造方法中,初始化空投物资的图片、图片的宽度、图片的高度、图片左上角的 x 坐标和图片左上角的 y 坐标。与敌机的出现方式相同,当游戏开始时,空投物资的位置是随机的,为此,需要借助 Random 类予以实现。代码如下:

```java
public class Airdrop extends FlyModel {
    private int xSpeed = 1; // 空投物资图片x坐标的移动速度
    private int ySpeed = 2; // 空投物资图片y坐标的移动速度

    /**
     * 初始化数据
     */
    public Airdrop(){
        this.image = GamePanel.airdropImage; // 空投物资的图片
        width = image.getWidth(); // 空投物资图片的宽度
        height = image.getHeight(); // 空投物资图片的高度
        y = -height; // 游戏开始时,空投物资图片左上角的y坐标
        Random rand = new Random(); // 创建随机数对象
        // 初始时,空投物资图片左上角的x坐标(随机)
        x = rand.nextInt(GamePanel.WIDTH - width);
    }
}
```

(2)在空投物资类中,还要重写会飞的模型类中的 move()方法和 outOfPanel()方法。其中,在 move()方法中,需使用 if 语句实现当空投物资移动至游戏面板的左右边缘时,会与游戏面板发生碰撞并反弹回来,继续移动的效果。move()方法和 outOfPanel()方法的代码如下:

```java
/**
 * 空投物资的图片是否移动到游戏面板外
 */
public boolean outOfPanel() {
    return y > GamePanel.HEIGHT;
}

/**
 * 空投物资图片的移动方法
 */
public void move() {
    x += xSpeed;
    y += ySpeed;
    if(x > GamePanel.WIDTH-width){
        xSpeed = -1;
    }
    if(x < 0){
        xSpeed = 1;
    }
}
```

5.9 游戏面板模型设计

5.9.1 模块概述

游戏面板模型设计(1)

游戏面板模型设计(2)

游戏面板包括 3 个组成部分：开始游戏界面、主界面（使用鼠标控制玩家飞机）和重新开始游戏界面。这 3 个界面是通过鼠标的单击事件实现相互切换的。

在开始游戏界面的任意位置单击鼠标左键，即可开始游戏。在游戏开始后，玩家飞机开始发射导弹，敌机和空投物资纷纷进入游戏面板。在游戏进行过程中，玩家飞机每击中一架敌机，会得到 5 分的奖励，如图 5-13 所示；击中空投物资，即可同时发射两枚导弹，如图 5-14 所示。玩家飞机的生命数为 1，一旦与敌机或空投物资发生碰撞，游戏结束。此时，游戏面板从主界面切换到重新开始游戏界面。在重新开始游戏界面的任意位置单击鼠标左键，游戏面板将从重新开始游戏界面切换到开始游戏界面。

图 5-13　击中敌机获得 5 分

图 5-14　击中空投物资火力变强

5.9.2 代码实现

（1）创建继承 JPanel 类的游戏面板类 GamePanel，在类中，使用静态变量声明飞机大战游戏需要使用到的 BufferedImage 类型的图片，使用静态变量定义窗体的宽度和高度，使用静态代码块和 ImageIO 类中的 read() 方法初始化图片资源。代码如下：

```java
public class GamePanel extends JPanel {
    // 常量：表示窗体的宽度和高度
    public static final int WIDTH = 360;
    public static final int HEIGHT = 600;

    public static BufferedImage startImage;         // 游戏开始时的窗体背景图片
    public static BufferedImage backgroundImage;    // 窗体背景图片
    public static BufferedImage enemyImage;         // 敌机图片
    public static BufferedImage airdropImage;       // 空投物资图片
    public static BufferedImage ammoImage;          // 导弹图片
    public static BufferedImage player1Image;       // 玩家飞机图片（喷气量小）
```

```java
    public static BufferedImage player2Image; // 玩家飞机图片（喷气量大）
    public static BufferedImage gameoverImage; // 游戏结束图片

    static { // 初始化图片资源
        try {
            startImage = ImageIO.read(GamePanel.class.getResource("start.png"));
            backgroundImage =
                    ImageIO.read(GamePanel.class.getResource("background.png"));
            enemyImage = ImageIO.read(GamePanel.class.getResource("enemy.png"));
            airdropImage = ImageIO.read(GamePanel.class.getResource("airdrop.png"));
            ammoImage = ImageIO.read(GamePanel.class.getResource("ammo.png"));
            player1Image = ImageIO.read(GamePanel.class.getResource("player1.png"));
            player2Image = ImageIO.read(GamePanel.class.getResource("player2.png"));
            gameoverImage =
                    ImageIO.read(GamePanel.class.getResource("gameover.png"));
        } catch (Exception e) {
            e.printStackTrace();
        }
    }
}
```

（2）当背景图片、玩家飞机、导弹和其他会飞的模型第一次显示在屏幕上时，系统会自动调用paint()方法，触发绘图代码。paint()方法包括画背景图片、画玩家飞机、画其他导弹、画会飞的模型（敌机或者空投物资）、画分数和画游戏状态这6个功能模块。paint()方法和6个功能模块的代码如下：

```java
/**
 * 画背景图片、玩家飞机、导弹、敌机、分数和游戏状态
 */
public void paint(Graphics g) {
    g.drawImage(backgroundImage, 0, 0, null); // 画背景图片
    paintPlayer(g); // 画玩家飞机
    paintAmmo(g); // 画导弹
    paintFlyModel(g); // 画会飞的模型
    paintScores(g); // 画分数
    paintGameState(g); // 画游戏状态
}

/**
 * 画玩家飞机
 */
public void paintPlayer(Graphics g) {
    g.drawImage(player.getImage(), player.getX(), player.getY(), null);
}

/**
 * 画导弹
 */
public void paintAmmo(Graphics g) {
    for (int i = 0; i < ammos.length; i++) {
        Ammo a = ammos[i];
        g.drawImage(a.getImage(), a.getX() - a.getWidth() / 2, a.getY(), null);
    }
```

```java
    }
    /**
     * 画其他会飞的模型
     */
    public void paintFlyModel(Graphics g) {
        for (int i = 0; i < flyModels.length; i++) {
            FlyModel f = flyModels[i];
            g.drawImage(f.getImage(), f.getX(), f.getY(), null);
        }
    }

    /**
     * 画分数
     */
    public void paintScores(Graphics g) {
        int x = 10; // 显示分数时的x坐标
        int y = 25; // 显示分数时的y坐标
        Font font = new Font(Font.SANS_SERIF, Font.BOLD, 14); // 字体
        g.setColor(Color.YELLOW); // 字体颜色
        g.setFont(font); // 设置字体
        g.drawString("SCORE:" + scores, x, y); // 画分数
        y += 20; // y坐标增20
        g.drawString("LIFE:" + player.getLifeNumbers(), x, y); // 画玩家飞机的生命数
    }

    /**
     * 画游戏状态
     */
    public void paintGameState(Graphics g) {
        switch (state) {
        case START: // 游戏开始
            g.drawImage(startImage, 0, 0, null);
            break;
        case OVER: // 游戏结束
            g.drawImage(gameoverImage, 0, 0, null);
            break;
        }
    }
```

（3）编写paint()方法的过程中，在画玩家飞机时，引入了玩家飞机对象player；在画导弹时，引入了导弹数组，这是因为导弹是多个，需借助数组予以存储；在画其他会飞的模型时，引入了其他会飞的模型数组，与导弹数组的作用相同，其他会飞的模型数组被用来存储多个敌机和空投物资；在画游戏状态时，我们引入了表示游戏状态的变量state以及表示游戏开始和游戏结束的两个常量START和OVER。然而，在使用上述被引入的玩家飞机对象player、导弹数组、其他会飞的模型数组和表示游戏状态的变量state以及表示游戏开始和游戏结束的两个常量START和OVER之前，要先在游戏面板类GamePanel中予以声明或定义。代码如下：

```java
private int state; // 游戏的状态
// 常量：表示游戏的状态
private static final int START = 0;
private static final int RUNNING = 1;
```

```
private static final int OVER = 2;

private FlyModel[] flyModels = {}; // 声明其他会飞的模型（如敌机、空投物资等）数组
private Ammo[] ammos = {}; // 声明导弹数组
private Player player = new Player(); // 新建玩家飞机类对象
```

（4）在飞机大战游戏中，通过鼠标的单击事件，实现游戏界面的切换。具体地说，在开始游戏界面的任意位置单击左键，即可开始游戏。在游戏开始后，玩家飞机与敌机或空投物资发生碰撞，游戏结束。此时，游戏面板将从主界面切换到重新开始游戏界面。在重新开始游戏界面的任意位置单击鼠标左键，游戏面板将从重新开始游戏界面切换到开始游戏界面。其中，游戏开始后的动画设计，通过 Timer 类予以实现。上述鼠标单击事件和 Timer 类的代码实现均被编写在 load() 方法中。代码如下：

```
private int scores = 0; // 游戏开始时，得分为0
private Timer timer; // 声明定时器
private int interval = 1000 / 100; // 初始化时间间隔（毫秒）
/**
 * 游戏面板对象加载其他会飞的模型
 */
public void load() {
    // 鼠标监听事件
    MouseAdapter mouseAdapter = new MouseAdapter() {
        public void mouseMoved(MouseEvent e) { // 移动鼠标
            if (state == RUNNING) { // 运行状态下，使得玩家飞机随鼠标位置移动
                int x = e.getX();
                int y = e.getY();
                player.updateXY(x, y);
            }
        }

        public void mouseClicked(MouseEvent e) { // 单击鼠标
            switch (state) {
            case START:
                state = RUNNING; // 启动状态下运行
                break;
            case OVER: // 游戏结束，清理游戏面板
                flyModels = new FlyModel[0]; // 清空其他会飞的模型
                ammos = new Ammo[0]; // 清空导弹
                player = new Player(); // 重新创建玩家飞机
                scores = 0; // 清空分数
                state = START; // 重置游戏状态为"游戏开始"
                break;
            }
        }
    };
    this.addMouseListener(mouseAdapter); // 单击鼠标时执行的操作
    this.addMouseMotionListener(mouseAdapter); // 移动鼠标时执行的操作

    timer = new Timer(); // 新建定时器对象
    timer.schedule(new TimerTask() { // 游戏开始时的动画设计过程
        public void run() {
            if (state == RUNNING) { // 游戏正在运行
                flyModelsEnter(); // 空投物资或者敌机入场
```

```
                step(); // 敌机、空投物资、导弹和玩家飞机开始移动
                fire(); // 玩家飞机发射导弹
                hitFlyModel(); // 导弹击打敌机或者空投物资
                delete(); // 删除移动到游戏面板外的敌机和导弹
                overOrNot(); // 判断游戏是否结束
            }
            repaint(); // 重绘, 调用paint()方法
        }
    }, intervel, intervel);
}
```

（5）使用 Timer 类实现游戏开始后的动画设计过程如下。

①空投物资或者敌机进入游戏面板。

每隔 400 毫秒生成一个会飞的模型并进入游戏面板中, 因为空投物资是随机产生的, 所以通过 Random 类的对象调用 nextInt()方法, 使当随机变量的值为 0 时, 产生一个空投物资对象; 当随机变量的值不为 0 时, 产生一个敌机对象。代码如下:

```
int flyModelsIndex = 0; // 初始化其他会飞的模型的入场时间

/**
 * 空投物资或者敌机入场
 */
public void flyModelsEnter() {
    flyModelsIndex++;
    if (flyModelsIndex % 40 == 0) { // 每隔400 (10×40)毫秒生成一个其他会飞的模型
        FlyModel obj = nextOne(); // 随机生成一个空投物资或者敌机
        flyModels = (FlyModel[]) Arrays.copyOf(flyModels,flyModels.length + 1);
        flyModels[flyModels.length - 1] = obj;
    }
}

/**
 * 随机生成一个空投物资或者敌机
 * @return 一个空投物资或者敌机
 */
public static FlyModel nextOne() {
    Random random = new Random();
    int type = random.nextInt(20); // [0,20)
    if (type == 0) {
        return new Airdrop(); // 空投物资
    } else {
        return new Enemy(); // 敌机
    }
}
```

②敌机、空投物资、导弹和玩家飞机开始移动。

敌机和空投物资被归纳为其他会飞的模型, 被存储在其他会飞的模型数组中, 而导弹则被存储在导弹数组中。对于其他会飞的模型、导弹和玩家飞机, 当它们各自调用对应的 move()方法时, 即可实现各自的移动效果。代码如下:

```
/**
 * 敌机、空投物资、导弹和玩家飞机开始移动
 */
```

```java
public void step() {
    for (int i = 0; i < flyModels.length; i++) { // 敌机、空投物资开始移动
        FlyModel f = flyModels[i];
        f.move();;
    }
    for (int i = 0; i < ammos.length; i++) { // 导弹开始移动
        Ammo b = ammos[i];
        b.move();
    }
    player.move(); // 玩家飞机开始移动
}
```

③玩家飞机发射导弹。

玩家飞机每300毫秒发射一枚导弹。玩家飞机对象通过调用玩家飞机模型类中的fireAmmo()方法，实现发射导弹。代码如下：

```java
int fireIndex = 0; // 初始化玩家飞机发射导弹的时间

/**
 * 玩家飞机发射导弹
 */
public void fire() {
    fireIndex++;
    if (fireIndex % 30 == 0) { // 每300毫秒发一枚导弹
        Ammo[] as = player.fireAmmo(); // 玩家飞机发射导弹
        ammos = (Ammo[]) Arrays.copyOf(ammos, ammos.length + as.length);
        System.arraycopy(as, 0, ammos, ammos.length - as.length, as.length);
    }
}
```

④导弹击中敌机或者空投物资。

判断导弹击中敌机或者空投物资，当敌机或者空投物资被击中时，删除被击中敌机或者空投物资。如果敌机被击中，那么玩家飞机获得分数奖励；如果空投物资被击中，那么玩家飞机将能同时发射两枚导弹。代码如下：

```java
/**
 * 导弹击中敌机或者空投物资
 */
public void hitFlyModel() {
    for (int i = 0; i < ammos.length; i++) { // 遍历所有导弹
        Ammo aos = ammos[i];
        bingoOrNot(aos); // 导弹是否击中敌机或者空投物资
    }
}

/**
 * 导弹是否击中敌机或者空投物资
 */
public void bingoOrNot(Ammo ammo) {
    int index = -1; // 击中的敌机或者空投物资的索引
    for (int i = 0; i < flyModels.length; i++) {
        FlyModel obj = flyModels[i];
        if (obj.shootBy(ammo)) { // 判断是否击中
```

```
            index = i; // 记录被击中的敌机或者空投物资的索引
            break;
        }
    }
    if (index != -1) { // 敌机或者空投物资被击中
        FlyModel one = flyModels[index]; // 记录被击中的敌机或者空投物资
        // 被击中的飞行物与最后一个飞行物交换
        FlyModel temp = flyModels[index];
        flyModels[index] = flyModels[flyModels.length - 1];
        flyModels[flyModels.length - 1] = temp;
        // 删除最后一个飞行物(即被击中的)
        flyModels = (FlyModel[]) Arrays.copyOf(flyModels, flyModels.length - 1);

        // 检查one的类型
        if (one instanceof Hit) { // 如果是敌机，则加分
            Hit e = (Hit) one; // 强制类型转换
            scores += e.getScores(); // 加分
        } else { // 如果是空投物资
            player.fireDoubleAmmos(); // 设置双倍火力
        }
    }
}
```

⑤删除移动到游戏面板外的敌机和导弹。

敌机和导弹都可以移动到游戏面板外。为此，"删除移动到游戏面板外的敌机、空投物资和导弹"可以被理解为"保留游戏面板内的敌机、空投物资和导弹"。代码如下：

```
/**
 * 删除移动到游戏面板外的敌机和导弹
 */
public void delete() {
    int index = 0; // 索引
    // 用于存储未被击中的敌机和空投物资
    FlyModel[] flyingLives = new FlyModel[flyModels.length];
    for (int i = 0; i < flyModels.length; i++) {
        FlyModel f = flyModels[i];
        if (!f.outOfPanel()) {
            // 把没有移动到游戏面板外的敌机储存在flyingLives中
            flyingLives[index++] = f;
        }
    }
    // 将不越界的飞行物都留着
    flyModels = (FlyModel[]) Arrays.copyOf(flyingLives, index);

    index = 0; // 索引重置为0
    Ammo[] ammoLives = new Ammo[ammos.length]; // 用于存储游戏面板内的导弹
    for (int i = 0; i < ammos.length; i++) {
        Ammo ao = ammos[i];
        if (!ao.outOfPanel()) {
            ammoLives[index++] = ao; // 把没有移动到游戏面板外的导弹储存在ammoLives中
        }
    }
```

```
            ammos = (Ammo[]) Arrays.copyOf(ammoLives, index); // 将不越界的导弹留着
        }
```

⑥判断游戏是否结束。

当玩家飞机与敌机或空投物资发生碰撞时，玩家飞机的生命数由 1 变为 0，并且删除发生碰撞的敌机或空投物资。此外，将游戏状态设置为表示游戏结束的 OVER。代码如下：

```
/**
 * 判断游戏是否结束
 */
public void overOrNot() {
    if (isOver()) { // 游戏结束
        state = OVER; // 改变状态
    }
}

/**
 * 游戏结束
 */
public boolean isOver() {
    for (int i = 0; i < flyModels.length; i++) {
        int index = -1; // 初始化与玩家飞机发生碰撞的敌机索引
        FlyModel obj = flyModels[i];
        if (player.hit(obj)) { // 如果玩家飞机与敌机碰撞
            player.loseLifeNumbers(); // 玩家飞机减命
            index = i; // 记录与玩家飞机发生碰撞的敌机索引
        }
        if (index != -1) { // 发生碰撞后
            // 交换已发生碰撞的敌机
            FlyModel t = flyModels[index];
            flyModels[index] = flyModels[flyModels.length - 1];
            flyModels[flyModels.length - 1] = t;
            // 删除碰上的飞行物
            flyModels = (FlyModel[]) Arrays.copyOf(flyModels, flyModels.length - 1);
        }
    }

    return player.getLifeNumbers() <= 0;
}
```

（6）main()方法被称作 Java 程序的入口，如果一个程序没有 main()方法，那么这个程序无法运行。在飞机大战游戏中，main()方法包含了加载游戏面板、设置窗体的相关属性以及在游戏面板中加载会飞的模型等内容。代码如下：

```
// 程序的入口
public static void main(String[] args) {
    JFrame frame = new JFrame("飞机大战"); // 新建标题为"飞机大战"的窗体对象
    GamePanel gamePanel = new GamePanel(); // 新建游戏面板
    frame.add(gamePanel); // 把游戏面板添加到窗体中
    frame.setSize(WIDTH, HEIGHT); // 设置窗体的宽和高
    frame.setAlwaysOnTop(true); // 设置窗体在其他窗口上方
    frame.setDefaultCloseOperation(JFrame.EXIT_ON_CLOSE); // 设置窗体的关闭方式
```

```
        frame.setLocationRelativeTo(null);  // 设置窗体显示在屏幕中央
        frame.setVisible(true);  // 设置窗体可见
        gamePanel.load();  // 游戏面板对象加载会飞的模型
    }
```

小 结

AWT 使用回调机制来处理一个绘画请求，也就是说，把渲染组件的代码写在一个可覆盖的方法中，这个方法在界面需要绘制时被自动调用。这个方法就是 paint()方法，该方法是一个有参方法，参数是一个 Graphics 类的对象。Graphics 类的对象是图形上下文对象，用来完成具体的绘制。当 paint()方法被调用时，系统已经给 Graphics 类的对象配备了很多属性，包括绘制组件的颜色、字体、坐标转换和适合组件重绘的裁剪区等。读者朋友可以通过设置这些属性，绘制出符合需求的图片和图形。

第6章

文件批量操作工具

—— Java Swing+I/O流技术实现

本章要点

- Swing窗体组件的使用
- 扫描文件内容功能的实现
- 文件重命名功能的实现
- 通过I/O流复制文件功能的实现

■ 本章将给出一个文件批量操作工具软件。该软件包含批量移动文件、批量复制文件、批量更名以及扫描文件内容的功能。

6.1 需求分析

计算机已经成为人们工作生活中常用的工具。人们在工作中越来越依赖计算机。随着各种五花八门的办公、娱乐软件的应用，大量文字、图片、音像、数据文件迅速占满了硬盘。整理海量、分散的文件是一件让人十分头疼的事，所以人们需要一款可以快速、批量操作文件的工具程序。

部署

本章所介绍的使用 Java 编写的文件批量操作工具就是为了解决此类问题而生的。文件批量操作工具可以让用户自己设计任务计划，将各种零散的文件汇聚到同一个任务列表中统一进行处理。文件批量操作工具让烦琐又重复的整理工作变得智能化，有效节约了用户的宝贵时间。

需求分析

6.2 系统设计

6.2.1 系统目标

系统设计

本程序属于微型软件，可以对文件进行操作。通过本程序可以达到以下目标。
- 将任意位置的文件批量复制到指定目录。
- 将任意位置的文件批量剪切到指定目录。
- 将任意位置的文件夹批量复制到指定目录，同时保持文件夹中原有的目录结构。
- 将任意位置的文件夹批量剪切到指定目录，同时保持文件夹中原有的目录结构。
- 搜索文本文件中的内容，并列出包含关键字的行数和文本。
- 设置搜索文本时使用的字符编码。
- 将指定文件夹下所有文件重命名，使用递增数字区分文件名。
- 自定义命名模板，使用#代表递增数字。
- 重命名时自定义新后缀名，或使用源文件后缀名。
- 所有功能在设置好任务后实现一键操作。

6.2.2 构建开发环境

- 系统开发平台：Eclipse。
- 系统开发语言：Java。
- 运行平台：Windows 7（SP1）/ Windows 8/Windows 8.1/Windows 10。
- 运行环境：JDK 11。

6.2.3 系统功能结构

文件批量操作工具提供了三个主要功能，具体设计如下。
- 批量移动功能

批量移动功能可以复制或移动（即剪切）文件或文件夹，在移动过程中会保留原有的文件结构。
- 搜索文件中的文本功能

搜索文本功能可以查找某个文件的全部文本内容，用户可以设置要查找的关键字，如果找到，含有关键字的文本就会显示到面板中。程序提供"GBK"和"UTF-8"两种字符编码功能供用户选择,如果找不到关键字,可以尝试更换字符编码再次查找。

❑ 批量重命名功能

批量重命名功能包含设置命名模板、设置命名模板起始的数字编号、设置更名后的文件后缀名。

文件批量操作工具功能结构如图 6-1 所示。

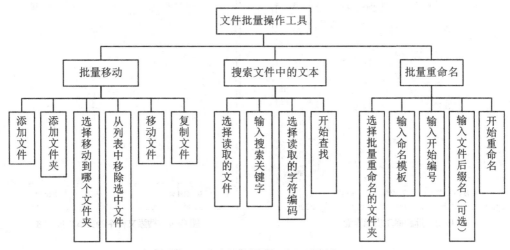

图 6-1 文件批量操作工具功能结构

6.2.4 系统流程图

文件批量操作工具的系统流程图如图 6-2 所示。

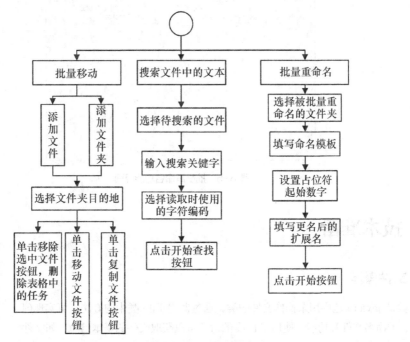

图 6-2 文件批量操作工具的系统流程图

6.2.5 系统预览

文件批量操作工具的界面如图 6-3 至图 6-5 所示。

图 6-3 批量移动功能界面

图 6-4 搜索文件中的文本功能界面

图 6-5 批量重命名功能界面

6.3 技术准备

6.3.1 文件操作

File 类是 java.io 包中用来操作文件的类，通过调用 File 类中的方法，可实现创建、删除、重命名文件等功能。使用 File 类的对象可以获取文件的基本信息，如文件所在的目录、文件名、文件大小、文件的修改时间等。

文件操作

1. 创建 File 对象

使用 File 类的构造方法能够创建文件对象，常用的 File 类的构造方法有如下 3 种。

（1）File(String pathname)

根据传入的路径名称创建文件对象。

pathname：被传入的路径名称（包含文件名）。

例如，在 D 盘的根目录下创建文本文件学习笔记.txt，关键代码如下：

```
File file = new File("D:/学习笔记.txt");
```

（2）File(String parent, String child)

根据传入的父路径（磁盘根目录或磁盘中的某一文件夹）和子路径（文件名）创建文件对象。

parent：父路径（磁盘根目录或磁盘中的某一文件夹）。例如，D:/或 D:/doc/。

child：子路径（文件名）。例如，letter.txt。

例如，在 D 盘的 "Java 资料" 文件夹中创建文本文件学习笔记.txt，关键代码如下：

```
File file = new File("D:/Java资料/", "学习笔记.txt");
```

（3）File(File f, String child)

根据传入的父文件对象（磁盘中的某一文件夹）和子路径（文件名）创建文件对象。

parent：父文件对象（磁盘中的某一文件夹），例如，D:/doc/。

child：子路径（文件名），例如，letter.txt。

例如，先在 D 盘中创建 "Java 资料" 文件夹，再在 "Java 资料" 文件夹中创建文本文件 1.txt，关键代码如下：

```
File folder = new File("D:/Java资料/");
File file = new File(folder, "1.txt");
```

 对于 Microsoft Windows 平台，包含盘符的路径名前缀由驱动器号和一个 ":" 组成，文件夹分隔符可以是 "/" 也可以是 "\\"（即 "\" 的转义字符）。

2. 文件操作

File 类可以对文件进行操作，也可以对文件夹进行操作，本节首先讲解如何使用 File 类对文件进行操作。

常见的文件操作主要有判断文件是否存在、创建文件、重命名文件、删除文件以及获取文件基本信息（如文件名称、大小、修改时间、是否隐藏）等。这些操作在 File 类中都提供了相应的方法来实现。File 类中对文件进行操作的常用方法如表 6-1 所示。

表 6-1　　　　　　　　　　　File 类中对文件进行操作的常用方法

方　　法	返　回　值	说　　明
canRead()	boolean	判断文件是否是可读的
canWrite()	boolean	判断文件是否可被写入
createNewFile()	boolean	当且仅当不存在具有指定名称的文件时，创建一个新的空文件
createTempFile(String prefix, String suffix)	File	在默认临时文件夹中创建一个空文件，使用给定的前缀和后缀生成其名称
createTempFile(String prefix, String suffix, File directory)	File	在指定文件夹中创建一个新的空文件，使用给定的前缀和后缀字符串生成其名称

续表

方　　法	返 回 值	说　　明
delete()	boolean	删除指定的文件或文件夹
exists()	boolean	测试指定的文件或文件夹是否存在
getAbsoluteFile()	File	返回抽象路径名的绝对路径名形式
getAbsolutePath()	String	获取文件的绝对路径
getName()	String	获取文件或文件夹的名称
getParent()	String	获取文件的父路径
getPath()	String	获取路径名字符串
getFreeSpace()	long	返回此抽象路径名指定的分区中未分配的字节数
getTotalSpace()	long	返回此抽象路径名指定的分区大小
length()	long	获取文件的长度（以字节为单位）
isFile()	boolean	判断是不是文件
isHidden()	boolean	判断文件是否是隐藏文件
lastModified()	long	获取文件的最后修改时间
renameTo(File dest)	boolean	重新命名文件
setLastModified(long time)	boolean	设置文件或文件夹的最后一次修改时间
setReadOnly()	boolean	将文件或文件夹设置为只读
toURI()	URI	构造一个表示此抽象路径名的 file: URI

表 6-1 中的 delete()方法、exists()方法、getName()方法、getAbsoluteFile()方法、getAbsolutePath()方法、getParent()方法、getPath()方法、setLastModified(long time)方法和 setReadOnly()方法同样适用于文件夹操作。

6.3.2　文件夹操作

常见的文件夹操作主要有判断文件夹是否存在、创建文件夹、删除文件夹、获取文件夹中包含的子文件夹及文件等，这些操作在 File 类中都提供了相应的方法来实现。File 类中对文件夹进行操作的常用方法如表 6-2 所示。

文件夹操作

表 6-2　　　　　　　　　　File 类中对文件夹进行操作的常用方法

方　　法	返 回 值	说　　明
isDirectory()	boolean	判断是否为文件夹
list()	String[]	返回字符串数组，这些字符串指定此抽象路径名表示的目录中的文件和目录
list(FilenameFilter filter)	String[]	返回字符串数组，这些字符串指定此抽象路径名表示的目录中满足指定过滤器的文件和目录

续表

方　法	返回值	说　明
listFiles()	File[]	返回抽象路径名数组，这些路径名表示此抽象路径名表示的目录中的文件
listFiles(FileFilter filter)	File[]	返回抽象路径名数组，这些路径名表示此抽象路径名表示的目录中满足指定过滤器的文件和目录
listFiles(FilenameFilter filter)	File[]	返回抽象路径名数组，这些路径名表示此抽象路径名表示的目录中满足指定过滤器的文件和目录
mkdir()	boolean	创建此抽象路径名指定的目录
mkdirs()	boolean	创建此抽象路径名指定的目录，包括所有必需但不存在的父目录

6.4　公共类设计

开发项目时，通过编写公共类可以减少重复代码的编写，有利于代码的重用及维护。文件批量操作工具中有两个公共类：自定义表格类和选项卡面板工厂类。自定义表格类重写了编辑单元格的方法，以防止表格内容被修改。选项卡面板工厂类可以登记所有功能面板，为主面板提供选项卡中的功能面板。下面将详细介绍这两个类。

6.4.1　自定义表格类

MyTable 是项目中的自定义表格类，该类继承 JTable 类。自定义表格用于显示处理文件的结果，例如，在批量移动功能面板中显示任务列表，在批量更名功能面板中显示文件更名前的名称和更名之后的名称。

自定义表格类

自定义表格使用 TableModel 表格数据模型类来为表格添加数据，重写了使用 TableModel 类型参数的构造方法，同时也重写无参构造方法以保证此构造方法可以正常使用。两个构造的代码如下：

```java
public MyTable() {
    super();
}

public MyTable(TableModel dm) {
    super(dm);
}
```

自定义表格的主要特点是防止用户随意修改表格中的数据，因此需要设置父类中的单元格是否可编辑方法 isCellEditable()，让该方法默认返回 false，表示任何单元格都不可编辑。重写的方法如下：

```java
public boolean isCellEditable(int row, int column) {
    return false;
}
```

6.4.2　选项卡面板工厂类

JTabbedPaneFactory 类是项目中的选项卡面板工厂类，该类用于提供已完成开发的功能面板对象。该类可以让主窗体脱离创建功能面板对象的代码，使主窗体与各功能面板解耦，如果添加或删除新功能面板，只需修改工厂类中的代码，主窗体中的代码不需要做丝毫改动。

选项卡面板工厂类

JTabbedPaneFactory 类中提供了一个私有的静态属性——panelMap，这个属性是 Map 键值对类型。键值对中键的泛型使用 String 类型，用于记录功能面板的选项卡标签内容；值的类型使用 JPanel 面板类型，用于保存该选项卡下显示的面板对象。代码如下：

```
private static final Map<String, JPanel> panelMap = new HashMap<>();
```

因为属性是私有的，所以需要提供对应的 getter 方法供外部类使用，方法代码如下：

```
public static Map<String, JPanel> getPanelMap() {
    return panelMap;
}
```

又因为该属性是静态的，所以需要使用静态代码块为键值对赋值。在静态代码块中创建所有的功能面板标签和面板对象，通过键值对的 put() 方法保存。代码如下：

```
static {
    panelMap.put("批量重命名", new RenameBatchPanel());
    panelMap.put("批量移动", new MoveBatchPanel());
    panelMap.put("搜索文件中的文本", new SearchFileTextPanel());
}
```

6.5 主窗体设计

6.5.1 模块概述

文件批量操作工具的主窗体就是用来展示面板的容器。主窗体中有一个选项卡面板，不同的功能面板就以选项卡的形式展示。所有的功能面板都在 JTabbedPaneFactory 选项卡面板工厂类中注册，主窗体只要从该类里调用所有面板放到选项卡面板中即可，无须创建任何功能面板对象。

主窗体不添加任何面板时的效果如图 6-6 所示。

图 6-6　主窗体不添加任何面板时的效果

6.5.2 代码实现

MainFrame 类是项目中的主窗体类，继承 JFrame 窗体类。创建 MainFrame 类对象并调用其 setVisible() 方法将显示状态设为 true 即可打开主窗体。

MainFrame 类只有一个构造方法。在构造方法中创建了选项卡面板，通过 JTabbedPaneFactory 选项卡面板工厂类获取所有已注册的选项卡名称及其对应的功能面板，代码如下：

```java
public class MainFrame extends JFrame {
    public MainFrame() {
        JTabbedPane tab = new JTabbedPane();// 选项卡面板
        // 获取所有将要在选项卡面板中展示的面板及其选项卡名
        Map<String, JPanel> panelMap = JTabbedPaneFactory.getPanelMap();
        Set<String> panleNameSet = panelMap.keySet();// 获取所有选项卡名
        for (String name : panleNameSet) {// 遍历所有选项卡
            tab.addTab(name, panelMap.get(name));// 将面板放到对应选项卡中
        }
        getContentPane().add(tab, BorderLayout.CENTER);// 将选项卡面板放在主容器的中央
        setSize(400, 400);// 窗体宽高
        Toolkit tool = Toolkit.getDefaultToolkit(); // 创建系统默认组件工具包
        Dimension d = tool.getScreenSize(); // 获取屏幕尺寸,赋给一个二维坐标对象
        // 让主窗体在屏幕中间显示
        setLocation((d.width - getWidth()) / 2, (d.height - getHeight()) / 2);
        setTitle("文件批量操作工具");// 窗体标题
        setDefaultCloseOperation(EXIT_ON_CLOSE);// 关闭窗体则停止程序
    }
}
```

6.6 批量移动功能设计

6.6.1 模块概述

移动文件是最常用的操作之一。在计算机中移动文件有两种形式:第一种是复制,就是在目标位置创建一个与源文件一模一样的新文件,最终得到两个文件;第二种是剪切,就是将源文件转移到新位置,最终只有一个文件。

文件批量操作工具中的批量移动功能可以让用户定制移动任务,将多个不同位置的文件或文件夹放到任务列表中,统一移动到目标位置。用户可以选择复制或剪切两种移动方式。

批量移动功能面板的效果如图 6-7 所示。

图 6-7 批量移动功能面板的效果

6.6.2 代码实现

MoveBatchPanel 类是项目中的批量移动功能面板类,继承 JPanel 面板类。MoveBatchPanel 面板已在

JtabbedPaneFactory 选项卡面板工厂类中完成了登记，可以直接在主窗体中显示。下面分别介绍 MoveBatchPanel 类中的属性和主要方法。

（1）MoveBatchPanel 类的属性包括界面上方添加文件或文件夹的按钮、中央显示的表格和下方的功能按钮区。其中 taskList 是一个键值对类型的属性。该属性用于记录任务列表，键的泛型使用 File 类型，表示待移动文件；值的泛型使用 Integer 类型，表示文件所属的子文件层级，例如，根目录的层级为 0，根目录下的子文件夹层级为 1，如果子文件夹中还有子文件夹，那么第二层子文件夹的层级就为 2。记录文件及对应的层级可以确保程序复制文件夹的时候保留原文件夹中所有子文件及子文件夹的目录结构。

属性代码如下：

```
private JButton addFileBtn;// "添加文件" 按钮
private JButton addDirBtn;// "添加文件夹" 按钮
private JButton moveBtn;// "移动文件" 按钮
private JButton copyBtn;// "复制文件" 按钮
private JButton deleteBtn;// "移除选中文件" 按钮
private JButton chooseBtn;// "移动到" 按钮
private JTable table;// 任务列表表格
private DefaultTableModel model;// 表格数据模型
private JTextField dirField;// 目标文件夹文本框
private Map<File, Integer> taskList;// 任务列表键值对
```

（2）批量移动功能面板采用 SpringLayout 弹性布局，每个组件的边界与面板的边界保持一定的距离，如果面板改变大小，组件的大小也会随之发生变化。init()方法是面板中为所有组件做初始化的方法，方法代码如下：

```
private void init() {
    taskList = new HashMap<>();// 任务列表使用哈希键值对
    SpringLayout sl = new SpringLayout();// 弹性布局
    setLayout(sl);// 面板采用弹性布局
    JPanel northPanel = new JPanel();// 北部面板
    addFileBtn = new JButton("添加文件");
    addDirBtn = new JButton("添加文件夹");
    northPanel.add(addFileBtn);
    northPanel.add(addDirBtn);
    add(northPanel);
    // 北部面板北侧与本类面板北侧保持0像素距离
    sl.putConstraint(SpringLayout.NORTH, northPanel, 0, SpringLayout.NORTH,
        this);
    // 北部面板西侧与本类面板西侧保持0像素距离
    sl.putConstraint(SpringLayout.WEST, northPanel, 0, SpringLayout.WEST,
        this);
    // 北部面板东侧与本类面板东侧保持0像素距离
    sl.putConstraint(SpringLayout.EAST, northPanel, 0, SpringLayout.EAST,
        this);

    String columnNames[] = {"文件名","完成情况"};// 表格列名数组
    String columnDatas[][] = {};// 表格使用空数据
    model = new DefaultTableModel(columnDatas, columnNames);// 表格数据模型采用数据
    table = new MyTable(model);// 表格采用表格数据模型
    table.getColumnModel().getColumn(0).setPreferredWidth(300);// 第一列宽300像素
    JScrollPane sp = new JScrollPane(table);// 表格放入滚动面板
    add(sp);
    // 滚动面板北侧与本类面板北侧保持40像素距离
    sl.putConstraint(SpringLayout.NORTH, sp, 40, SpringLayout.NORTH, this);
```

```java
        // 滚动面板西侧与本类面板西侧保持5像素距离
        sl.putConstraint(SpringLayout.WEST, sp, 5, SpringLayout.WEST, this);
        // 滚动面板东侧与本类面板东侧保持5像素距离
        sl.putConstraint(SpringLayout.EAST, sp, -5, SpringLayout.EAST, this);
        // 滚动面板南侧与本类面板南侧保持80像素距离
        sl.putConstraint(SpringLayout.SOUTH, sp, -80, SpringLayout.SOUTH, this);

        dirField = new JTextField(25);// 文件夹地址文本框
        add(dirField);
        // 文本框西侧与本类面板西侧保持10像素距离
        sl.putConstraint(SpringLayout.WEST, dirField, 10, SpringLayout.WEST,
            this);
        // 文本框东侧与本类面板东侧保持100像素距离
        sl.putConstraint(SpringLayout.EAST, dirField, -100, SpringLayout.EAST,
            this);
        // 文本框南侧与本类面板南侧保持48像素距离
        sl.putConstraint(SpringLayout.SOUTH, dirField, -48, SpringLayout.SOUTH,
            this);

        chooseBtn = new JButton("移动到");
        add(chooseBtn);
        // "移动到"按钮东侧与本类面板东侧保持10像素距离
        sl.putConstraint(SpringLayout.EAST, chooseBtn, -10, SpringLayout.EAST,
            this);
        // "移动到"按钮南侧与本类面板南侧保持45像素距离
        sl.putConstraint(SpringLayout.SOUTH, chooseBtn, -45, SpringLayout.SOUTH,
            this);

        FlowLayout fl = new FlowLayout();// 流布局
        fl.setHgap(20);// 流布局中水平间隔20像素
        JPanel buttonPanel = new JPanel(fl);// 按钮面板采用流布局
        moveBtn = new JButton("移动文件");
        copyBtn = new JButton("复制文件");
        deleteBtn = new JButton("移除选中文件");
        buttonPanel.add(deleteBtn);
        buttonPanel.add(moveBtn);
        buttonPanel.add(copyBtn);
        add(buttonPanel);
        // 按钮面板西侧与本类面板西侧保持5像素距离
        sl.putConstraint(SpringLayout.WEST, buttonPanel, 5, SpringLayout.WEST,
            this);
        // 按钮面板东侧与本类面板东侧保持5像素距离
        sl.putConstraint(SpringLayout.EAST, buttonPanel, -5, SpringLayout.EAST,
            this);
        // 按钮面板南侧与本类面板南侧保持2像素距离
        sl.putConstraint(SpringLayout.SOUTH, buttonPanel, -2,
            SpringLayout.SOUTH, this);
}
```

（3）"移动到"按钮用于指定移动目标文件夹，当用户单击该按钮时，将会弹出文件选择器，如果用户选定某个文件夹，该文件夹的详细地址会显示在文本框中。

"移动到"按钮添加动作事件的代码如下：

```
chooseBtn.addActionListener(e -> {//为"移动到"按钮添加动作事件监听
    JFileChooser chooser = new JFileChooser();// 创建文件选择器
    chooser.setFileSelectionMode(JFileChooser.DIRECTORIES_ONLY); // 设置只选择文件夹
    int option = chooser.showOpenDialog(this);// 显示打开对话框
    if (option == JFileChooser.APPROVE_OPTION) {// 如果用户单击的是"打开"按钮
        File dir = chooser.getSelectedFile();// 获取选择的文件夹对象
        dirField.setText(dir.getPath());// 将文件夹的地址放到文本框中
    }
});
```

（4）单击"添加文件"按钮可以向任务列表中添加单个文件。单击该按钮弹出的文件选择器只能选择文件，不可以选中文件夹。用户选中文件之后，会调用 recordFiles()方法将文件记录到任务列表，并显示在窗体表格中。每个选中的文件的子文件夹层级都是 0。

"添加文件"按钮添加动作事件的代码如下：

```
addFileBtn.addActionListener(e -> {//为"添加文件"按钮添加动作事件监听
    JFileChooser chooser = new JFileChooser();// 创建文件选择器
    chooser.setFileSelectionMode(JFileChooser.FILES_ONLY);// 设置只选择文件
    int option = chooser.showOpenDialog(this);// 显示打开对话框
    if (option == JFileChooser.APPROVE_OPTION) {// 如果用户单击的是"打开"按钮
        File f= chooser.getSelectedFile();// 获取选择的文件对象
        recordFiles(f, 0);// 以根目录文件的形式记录数据
    }
});
```

（5）单击"添加文件夹"按钮可以将某个文件夹下的所有子文件及子文件夹都添加到任务列表中。单击该按钮弹出的文件选择器只能选择文件夹，无法显示具体文件。用户选中文件夹之后，会调用 recordFiles()方法将文件夹中的所有文件按照各自的层级记录到任务列表，所有文件和文件夹都会显示在窗体表格中。

"添加文件夹"按钮添加动作事件的代码如下：

```
addDirBtn.addActionListener(e -> {//为"添加文件夹"按钮添加动作事件监听
    JFileChooser chooser = new JFileChooser();// 创建文件选择器
    // 设置只选择文件夹
    chooser.setFileSelectionMode(JFileChooser.DIRECTORIES_ONLY);
    int option = chooser.showOpenDialog(this);// 显示打开对话框
    if (option == JFileChooser.APPROVE_OPTION) {// 如果用户单击的是"打开"按钮
        File dir = chooser.getSelectedFile();// 获取选择的文件夹
        recordFiles(dir, 0);// 以根目录文件夹的形式记录数据
    }
});
```

（6）recordFiles()方法用于记录文件数据，该方法有两个参数：第一个参数 dir 表示要记录的文件对象，第二个参数 tab 表示文件的子文件层级。如果 dir 是根目录则传入 0，如果 dir 是选中的文件的子文件则传入 1，如此同理，更深层的子文件就传入 2、3、4……recordFiles()方法使用递归方式不断地寻找并进入子文件夹，这样可以保证用户移动文件夹时，该文件夹下的所有文件及文件夹都被添加到任务列表中。

recordFiles()方法将所有待移动的文件都保存到 taskList 任务列表中，同时也会将这些文件显示在窗体的列表中，列表第二列"完成情况"统一显示"准备中"。

recordFiles()方法的代码如下：

```
private void recordFiles(File dir, int tab) {
    if (dir.isDirectory()) {// 如果是文件夹
        File files[] = dir.listFiles();// 获取文件夹中的所有文件
```

```
        for (File f : files) {// 遍历文件夹中的文件
            recordFiles(f, tab + 1);// 记录文件夹中的文件，子文件层级加一级
        }
    }
    taskList.put(dir, tab);// 将文件放入任务列表
    String rowData[] = {dir.getPath(), "准备中"};// 将文件地址写成表格数据
    model.addRow(rowData);//在表格中添加数据
}
```

（7）"移动"按钮和"复制"按钮使用了相同的触发方法 moveButtonAction()，但两者通过参数控制方法是否删除源文件。

"移动"按钮添加动作事件的代码如下：

```
moveBtn.addActionListener(e -> {//为"移动"按钮添加动作事件监听
    moveButtonAction(true);// 复制之后删除源文件
});
```

"复制"按钮添加动作事件的代码如下：

```
copyBtn.addActionListener(e -> {//为"复制"按钮添加动作事件监听
    moveButtonAction(false);// 复制之后不删除源文件
});
```

（8）"移动"按钮和"复制"按钮触发的 moveButtonAction()方法有一个参数 deleteFile，表示是否删除源文件。在该方法中会先校验用户是否已经选择了目的地文件夹，如果用户没有选择目的地文件夹或者目的地文件夹不可用，则只弹出提示，不进行任何移动操作，否则会创建一个 Thread 线程对象，构造方法参数使用实现 Runnable 接口的 lambda 表达式，在表达式中遍历 taskList 任务列表中所有的文件，取出每个文件对应的文件层级。如果遍历出的文件有多层子文件夹结构，则在目标文件夹中创建这些子文件夹。然后使用 moveFile()方法移动源文件。如果移动成功，还会删除窗体表格中对应的行记录。最后启动线程。

把移动文件操作放到线程中执行，可以避免移动文件时阻塞窗体线程，这样用户可以直观地看到窗体表格中的数据不断变化。表格中第二列文字从"准备中"变成"完成"则意味着该行记录的文件已完成移动或复制操作。

moveButtonAction()方法的代码如下：

```
private void moveButtonAction(boolean deleteFile) {
    String targetURL = dirField.getText().trim();// 取出文件夹文本框中的内容
    if (targetURL.isEmpty()) {// 如果是空的
        JOptionPane.showMessageDialog(this, "目的路径不能为空！");
        return;
    }
    File target = new File(targetURL);// 创建文件夹地址对应的文件对象
    if (!target.exists()) {// 如果文件夹不存在
        JOptionPane.showMessageDialog(this, "目的文件夹不存在！");
        return;
    }
    if (taskList.size() <= 0) {// 如果任务列表中没有任何文件
        JOptionPane.showMessageDialog(this, "没有添加任何文件！");
        return;
    }
    Thread t = new Thread(() -> {// 创建线程对象和对应的Runnable接口匿名类
        // 循环遍历任务列表中的文件对象
        taskList.keySet().stream().forEach(file -> {
```

```java
                int tab = taskList.get(file);// 获取文件对应的子文件层级
                String parentPath = "";// 需要为子文件创建的文件夹结构
                for (int i = 1; i < tab; i++) {// 循环子文件层数
                    // 在文件夹结构字符串前拼接子文件的上一层文件夹名称，用系统默认分隔符分隔
                    parentPath = file.getParentFile().getName() + File.separator
                        + parentPath;
                }
                // 在目标文件夹上添加子文件原有的父文件夹，重新创建目标路径文件夹对象
                File targetDir = new File(target, parentPath);
                if (!targetDir.exists()) {// 如果这个地址不存在
                    targetDir.mkdirs();// 创建所有缺少的文件夹
                }
                // 将源文件移动至目标文件夹，返回移动结果，并根据deleteFile值决定是否删除源文件
                boolean moveSuccess = moveFile(file,
                    new File(targetDir, file.getName()), deleteFile);
                if (moveSuccess) {// 如果移动成功
                    for (int i = 0; i < model.getRowCount(); i++) {// 循环遍历表格中的每一行
                        // 获取此行第一列记录的文件名
                        String fileName = (String) model.getValueAt(i, 0);
                        if (fileName.equals(file.getPath())) {// 如果与移动的文件名相同
                            model.setValueAt("完成", i, 1);// 改变该行第二列内容
                            break;
                        }
                    }
                }
            });
            taskList.clear();// 清空任务列表
        });
        t.start();// 启动线程
    }
```

（9）移动文件时调用的 moveFile()方法有三个参数，第一个参数 file 表示移动的源文件，第二个参数 target 表示移动后的文件，第三个参数 delete 表示移动后是否删除源文件。方法最后会返回移动 boolean 值，表示移动操作是否成功。

该方法使用文件流和缓冲流读取和写入文件数据，字节缓冲区 1024 字节。这种写法可以提高程序的执行效率。

如果第三个参数 delete 传入 true，则会在移动之后删除源文件。

moveFile()方法的代码如下：

```java
private boolean moveFile(File file, File target, boolean delete) {
    if (file.isDirectory()) {// 如果移动的是文件夹
        target.mkdirs();// 在目标位置创建文件夹
        return true;
    }
    byte data[] = new byte[1024];// 缓冲区
    int len = -1;// 读取的文件一次所读出的字节数
    try (FileInputStream fis = new FileInputStream(file); // 文件输入流
        BufferedInputStream bis = new BufferedInputStream(fis); // 缓冲输入流
        FileOutputStream fos = new FileOutputStream(target); // 文件输出流
        BufferedOutputStream bos = new BufferedOutputStream(fos)) {// 缓冲输出流
```

```
            while ((len = bis.read(data)) != -1) {// 向缓冲区读入数据，如果读入的字节数不是-1
                bos.write(data, 0, len);// 将缓冲区的内容写到目标文件中
                bos.flush();// 刷新
            }
            if (delete) {// 如果需要删除源文件
                file.delete();// 源文件删除
            }
            return true;
        } catch (IOException e) {
            e.printStackTrace();
            return false;
        }
    }
```

（10）单击"移除选中文件"按钮之后，不仅要把列表中选中的文件删除，同时也要把任务列表中对应的任务删除。用户单击按钮之后，首先判断是否有选中的行，如果未选中任何数据，则什么都不做。如果有选中的行，则把行中第一列的值，即文件的完整路径获取出来，创建该路径对应的文件对象，在任务列表中删除该对象，同时删除表格中选中的行。如果用户同时选中多行，循环时要从下往上删除，否则从上往下删除时，下面行会自动向上填充，循环变量容易溢出。

"移除选中文件"按钮添加动作事件的代码如下：

```
deleteBtn.addActionListener(e -> {// 为"移除选中文件"按钮添加动作事件监听
    int rows[] = table.getSelectedRows();// 获取表格中选中的行索引
    if (rows == null) {// 如果未选中任何行
        return;// 什么都不做
    }
    for (int i = rows.length - 1; i >= 0; i--) {// 循环读出选中的行索引
        // 获取选中行的第一列内容，记录为文件名
        String filename = (String) model.getValueAt(rows[i], 0);
        File del = new File(filename);// 创建该文件对象
        taskList.remove(del);// 在任务列表中删除该文件记录
        model.removeRow(rows[i]);// 在表格中删除该行
    }
});
```

6.7 批量重命名功能设计

6.7.1 模块概述

批量重命名功能设计

同样类型的文件可能因为来源不同会有不同的命名格式，很多文件的名称非常长，甚至会带有广告前缀或后缀。例如，不同手机拍摄的图片自动生成的名字都不同，使用不同截图软件截取的图片名称也不一样。

用户手动为这些文件更名会浪费大量时间。批量重命名功能模块就是为了解决此问题设计的。用户可以在程序中指定命名模板，模板会自动将"#"字符更换成数字，只要设置好起始数字即可。例如，"照片#"模板会让所有文件更名为"照片1""照片2""照片3"……

批量重命名功能面板的效果如图6-8所示。

图 6-8　批量重命名功能面板的效果

6.7.2　代码实现

RenameBatchPanel 类是项目中的旋转图片功能面板类，继承 JPanel 面板类。RenameBatchPanel 面板已在 JTabbed PanelFactory 选项卡面板工厂类中完成了注册，可以在主窗体中显示。下面分别介绍 RenameBatchPanel 类中的属性和主要方法。

（1）RenameBatchPanel 类的属性包括面板中使用到的组件，代码如下：

```java
private JTextField filePathField;// 文件路径
private JTextField templetField;// 重命名模板
private JTable table;// 下方表格
private JTextField extNameField;// 后缀名
private JSpinner startSpinner;// 批量编号
private JButton brow;// "浏览" 按钮
private JButton start;// "开始" 按钮
```

（2）单击 "浏览" 按钮会弹出一个文件选择器，用于指定被批量更名的文件夹。更名操作会更改文件夹下的所有文件名，但不会更改子文件夹及子文件夹中文件的名字。

"浏览" 按钮添加动作事件的代码如下：

```java
brow.addActionListener(e -> {//为"浏览"按钮添加动作事件监听
    JFileChooser chooser = new JFileChooser();// 创建文件选择器
    // 设置只选择文件夹
    chooser.setFileSelectionMode(JFileChooser.DIRECTORIES_ONLY);
    int option = chooser.showOpenDialog(this);// 显示打开对话框
    if (option == JFileChooser.APPROVE_OPTION) {// 如果用户单击的是"打开"按钮
        File dir = chooser.getSelectedFile();// 获取选择的文件夹
        filePathField.setText(dir.getAbsolutePath());// 显示文件夹信息
    }
});
```

（3）批量更名面板最核心的代码集中在 "开始" 按钮触发的事件中。单击 "开始" 按钮后，首先会校验用户是否选择了某个文件夹，如果没有选择任何文件夹或文件夹是不可用状态，则直接停止操作；然后获取命名模板中的字符串，分析字符串中 "#" 字符的数量，并将所有 "#" 字符替换成格式化标识符，例如，"###" 会被替换成 "%03d"，其中 "%" 是格式化标识符前缀，"0" 表示如果数字长度不够，左侧用 0 填充，"3" 表示数字最小长度为3位数,"d"表示格式化传入的是整数;在得到格式化命名模板之后,程序读取用户设置的起始数字(默认是0)和文件后缀名,如果后缀名文本框是空的,则使用源文件后缀名;最后遍历文件夹下的所有文件,使用 renameTo()方法对文件进行重命名,命名文件的过程中"#"字符所代表的数字会递增,同时会在窗体表格中展示更名结果。

"开始"按钮添加动作事件的代码如下:

```java
start.addActionListener(e -> {// 为"开始"按钮添加动作事件监听
        // 获取文件夹路径
    String filePath = filePathField.getText().toLowerCase().trim();
    if (filePath.isEmpty()) {// 如果文件夹路径是空的
        JOptionPane.showMessageDialog(this, "请确定文件目录");
        return;
    }
    File dir = new File(filePath);// 创建文件夹对应的文件对象
    if (!dir.exists()) {// 如果文件夹不存在
        JOptionPane.showMessageDialog(this, "文件目录不存在! ");
        return;
    }

    String templet = templetField.getText().trim();// 获取模板字符串
    if (templet.isEmpty()) {// 如果模板字符串是空的
        JOptionPane.showMessageDialog(this, "请确定重命名模板");
        return;
    }

    // 获取表格数据模型
    DefaultTableModel model = (DefaultTableModel) table.getModel();
    model.setRowCount(0);// 清除表格数据
    int startNum = (Integer) startSpinner.getValue();// 获取起始编号
    int firstIndex = templet.indexOf("#");// 获取第一个#字符的索引
    char charArray[] = templet.toCharArray();// 模板字符串的字符数组
        // 模板中有多少个#字符,如果第一个索引小于0则count为0
    int count = firstIndex < 0 ? 0 : 1;
    // 从第一个#字符后面的字符开始遍历,如果还有#字符就记录总数
    for (int i = firstIndex + 1; i < charArray.length; i++) {
        if (charArray[i] == '#') {// 如果后面的字符还是#字符
            count++;// 总数递增
        } else {
            break;// 停止循环
        }
    }
    // 模板中的连续的#号字符串
    String hashMak = templet.substring(firstIndex, firstIndex + count);
    // 按照#号的数量,将占位符替换成格式化标识符,例如,%05d表示左侧填充0、长度为5的整数
    templet = templet.replace(hashMak, "%0" + count + "d");
    // 获取文件中文件列表数组
    File[] files = dir.listFiles();
    for (File file : files) {// 变量文件数组
        if (file.isFile()) {// 如果是文件
            String extName = extNameField.getText().trim();// 获取后缀名
            String oldName = file.getName();// 获取源文件名
            if (extName.isEmpty()) {// 如果后缀名是空的
                    // 获取源文件中最后一个"."的索引
                int dotIndex = oldName.lastIndexOf('.');
```

```
            if (dotIndex == -1) {// 如果"."字符不存在
                extName = "";// 清空后缀名
            } else {
                extName = oldName.substring(dotIndex);// 使用源文件后缀名
            }
        } else {
            if (!extName.contains(".")) {// 如果后缀名缺少"."
                extName = "." + extName;// 添加"."
            }
        }
        // 格式化每个文件名称
        String newName = String.format(templet, startNum++)
            + extName;
        // 把文件的旧名称与新名称添加到表格的数据模型
        model.addRow(new String[]{oldName, newName});
        File parentFile = file.getParentFile();// 获取文件所在文件夹对象
        File newFile = new File(parentFile, newName);
        file.renameTo(newFile);// 文件重命名
    }
 }
});
```

6.8 搜索文本功能设计

6.8.1 模块概述

搜索文本是对单一文件使用的功能。用户可以设置搜索关键字和读取文件的格式，程序会扫描文件中所有的文本，如果发现关键字，则会在界面中显示所在行数和该行文本。该功能适合从文本巨大的文件中检索关键信息。该功能仅能读取文本形式的文件，不能读取 Word、Excel 等特殊格式的文件。

搜索文本功能面板的效果如图 6-9 所示。

图 6-9 搜索文本功能面板的效果

6.8.2 代码实现

SearchFileTextPanel 类是项目中的搜索文本功能面板类，继承 JPanel 面板类。SearchFileTextPanel 面板已在 JTabbed PanelFactory 选项卡面板工厂类中完成了注册，可以在主窗体中显示。下面分别介绍 SearchFileTextPanel 类中的属性和主要方法。

（1）SearchFileTextPanel 类属性包括面板中使用到的组件，代码如下：

```java
private JTextField chooseTextField; // 显示选中文件地址的文本框
private JTextField searchTextField; // 输入关键字的文本框
private JTextArea resultTextArea; // 显示含有关键字的文本内容的文本域
private JButton searchButton;// "开始查找"按钮
private JButton chooseButton;// "选择文件"按钮
private JComboBox<String> codeBox;// 采用字符编码下拉框
```

（2）单击"选择文件"按钮后会打开文件选择器让用户选择要读取的文件，用户单击文件选择器上的"打开"按钮后，会把文件的详细地址填写到文本框中。

"选择文件"按钮添加动作事件的代码如下：

```java
chooseButton.addActionListener(e -> { // 为"选择文件"按钮添加动作事件监听
        // 创建文件选择器，用来显示文件目录
    JFileChooser fileChooser = new JFileChooser();
    fileChooser.setFileSelectionMode(JFileChooser.FILES_ONLY); // 仅显示文件
    fileChooser.setMultiSelectionEnabled(false); // 不允许选择多个文件
    int result = fileChooser.showSaveDialog(this); // 显示"文件选择"对话框
    if (result == JFileChooser.APPROVE_OPTION) { // 判断用户单击的是否为"打开"按钮
        File chooseFile = fileChooser.getSelectedFile(); // 获得用户选择的文件夹
            // 显示用户选择的文件夹
        chooseTextField.setText(chooseFile.getAbsolutePath());
    }
});
```

（3）搜索文本功能的核心代码主要集中在"开始查找"按钮上。单击"开始查找"按钮后，首先会校验用户已选择好要读取的文件，如果没有选任何文件或者文件是不可用状态则直接停止操作；然后获取并记录用户输入的关键字和选择的字符编码；最后使用 FileInputStream 文件字节输入流读取文件，使用 InputStreamReader 将字节流转为字符流，转换过程使用指定的字符编码，使用 BufferedReader 缓冲字符流逐行读取文件中的内容。在读取过程中使用字符串的 contains()方法判断读取的一行文字中是否包含关键字，如果包含则显示在窗体的文本域中。

"开始查找"按钮添加动作事件的代码如下：

```java
searchButton.addActionListener(e -> { // 为"开始查找"按钮添加动作事件监听
    resultTextArea.setText("");// 清空文本域中的内容

    String filePath = chooseTextField.getText().trim();// 获取选中的文件路径
    if (filePath.isEmpty()) {// 如果路径是空的
        JOptionPane.showMessageDialog(this, "请确认要搜索的文件夹目录");
        return;
    }
    File chooseFile = new File(filePath);// 创建路径对应的对象
    if (!chooseFile.exists()) {// 如果文件不存在
        JOptionPane.showMessageDialog(this, "文件夹不存在！");
        return;
```

```java
            }
            String keyword = searchTextField.getText(); // 获得用户输入的关键字
            if (keyword.length() == 0) {// 如果没有输入任何关键字
                JOptionPane.showMessageDialog(this, "请输入关键字");
                return;
            }
                    // 读取时采用的字符编码
            String characterCode = (String) codeBox.getSelectedItem();
            // 按照指定的字符编码读取文件
            try (FileInputStream fis = new FileInputStream(chooseFile);
                    InputStreamReader isr = new InputStreamReader(fis,
                            characterCode);
                    BufferedReader br = new BufferedReader(isr)) {
                String temp = null;// 临时变量，存储读出的一行内容
                int lineCount = 1;// 读取的行数
                while ((temp = br.readLine()) != null) { // 循环读取文件中的每一行内容
                    if (temp.contains(keyword)) { // 判断读入的文本文件是否包含指定的关键字
                                // 在文本中域添加内容
                        resultTextArea
                                .append("----第" + lineCount + "行包含以下内容----\n");
                        resultTextArea.append(temp + "\n\n"); // 返回结果
                    }
                    lineCount++;// 行数递增
                }
                        // 读完文件后文本域中没有任何内容
                if (resultTextArea.getText().length() == 0) {
                    resultTextArea.append("文件中没有相关内容"); // 在文本域中添加内容
                    return;
                }
            } catch (IOException ex) {
                ex.printStackTrace();
            }
        });
```

小 结

本程序的核心技术基于 java.io.File 类提供的 API。虽然操作系统已经提供了便捷的剪切、复制、粘贴等功能，但可视化操作界面的局限性导致用户只能同时操作可以看到的文件，无法快速地处理大量分散文件。本程序的优势就体现在可以让用户设置任务，把大量分散的文件添加到任务列表中，然后一键完成所有操作。

因为本程序代码设计得较为灵活，读者可以根据自己的需求扩展更多功能，例如，移动具有某些关键字的文件，重命名时仅删除原文件名中某些重复字符。

第7章

图片处理工具

—— Java Swing + Java AWT绘图 + Lambda表达式实现

本章将给出一个集成各种图片处理功能的工具软件。该软件包含对图片进行旋转、翻转、裁剪等常用功能。通过该软件的开发读者可以了解 Java Swing 和 Java AWT 的常用方法。

本章要点

- Swing窗体组件的使用
- 鼠标事件和键盘事件的使用
- 读取和保存图片文件的实现
- 图像旋转功能的实现
- 图像翻转功能的实现
- 裁剪图片功能的实现
- 绘制透明文字功能的实现
- 绘制透明图片功能的实现
- 图片马赛克算法

7.1 需求分析

部署

数码产品已经成为必不可少的生活用品，几乎所有的手机和平板电脑都提供了高清拍照功能，摄影也成了许多人休闲娱乐的项目之一。为了加强图片的视觉效果，很多图片作为"底片"需要进行多次加工处理，处理图片使用频率最高的软件就是 Adobe 公司的 Photoshop。Photoshop 的功能强大并且繁多，这种专业性较强的软件使用门槛较高，很多未接触过 Photoshop 的用户常常面对软件界面无从下手，即使他们只需要对图片做一些非常简单的加工。

为了降低用户的使用难度，需要开发一个操作简单的图片处理软件。用户使用该软件能进行常见的图片操作，如旋转、翻转、裁剪等。

需求分析

7.2 系统设计

7.2.1 系统目标

系统设计

本程序属于微型软件，可以对 PNG 和 JPG 格式的图片进行加工处理。本程序应达到以下目标。

- ❏ 可以读取本地图片文件，可以将处理完的图片保存为本地图片文件。
- ❏ 程序功能清晰、易懂，操作简单。
- ❏ 直观地展示处理的效果图。
- ❏ 保留原始图片的原有透明区域。
- ❏ 保留原始图片的比例。

7.2.2 构建开发环境

- ❏ 系统开发平台：Eclipse。
- ❏ 系统开发语言：Java。
- ❏ 运行平台：Windows 7（SP1）/Windows 8/Windows 8.1/Windows 10。
- ❏ 运行环境：JDK 11。

7.2.3 系统功能结构

图片处理工具提供多个常用图片处理功能，具体设计如下。

- ❏ 旋转图片功能

将图片左转 90 度，或右转 90 度。

- ❏ 翻转图片功能

将图片水平翻转或垂直翻转。

- ❏ 裁剪图片功能

通过鼠标绘制裁剪区域，将裁剪出的图片单独展示。

- ❏ 文字水印功能

将输入的文字作为水印绘制到原图上，可使用微调器修改水印坐标位置。

- ❏ 图片水印功能

将本地图片文件作为水印绘制到原图上，可使用微调器修改水印坐标位置。
- 彩图变黑白图功能

将彩色图片变为黑白图片。
- 马赛克功能

通过鼠标绘制打码区域，根据简单的马赛克算法进行模糊化处理。可通过滑动条调整模糊程度。
- 修改透明度功能

可通过滑动条随意修改图片透明度。
- 保存图片功能

将处理完的图片保存为本地图片文件。

图片处理工具功能结构如图 7-1 所示。

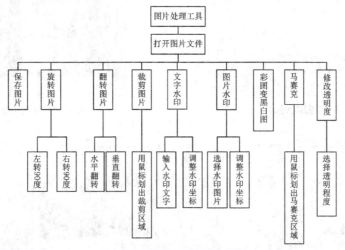

图 7-1 图片处理工具功能结构

7.2.4 系统流程图

图片处理工具的系统流程图如图 7-2 所示。

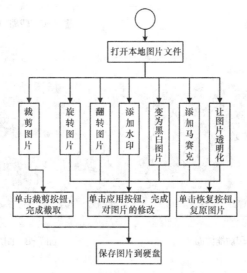

图 7-2 图片处理工具的系统流程图

7.2.5 系统预览

图片处理工具的界面如图 7-3 至图 7-11 所示。

图 7-3 主窗体界面

图 7-4 旋转功能界面

图 7-5 翻转功能界面

图 7-6 裁剪功能界面

图 7-7 文字水印功能界面

图 7-8 图片水印功能界面

图 7-9　彩图变黑白图功能界面

图 7-10　马赛克功能界面

图 7-11　修改透明度功能界面

7.3　技术准备

7.3.1　lambda 表达式

lambda 表达式是 JDK 8 新增加的语法，并且还新增加了 "->" 操作符。lambda 表达式可以用非常少量的代码实现抽象方法。lambda 表达式不能独立执行，因此必须实现函数式接口，并且会返回一个函数式接口的对象。

lambda 表达式的语法非常特殊，语法格式如下：

```
() -> 结果表达式
参数 -> 结果表达式
(参数1，参数2，…，参数n) -> 结果表达式
```

第一行实现无参方法，单独写一对圆括号表示方法无参数，操作符右侧的结果表达式表示方法的返回值。

第二行实现只有一个参数的方法，参数可以写在圆括号里，或者不写圆括号。

第三行实现多参数的方法,所有参数按顺序写在圆括号里,且圆括号不可以省略。

lambda 表达式也可以实现复杂方法,将操作符右侧的结果表达式换成代码块即可,语法格式如下:

```
() -> { 代码块 }
参数 -> { 代码块 }
(参数1, 参数2, …, 参数n) -> { 代码块 }
```

第一行实现无参方法,方法体如操作符右侧代码块。

第二行实现只有一个参数的方法,方法体如操作符右侧代码块。

第三行实现多参数的方法,方法体如操作符右侧代码块。

lambda 表达式语法非常抽象,并且有着非常强大的自动化功能,如自动识别泛型、自动数据类型转换等,这会让初学者很难掌握。通过归纳总结,可以将 lambda 表达式语法用如下方式理解:

```
()              ->         { 代码块 }
这个方法        按照        这样的代码来实现
```

简单总结:操作符左侧的是方法参数,操作符右侧的是方法体。

"->"符号是由英文状态下的"-"和">"组成的,符号之间没有空格。

7.3.2 透明图片处理技术

java.awt.GraphicsConfiguration 类用于描述图形目标(如打印机或监视器)的特征,本程序使用该类提供的方法创建透明图片。方法的语法如下:

透明图片处理技术

```
BufferedImage createCompatibleImage(int width, int height, int transparency)
```

该方法可以返回一个支持指定透明度,并且数据布局和颜色模型与此 GraphicsConfiguration 兼容的 BufferedImage。方法参数说明如下。

width:返回的 BufferedImage 宽度。

height:返回的 BufferedImage 高度。

transparency:指定的透明模式。

透明模式参数采用 java.awt.Transparency 接口提供的三个常量,如表 7-1 所示。

表 7-1　　　　　　　　　　Transparency 接口提供的三个常量

常　　量	说　　明
static int BITMASK	表示保证完全不透明的图像数据(alpha 值为 1.0)或完全透明的图像数据(alpha 值为 0.0)
static int OPAQUE	表示保证完全不透明的图像数据,意味着所有像素 alpha 值都为 1.0
static int TRANSLUCENT	表示包含或可能包含位于 0.0 和 1.0(含两者)之间的任意 alpha 值的图像数据

获取 GraphicsConfiguration 类对象需要通过图片的 Graphics2D 绘图对象提供的 getDeviceConfiguration() 方法。例如:

```
// 创建一个宽200像素、高200像素的彩色图片
BufferedImage tmp = new BufferedImage(200, 200, BufferedImage.TYPE_INT_RGB);
Graphics2D g = tmp.createGraphics();// 获取绘图对象
// 获取与g关联的设备配置
```

```
        GraphicsConfiguration deviceConfigurationg = g.getDeviceConfiguration();
```

获取到 deviceConfigurationg 对象后，将原图片填充为透明图片，代码如下：

```
tmp = deviceConfigurationg.createCompatibleImage(width, height,
        Transparency.TRANSLUCENT);
```

这样 tmp 这张图片就是一个宽 200 像素、高 200 像素的纯透明图片了。

7.4 公共类设计

开发项目时，通过编写公共类可以减少重复代码的编写，有利于代码的重用及维护。图片处理工具中有 3 个公共类：功能面板类、面板工厂类和图片类。功能面板类用于给窗体提供的面板做父类模板。面板工厂类用于为主窗体注册各个功能面板和刷新这些面板。图片类是一个自定义的类，该类用于保存从本地读取的图片和被修改过的图片，同时也提供了一些常用方法。下面将详细介绍这三个类。

7.4.1 功能面板类

ImagePanel 类是项目中的功能面板类。这个类是抽象的，作为程序中所有功能面板的父类。ImagePanel 类中只提供了一个抽象的 flush() 方法，该方法可以让面板重新读取待处理的图片，这样可以实现"恢复""将修改后的图片应用到所有面板中"等功能。

功能面板类

ImagePanel 类继承 JPanel 面板类，具体代码如下：

```
public abstract class ImagePanel extends JPanel {
    public abstract void flush();
}
```

7.4.2 面板工厂类

PanelFactory 类是项目中的面板工厂类。窗体中的所有功能面板都要在面板工厂类中注册，主窗体想要加载功能面板也只能通过工厂类提供的方法，这种低耦合的开发模式可以让程序在添加、删除功能时更加灵活。下面分别介绍 PanelFactory 类中的属性和方法。

面板工厂类

（1）PANELS 属性是一个静态的键值对常量，键值对中保存所有已注册的面板。键值对的泛型为<功能面板对象,对象对应的卡片标签>，因为主窗体使用卡片布局，所以需要给每一个功能面板提供一个唯一字符串标签。属性代码如下：

```
    private static final Map<ImagePanel, String> PANELS = new HashMap<>();
```

每个功能面板的标签都是静态的字符串常量，字符串内容取面板的类名称。属性代码如下：

```
public static final String GRAY_PANEL = GrayPanel.class.getName();
public static final String TURN_PANEL = TurnPanel.class.getName();
public static final String CUT_PANEL = CutPanel.class.getName();
public static final String ROTATE_PANEL = RotatePanel.class.getName();
public static final String MOSAIC_PANEL = MosaicPanel.class.getName();
public static final String STRING_WATERMACK_PANEL = StringWatermackPanel.class
        .getName();
public static final String IMAGE_WATERMACK_PANEL = ImageWatermackPanel.class
        .getName();
public static final String TRANSPARENT_PANEL = TransparentPanel.class
        .getName();
```

（2）因为静态常量不可以在构造方法中做初始化操作，所以本类使用静态代码块注册所有功能面板，代码如下：

```
static {// 在键值对中填充面板对象
    PANELS.put(new GrayPanel(), GRAY_PANEL);
    PANELS.put(new TurnPanel(), TURN_PANEL);
    PANELS.put(new CutPanel(), CUT_PANEL);
    PANELS.put(new RotatePanel(), ROTATE_PANEL);
    PANELS.put(new MosaicPanel(), MOSAIC_PANEL);
    PANELS.put(new StringWatermackPanel(), STRING_WATERMACK_PANEL);
    PANELS.put(new ImageWatermackPanel(), IMAGE_WATERMACK_PANEL);
    PANELS.put(new TransparentPanel(), TRANSPARENT_PANEL);
}
```

（3）因为功能面板键值对是私有属性，所以要提供获取键值对的静态的 getter 方法，方法代码如下：

```
public static Map<ImagePanel, String> getPanels() {
    return PANELS;
}
```

（4）当用户处理完一张图片并单击"应用"按钮之后，所有功能面板都应该重新加载这张修改之后的图片，所以需要提供一个让所有面板立刻刷新的方法。allFlush()方法用来刷新所有已注册的面板，在该方法中会遍历所有功能面板，依次执行功能面板的 flush() 方法。代码如下：

```
public static void allFlush() {
    Set<ImagePanel> panels = PANELS.keySet();
    for (ImagePanel p : panels) {
        p.flush();
    }
}
```

7.4.3 图片类

虽然 Java API 中 Image 图片类可以保存图片对象，但图片处理程序必须拥有备份图片的功能，否则用户的一次操作失误就会导致图片报废。项目中 MyImage 图片类将程序导入的图片数据封装了起来，并提供了一套完善的备份机制和常用功能。下面分别介绍 MyImage 类中的属性和方法。

图片类

（1）MyImage 类中只有一个图片对象属性 image，这个图片对象的类型是 BufferedImage 缓冲图片类，BufferedImage 是 Image 的子类，并且比父类多出很多实用方法。属性代码如下：

```
private static BufferedImage image;
```

（2）程序在导入图片文件之前是不能进入功能面板的，所以在使用功能面板前应该判断程序是否已导入图片。isNull()方法用来判断是否已存在待处理的图片，如果程序没有导入任何图片文件，则 image 的值就等于 null。方法代码如下：

```
public static boolean isNull() {
    return image == null;
}
```

（3）类对象是引用类型，引用类型变量直接赋值容易造成对象属性被同步修改。为了保证图片处理程序可以有效备份原图，程序提供克隆图片对象的 clone() 方法以确保用户的任何操作都不会影响原图的图片对象。

clone()方法的参数为被克隆的图片对象，方法会创建一个与该图片同宽同高同类型的新图片，然后新图片通过 setData() 方法使用原图片中的数据，这样新图片就是一个独立的、和原图片画面完全一致的图片对象。

clone()方法的代码如下：

```java
private static BufferedImage clone(BufferedImage image) {
    // 创建与image宽、高、类型都相同的图片
    BufferedImage clone = new BufferedImage(image.getWidth(),
            image.getHeight(), image.getType());
    clone.setData(image.getData());// 新图片使用image的数据
    return clone;
}
```

（4）为了保证程序对图片修改之后，仍然可以恢复原图，image 图片属性的 getter 方法并不直接返回 image 对象，而是返回 image 的克隆对象。这样不管用户怎么修改图片，getter 方法返回的永远都是原图。getter 方法的代码如下：

```java
public static BufferedImage getImage() {
    return clone(image);
}
```

（5）如果用户修改完图片之后确定保存修改操作，就需要替换原图，也就是替换 image 对象的值。image 属性提供了标准的 setter 方法，但在替换原图的同时，还会调用面板工厂类的 allFlush()刷新全部面板，这样所有的面板都会载入用户修改之后的图片。setter 方法的代码如下：

```java
public static void setImage(BufferedImage image) {
    MyImage.image = image;
    PanelFactory.allFlush();// 所有面板全部刷新
}
```

（6）PNG 格式的图片可能会有透明区域，当程序旋转、翻转、透明化图片的时候要保留原图的透明区域，但是 BufferedImage 的默认背景是黑色的，所以 MyImage 类提供创建全透明背景图片的方法 createTransparentImage()。该方法的三个参数依次为图片的宽、高和图片类型，通过 GraphicsConfiguration 设备配置类创建全透明图片并返回。createTransparentImage()的代码如下：

```java
public static BufferedImage createTransparentImage(int width, int height,
        int imageType) {
    // 创建空图片
    BufferedImage tmp = new BufferedImage(width, height, imageType);
    Graphics2D g = tmp.createGraphics();// 获取绘图对象
    // 获取与g关联的设备配置
    GraphicsConfiguration deviceConfigurationg = g.getDeviceConfiguration();
    // 创建透明图片
    tmp = deviceConfigurationg.createCompatibleImage(width, height,
            Transparency.TRANSLUCENT);
    return tmp;
}
```

7.5 主窗体设计

7.5.1 模块概述

主窗体是程序操作过程中必不可少的，它是人机交互的重要平台。主窗体上方有一个工具栏，用户可以通过单击工具栏中的按钮选择不同的功能面板。工具栏中的按钮采

主窗体设计

用图标形式,鼠标指针在按钮上悬停时可弹出文字提示。工具栏中按钮的功能依次为:打开图片文件、保存图片文件、旋转图片、翻转图片、裁剪图片、文字水印、图片水印、彩图变黑白图、马赛克、修改透明度。

主窗体的效果如图 7-12 所示。

图 7-12 主窗体的效果

7.5.2 代码实现

MainFrame 类是项目中的主窗体类,继承 JFrame 窗体类。创建 MainFrame 类对象并调用其 setVisible() 方法将显示状态设为 true 即可打开主窗体。

MainFrame 类中包含的属性和方法比较多,下面分别介绍。

(1)主窗体在类属性中定义了窗体内的主要组件,包括窗体中央面板、面板使用到的布局对象和窗体上方的工具栏,代码如下:

```
private JPanel centerPanel;// 窗体中央面板
private CardLayout cardLayout;// 卡片布局
private JToolBar bar;// 工具栏
```

工具栏中有 10 个按钮组件,代码如下:

```
private JButton open;// 打开按钮
private JButton save;// 保存按钮
private JButton rotate;// 旋转按钮
private JButton turn;// 翻转按钮
private JButton cut;// 裁剪按钮
private JButton stringWatermark;// 文字水印按钮
private JButton imageWatermark;// 图片水印按钮
private JButton gray;// 黑白按钮
private JButton mosaic;// 马赛克按钮
private JButton transparent;// 透明化按钮
```

(2)主窗体构造方法中定义了窗体的宽高、在屏幕中的坐标等属性,同时调用 init() 初始化方法和 addListener() 添加监听方法(这两个方法将在后面介绍)。构造方法的代码如下:

```
public MainFrame() {
    setSize(800, 600);// 窗体宽高
```

```java
        Toolkit tool = Toolkit.getDefaultToolkit();  // 创建系统默认组件工具包
        Dimension d = tool.getScreenSize();  // 获取屏幕尺寸，赋给一个二维坐标对象
        // 让主窗体在屏幕中间显示
        setLocation((d.width - getWidth()) / 2, (d.height - getHeight()) / 2);
        setTitle("图片处理工具");// 窗体标题
        setDefaultCloseOperation(EXIT_ON_CLOSE);// 关闭窗体则停止程序
        init();// 初始化
        addListener();// 添加监听
    }
```

（3）init()方法用于为所有窗体组件做初始化操作。通过 getContentPane()方法获得的主容器对象默认使用边界布局，所以可直接将工具栏放到边界布局的北部，中央面板放到边界布局的中央。每个按钮初始化之后都添加了一个图片和鼠标指针悬停提示，每个功能按钮又添加了动作命令用于在动作事件中做区分。在构造方法的末尾处，首先让中央面板采用卡片布局；然后通过 PanelFactory 面板工厂类获取所有功能面板对象，并依次添加到主面板中，并通过 cardLayout 卡片布局对象控制显示哪个面板；最后在主面板中添加成员内部类——DrawImagePanel 面板类对象作为窗体展示的默认面板。

构造方法的代码如下：

```java
    private void init() {
        Container c = getContentPane();// 获取窗体主容器

        bar = new JToolBar();
        c.add(bar, BorderLayout.NORTH);// 工具栏放在主容器北部

        open = new JButton();
        open.setIcon(new ImageIcon("src/com/mr/image/open.png"));// 按钮使用图片
        open.setToolTipText("打开");// 鼠标指针悬停提示
        bar.add(open);// 面板添加打开按钮

        save = new JButton();
        save.setIcon(new ImageIcon("src/com/mr/image/save.png"));// 按钮使用图片
        save.setToolTipText("保存");// 鼠标指针悬停提示
        bar.add(save);

        bar.addSeparator();// 添加分隔条
        rotate = new JButton();// 旋转
        rotate.setIcon(new ImageIcon("src/com/mr/image/rotate.png"));// 按钮使用图片
        rotate.setToolTipText("旋转");// 鼠标指针悬停提示
        rotate.setActionCommand("rotate");// 添加动作命令
        bar.add(rotate);

        turn = new JButton();
        turn.setIcon(new ImageIcon("src/com/mr/image/turn.png"));// 按钮使用图片
        turn.setActionCommand("turn");// 添加动作命令
        turn.setToolTipText("翻转");// 添加动作命令
        bar.add(turn);

        cut = new JButton();
        cut.setIcon(new ImageIcon("src/com/mr/image/cut.png"));// 按钮使用图片
        cut.setActionCommand("cut");// 添加动作命令
        cut.setToolTipText("裁剪");// 添加动作命令
        bar.add(cut);
```

```java
    bar.addSeparator();// 添加分隔条
    stringWatermark = new JButton();
    stringWatermark.setIcon(new ImageIcon ("src/com/mr/image/stringWatermark.png")); // 按钮使用图片
    stringWatermark.setActionCommand("stringWatermark");// 添加动作命令
    stringWatermark.setToolTipText("文字水印");// 添加动作命令
    bar.add(stringWatermark);

    imageWatermark = new JButton();
    imageWatermark.setIcon(new n("src/com/mr/image/imageWatermark.png"));// 按钮使用图片
    imageWatermark.setActionCommand("imageWatermark");// 添加动作命令
    imageWatermark.setToolTipText("图片水印");// 添加动作命令
    bar.add(imageWatermark);

    bar.addSeparator();// 添加分隔条
    gray = new JButton();
    gray.setIcon(new ImageIcon("src/com/mr/image/gray.png"));// 按钮使用图片
    gray.setActionCommand("gray");// 添加动作命令
    gray.setToolTipText("黑白");// 添加动作命令
    bar.add(gray);

    mosaic = new JButton();// 马赛克
    mosaic.setIcon(new ImageIcon("src/com/mr/image/mosaic.png"));// 按钮使用图片
    mosaic.setActionCommand("mosaic");// 添加动作命令
    mosaic.setToolTipText("马赛克");// 添加动作命令
    bar.add(mosaic);

    transparent = new JButton();// 透明化
    transparent.setIcon(new ImageIcon("src/com/mr/image/transparent.png"));//按钮使用图片
    transparent.setActionCommand("transparent");// 添加动作命令
    transparent.setToolTipText("透明化");// 添加动作命令
    bar.add(transparent);

    cardLayout = new CardLayout();
    centerPanel = new JPanel(cardLayout);// 中央面板采用卡片布局

    // 获取所有已注册的面板
    Map<ImagePanel, String> map = PanelFactory.getPanels();
    Set<ImagePanel> panels = map.keySet();// 获取面板对象集合
    for (ImagePanel p : panels) {// 遍历所有图片面板
        centerPanel.add(p, map.get(p));// 在中央面板中添加面板和对应的标签
    }
    centerPanel.add(new DrawImagePanel(), "default");// 添加程序默认加载的面板
    cardLayout.show(centerPanel, "default");// 展示默认面板
    c.add(centerPanel, BorderLayout.CENTER);// 中央面板居中
}
```

（4）构造方法中调用的 DrawImagePanel 类是主窗体类的一个成员内部类，该类继承 JPanel 面板类。DrawImagePanel 面板只用于显示程序默认背景图片，在 paint()绘图方法中，绘制的背景图片的宽高为面板的宽高，这样如果面板大小发生变化，背景图片也会随之变化，始终填满整个面板。DrawImagePanel 类的代码如下：

```java
class DrawImagePanel extends JPanel {// 绘图面板
    BufferedImage image;// 绘制的图片
    public DrawImagePanel() {
        try {
            // 读取图片
            image = ImageIO
                    .read(new File("src/com/mr/image/background.png"));
        } catch (IOException e) {
            e.printStackTrace();
        }
    }
    public void paint(Graphics g) {
        // 绘制图像，占满整个面板
        g.drawImage(image, 0, 0, getWidth(), getHeight(), this);
    }
}
```

（5）构造方法的作用调用的 addListener()方法中写了所有按钮的监听。除了打开按钮和保存按钮的逻辑稍微复杂，其他功能按钮的作用都是切换中央面板中的功能面板。

打开按钮是用户首先使用的，只有通过打开按钮导入图片文件之后，其他按钮才可以使用。单击保存按钮之后会弹出一个文件选择器，文件选择器会通过过滤器自动滤出后缀名为".jpg"和".png"的文件。当用户选中一个图片文件并单击文件选择对话框上的"打开"按钮后，程序会将图片文件中的内容转为一个BufferedImage 图片对象，并将该图片对象交给 MyImage 类当作待处理图片保存起来，同时在窗体标题上展示图片文件的地址，最后触发旋转按钮的单击事件，直接切换到旋转图片功能面板。

打开按钮添加动作事件的代码如下：

```java
open.addActionListener(event -> {// 为打开按钮添加动作事件监听
    JFileChooser chooser = new JFileChooser();// 创建文件选择器
    chooser.setFileSelectionMode(JFileChooser.FILES_ONLY); // 设置只选择文件夹
    chooser.setMultiSelectionEnabled(false); // 不允许选择多个文件
    FileFilter filter = new FileNameExtensionFilter("图像文件", "jpg", "png");
    chooser.setFileFilter(filter);
    int option = chooser.showOpenDialog(this);// 显示打开对话框
    if (option == JFileChooser.APPROVE_OPTION) { // 判断用户单击的是否为打开按钮
        File f = chooser.getSelectedFile(); // 获得用户选择的文件
        if (f == null) {// 如果文件对象是null
            JOptionPane.showMessageDialog(this, "没有选中任何文件");
        } else if (!f.exists()) {// 如果文件不存在
            JOptionPane.showMessageDialog(this, "该文件不存在！");
        } else {
            try {
                BufferedImage image = ImageIO.read(f);// 读取文件对象
                setTitle("图片工具 - " + f.getPath());// 将文件地址写到窗体标题中
                MyImage.setImage(image);// 应用到程序图片中
                rotate.doClick();// 触发旋转按钮的单击事件
            } catch (IOException e) {
                e.printStackTrace();
            }
        }
    }
});
```

（6）保存按钮与打开按钮类似，不过功能相反。在程序已经读取过某张图片文件之后，保存按钮才可以使用。保存按钮也可以打开一个文件选择器，但该文件选择器返回的是图片要保存的位置。程序默认将图片保存成 PNG 格式。

保存按钮添加动作事件的代码如下：

```java
save.addActionListener(event -> {// 为保存按钮添加动作事件监听
    if (MyImage.isNull()) {// 程序没有导入任何图片
        JOptionPane.showMessageDialog(this, "没有任何图片被选中");
    } else {
        JFileChooser chooser = new JFileChooser();// 创建文件选择器
        chooser.setMultiSelectionEnabled(false); // 不允许选择多个文件
        chooser.setFileFilter(
            new FileNameExtensionFilter("PNG图片", "png"));
        int option = chooser.showSaveDialog(this);// 显示保存对话框
        if (option == JFileChooser.APPROVE_OPTION) { // 判断用户单击的是否为保存按钮
            File f = chooser.getSelectedFile(); // 获得用户选择的文件
            if (!f.getName().endsWith(".png")) {// 如果文件没有添加.png后缀名
                f = new File(f.getParent(), f.getName() + ".png");// 添加后缀名
            }
            try {
                ImageIO.write(MyImage.getImage(), "png", f);// 将图片以PNG的格式写入文件
            } catch (IOException e) {
                e.printStackTrace();
            }
        }
    }
});
```

（7）除了打开按钮和保存按钮之外，工具栏上还有 8 个功能按钮，这些功能按钮的作用是切换中央面板中显示的功能面板。因为这 8 个按钮的功能类似，所以为这几个按钮提供了一个通用的动作事件处理方法——buttonAction()方法。buttonAction()方法的参数是 ActionEvent 动作事件，通过这个动作事件对象可以获取被单击按钮的一些属性，例如，getActionCommand()方法可以返回动作指令，通过动作指令就可以区分这些按钮。当功能按钮被单击时，调用卡片布局对象的 show()方法就可以实现切换功能面板的效果。

buttonAction()方法的代码如下：

```java
private void buttonAction(ActionEvent event) {
    if (MyImage.isNull()) {// 如果程序没有导入任何图片
        JOptionPane.showMessageDialog(this, "请先导入图片文件");
        return;// 什么都不做
    }
    String command = event.getActionCommand();// 组件的获取动作命令
    switch (command) {// 判断此动作命令，根据不同命令展示不同的功能面板
        case "rotate" ://旋转
            cardLayout.show(centerPanel, PanelFactory.ROTATE_PANEL);
            break;
        case "turn" ://翻转
            cardLayout.show(centerPanel, PanelFactory.TURN_PANEL);
            break;
        case "cut" ://裁剪
            cardLayout.show(centerPanel, PanelFactory.CUT_PANEL);
            break;
        case "stringWatermark" ://文字水印
            cardLayout.show(centerPanel,
```

```
                    PanelFactory.STRING_WATERMACK_PANEL);
            break;
        case "imageWatermark" ://图片水印
            cardLayout.show(centerPanel,
                    PanelFactory.IMAGE_WATERMACK_PANEL);
            break;
        case "gray" ://黑白
            cardLayout.show(centerPanel, PanelFactory.GRAY_PANEL);
            break;
        case "mosaic" ://马赛克
            cardLayout.show(centerPanel, PanelFactory.MOSAIC_PANEL);
            break;
        case "transparent" ://透明化
            cardLayout.show(centerPanel, PanelFactory.TRANSPARENT_PANEL);
            break;
    }
}
```

（8）在 addListener()方法中为 8 个功能按钮添加动作事件，每个按钮都触发 buttonAction()方法，代码如下：

```
rotate.addActionListener(event -> {
    buttonAction(event);
});
turn.addActionListener(event -> {
    buttonAction(event);
});
cut.addActionListener(event -> {
    buttonAction(event);
});
stringWatermark.addActionListener(event -> {
    buttonAction(event);
});
imageWatermark.addActionListener(event -> {
    buttonAction(event);
});
gray.addActionListener(event -> {
    buttonAction(event);
});
mosaic.addActionListener(event -> {
    buttonAction(event);
});
transparent.addActionListener(event -> {
    buttonAction(event);
});
```

7.6 旋转图片功能设计

7.6.1 模块概述

不管是用相机还是用手机拍照，都可能拍出角度发生旋转的图片，这种图片在手机

旋转图片功能设计

上看影响不大，但放到计算机中看就很别扭了。

图片处理工具提供了旋转图片功能。单击旋转按钮之后主窗体切换到旋转图片功能面板。面板下方有三个按钮，分别是"左转"按钮、"右转"按钮和"应用"按钮。单击一次"左转"按钮或"右转"按钮都可以让图片旋转 90°，图片的尺寸按照原比例保持不变。如果用户想要保存操作结果，需要单击"应用"按钮。

旋转图片功能面板的效果如图 7-13 至图 7-15 所示。

图 7-13 原图　　　　　　　图 7-14 原图右转 90 度　　　　　图 7-15 原图左转 90 度

7.6.2 代码实现

RotatePanel 类是项目中的旋转图片功能面板类，继承 ImagePanel 功能面板类。RotatePanel 面板已在 PanelFactory 面板工厂类中完成了注册，可以在主窗体中显示。下面分别介绍 RotatePanel 类中的属性和主要方法。

（1）RotatePanel 类的属性包括待处理的图片对象和面板中使用到的组件，代码如下：

```
private BufferedImage image;// 待处理的图片
private DrawImagePanel rotatePanel;// 绘制图片的面板
private JButton leftTurn;// "左转" 按钮
private JButton rightTurn;// "右转" 按钮
private JButton apply;// "应用" 按钮
```

（2）flush()刷新方法是父类 ImagePanel 功能面板类提供的抽象方法，在本类中必须重写。在刷新方法中，首先记录待处理的原图，然后让绘图面板重新绘制自己。flush()方法的代码如下：

```
public void flush() {
    image = MyImage.getImage();// 读取原图
    rotatePanel.repaint();// 重绘面板
}
```

（3）属性和 flush()方法用到的 DrawImagePanel 绘图面板是 RotatePanel 类的一个成员内部类，该类继承 JPanel 面板类。DrawImagePanel 面板只用于显示处理中的图片。在重写的 paint()绘图方法中，首先会绘制一个与面板同样大小的灰色矩形填充面板的背景，然后计算出图片居中显示的坐标，再将图片绘制到面板中。每次调用绘图面板的 repaint()都会重新执行一次 paint()方法。DrawImagePanel 绘图面板类的代码如下：

```
class DrawImagePanel extends JPanel {// 绘图面板
    public void paint(Graphics g) {// 重写绘制方法
        g.setColor(Color.GRAY);// 使用灰色
        g.fillRect(0, 0, getWidth(), getHeight());// 整个面板填充一个实心矩形
        // 图片坐标，若图片比面板小，则绘制在面板中心，否则紧贴左边缘或上边缘
        int x = getWidth() > image.getWidth()
```

```
            ? (getWidth() - image.getWidth()) / 2
            : 0;
    int y = getHeight() > image.getHeight()
            ? (getHeight() - image.getHeight()) / 2
            : 0;
    g.drawImage(image, x, y, this); // 在面板中心绘制图片
    }
}
```

（4）rotate()是旋转功能的核心方法，该方法有一个 double 类型参数 angle，这个参数表示图片顺时针旋转的角度。rotate()方法首先会记录原图片的宽和高；然后通过 MyImage 图片类提供的方法创建一个与原图片宽高相反的透明图片，以透明图片中心为原点旋转 angle 度；最后在透明图片中绘制原来的图片，通过计算，确保绘制时两张图片的中心点重合。

rotate()方法的代码如下：

```
private void rotate(double angle) {
    int width = image.getHeight();// 新图片的宽等于原图片的高
    int height = image.getWidth();// 新图片的高等于原图片的宽
    // 按照新宽高绘制一张透明图片
    BufferedImage rotateImage = MyImage.createTransparentImage(width,
            height, image.getType());
    Graphics2D g2 = rotateImage.createGraphics();// 获取新图片的绘图对象
    // 以新图片中心点为原点旋转angle度
    g2.rotate(Math.toRadians(angle), rotateImage.getWidth() / 2.0,
            rotateImage.getHeight() / 2.0);
    // 在新图片中绘制原图片，原图片与新图片的中心点重合
    g2.drawImage(image, (rotateImage.getWidth() - image.getWidth()) / 2,
            (rotateImage.getHeight() - image.getHeight()) / 2, this);
    image = rotateImage;// 将旋转后的新图片赋给原图片
}
```

（5）编写完旋转方法之后，就要在"左转"按钮和"右转"按钮中调用此方法。addListener()方法用于为所有组件添加监听。

"右转"按钮被单击时，让图片顺时针旋转 90°，然后让绘图面板重绘即可。

"左转"按钮被单击时有两种写法：可以让图片逆时针旋转 90°，也可以顺时针旋转 270°，两者的效果是一样的（本程序采用了后者）。

"应用"按钮被单击时，用处理过的图片替换原图即可。

addListener()方法的代码如下：

```
private void addListener() {
    leftTurn.addActionListener(event -> {// "左转"按钮动作事件
        rotate(270);// 旋转270度
        rotatePanel.repaint();// 重绘面板
    });
    rightTurn.addActionListener(event -> {// "右转"按钮动作事件
        rotate(90);// 旋转90度
        rotatePanel.repaint();// 重绘面板
    });
    apply.addActionListener(event -> {// "应用"按钮动作事件
        MyImage.setImage(image);// 将旋转后的图片应用到程序中
    });
}
```

7.7 翻转图片功能设计

7.7.1 模块概述

翻转图片功能设计

一些自拍图片、视频截图会因为摄像头或软件的原因让画面出现镜面翻转的效果，如果想要恢复到真实画面，需要将其再翻转过来。

图片处理工具提供了翻转图片功能。单击翻转按钮之后，主窗体切换到翻转图片功能面板。面板下方有三个按钮，分别是"水平翻转"按钮、"垂直翻转"按钮和"应用"按钮。单击"水平翻转"按钮会让图片以垂直中线为轴做镜面翻转，单击"垂直翻转"按钮会让图片以水平中线为轴做镜面翻转。每次翻转之后图片尺寸保持不变。如果用户想要保存操作结果，需要单击"应用"按钮。

翻转图片功能面板的效果如图 7-16 至图 7-18 所示。

图 7-16　原图　　　　　　图 7-17　垂直翻转　　　　　　图 7-18　水平翻转

7.7.2 代码实现

TurnPanel 类是项目中的翻转图片功能面板类，继承 ImagePanel 功能面板类。TurnPanel 面板已在 PanelFactory 面板工厂类中完成了注册，可以在主窗体中显示。下面分别介绍 TurnPanel 类中的属性和主要方法。

（1）RotatePanel 类的属性包括待处理的图片对象和面板中使用到的组件，代码如下：

```java
private DrawImagePanel imagePanel; // 绘图面板
private BufferedImage image;// 待处理的图片
private JButton hTurn;// "水平翻转"按钮
private JButton vTurn;// "垂直翻转"按钮
private JButton apply;// "应用"按钮
```

（2）flush()刷新方法是父类 ImagePanel 功能面板类提供的抽象方法，在本类中必须重写。在刷新方法中，首先记录待操作的原图，然后让绘图面板重新绘制自己。flush()方法的代码如下：

```java
public void flush() {
    image = MyImage.getImage();// 读取原图
    imagePanel.repaint();// 重绘面板
}
```

（3）每个功能面板都通过创建一个面板内部类展示图片。DrawImagePanel 绘图面板是 TurnPanel 类的一个成员内部类，该类继承 JPanel 面板类。TurnPanel 类中的 DrawImagePanel 内部类与 RotatePanel 类的

DrawImagePanel 内部类从功能和代码两方面来看都比较相似。DrawImagePanel 绘图面板类代码如下：

```java
class DrawImagePanel extends JPanel {// 绘图面板
    public void paint(Graphics g) {// 重写绘制方法
        g.setColor(Color.GRAY);// 使用灰色
        g.fillRect(0, 0, getWidth(), getHeight());// 整个面板填充一个实心矩形
        // 图片坐标，若图片比面板小，则绘制在面板中心，否则紧贴左边缘或上边缘
        int x = getWidth() > image.getWidth()
                ? (getWidth() - image.getWidth()) / 2
                : 0;
        int y = getHeight() > image.getHeight()
                ? (getHeight() - image.getHeight()) / 2
                : 0;
        g.drawImage(image, x, y, this); // 在面板中心绘制图片
    }
}
```

（4）当用户单击"水平翻转"按钮后，图片可以以垂直中线为轴做翻转。hTurn 是水平按钮对象，该按钮被单击时，首先会绘制一个与原图等宽高的透明图片，然后将原图中左上角点放到新图的右上角位置，将右下角点放到新图的左下角位置，这样就实现了水平翻转。hTurn 按钮触发的代码如下：

```java
hTurn.addActionListener(event -> {// 为"水平翻转"按钮添加动作事件监听
    // 创建和原图一样大的透明图片
    BufferedImage background = MyImage.createTransparentImage(
            image.getWidth(), image.getHeight(), image.getType());
    Graphics2D g = background.createGraphics();// 透明图片的绘图对象
    // 原图左上角和右下角两点的坐标
    int dx1 = 0, dy1 = 0, dx2 = image.getWidth(),
            dy2 = image.getHeight();
    // 翻转后原左上角和原右下角两点的新坐标
    int sx1 = dx1, sy1 = dy1, sx2 = dx2, sy2 = dy2;
    sx1 = Math.abs(sx1 - image.getWidth());// 原左上角的横坐标变为右上角横坐标
    sx2 = Math.abs(sx2 - image.getWidth());// 原右下角的横坐标变为左下角横坐标
    // 将原图按照新位置绘制到透明图片中
    g.drawImage(image, dx1, dy1, dx2, dy2, sx1, sy1, sx2, sy2, this);
    image = background;// 将透明图片赋值给当前操作的图片
    imagePanel.repaint();// 重绘面板
});
```

（5）"垂直翻转"按钮触发的逻辑与"水平翻转"按钮类似，该按钮被单击时首先会绘制一个与原图等宽高的透明图片，然后将原图中左上角点放到新图的左下角位置，将右下角点放到新图的右上角位置，这样就实现了垂直翻转。vTurn 按钮触发的代码如下：

```java
vTurn.addActionListener(event -> {//为"垂直翻转"按钮添加动作事件监听
    // 创建和原图一样大的透明图片
    BufferedImage background = MyImage.createTransparentImage(
            image.getWidth(), image.getHeight(), image.getType());
    Graphics2D g = background.createGraphics();// 透明图片的绘图对象
    // 原图左上角和右下角两点的坐标
    int dx1 = 0, dy1 = 0, dx2 = image.getWidth(),
            dy2 = image.getHeight();
    // 翻转后原左上角和原右下角两点的新坐标
    int sx1 = dx1, sy1 = dy1, sx2 = dx2, sy2 = dy2;
```

```
    sy1 = Math.abs(sy1 - image.getHeight());// 原左上角的纵坐标变为右上角纵坐标
    sy2 = Math.abs(sy2 - image.getHeight());// 原右下角的纵坐标变为左下角纵坐标
    // 将原图按照新位置绘制到透明图片中
    g.drawImage(image, dx1, dy1, dx2, dy2, sx1, sy1, sx2, sy2, this);
    image = background;// 将透明图片赋值给当前操作的图片
    imagePanel.repaint();// 重绘面板
});
```

(6) "应用"按钮被单击时，用处理过的图片替换原图即可。

```
apply.addActionListener(event -> {//为"应用"按钮添加动作事件监听
    MyImage.setImage(image);// 将翻转后的图片应用到程序中
});
```

7.8 裁剪图片功能设计

7.8.1 模块概述

裁剪图片功能设计

裁剪图片是所有图片工具中使用频率最高的一个功能。通过裁剪将自己需要的部分保留下来，其他部分都删掉。

图片处理工具也提供了裁剪图片功能。单击裁剪按钮之后，主窗体切换到裁剪图片功能面板。面板使用分隔条进行分隔，左侧面板是原图片，右侧面板是裁剪后的结果。用户可以通过按住鼠标左键拖曳的方式选择原图片中的区域，被选中的区域会展示在右侧面板中。如果用户单击下方的"剪裁"按钮，则会将裁剪后的图片作为程序中的原图，其他功能面板都会载入裁剪后的图片。

裁剪图片功能面板的效果如图 7-19 所示。

图 7-19 裁剪图片功能面板的效果

7.8.2 代码实现

CutPanel 类是项目中的裁剪图片功能面板类，继承 ImagePanel 功能面板类。CutPanel 面板已在 PanelFactory 面板工厂类中完成了注册，可以在主窗体中显示。下面分别介绍 TurnPanel 类中的属性和主要方法。

（1）CutPanel 类的属性包括左侧面板、右侧面板、左侧面板中待处理的图片对象和右侧面板中被用户裁剪出的图片对象，代码如下：

```
private Image leftImage; // 左侧的原图
private BufferedImage rightImage; // 右侧裁剪之后的图
private LeftImagePanel leftImagePanel; // 左侧面板
private RightImagePanel rightImagePanel; // 右侧面板
private JButton apply;// "应用"按钮
```

因为裁剪操作是通过鼠标进行的，为了正确计算鼠标划过的区域，需要记录鼠标按键按下时在屏幕和面板中的横纵坐标，以及鼠标按键释放时在屏幕上的横纵坐标。为了直观地看到鼠标划过的区域，要绘制一个虚线矩形，flag 属性用来标记是否正在绘制矩形。

```
private int pressPanelX, pressPanelY;// 鼠标按下点在面板中的x、y坐标
private int pressX, pressY;// 鼠标按下点在屏幕上的x、y坐标
private int releaseX, releaseY;// 鼠标释放点在屏幕上的x、y坐标
private boolean flag; // 判断是否绘制虚线矩形的标记
```

（2）LeftImagePanel 左侧面板是一个成员内部类，继承 JPanel 面板类。在左侧面板中要绘制原图和鼠标划过的方块区域。面板使用灰色背景，当 flag 为 true 时，根据鼠标落点和释放点绘制虚线矩形。LeftImagePanel 类的代码如下：

```
class LeftImagePanel extends JPanel {// 左侧面板
    public void paint(Graphics g) {// 重写绘制方法
        Graphics2D g2 = (Graphics2D) g;// 将绘图对象转为高级版本
        g2.setColor(Color.GRAY);// 使用灰色
        g2.fillRect(0, 0, getWidth(), getHeight());// 整个面板填充一个实心矩形
        g2.drawImage(leftImage, 0, 0, this);// 在面板中绘制待裁剪的图片
        g2.setColor(Color.RED);// 使用红色
        if (flag) {// 如果需要绘制虚线矩形
            float[] arr = {5.0f}; // 创建虚线模式的数组
            // 创建宽度是1的平头虚线画笔
            BasicStroke stroke = new BasicStroke(1, BasicStroke.CAP_BUTT,
                BasicStroke.JOIN_BEVEL, 1.0f, arr, 0);
            g2.setStroke(stroke);// 使用画笔
            // 绘制矩形区域
            g2.drawRect(pressPanelX, pressPanelY, releaseX - pressX,
                releaseY - pressY);
        }
    }
}
```

（3）RightImagePanel 右侧面板也是一个成员内容类，继承 JPanel 面板类。当用户在左侧面板中画完裁剪区域之后，右侧面板就会显示区域内的图片。RightImagePanel 类的代码如下：

```
class RightImagePanel extends JPanel {// 右侧面板
    public void paint(Graphics g) {// 重写绘制方法
        g.setColor(Color.GRAY);// 使用灰色
        g.fillRect(0, 0, getWidth(), getHeight());// 整个面板填充一个实心矩形
        g.drawImage(rightImage, 0, 0, this);// 绘制裁剪好的图片
    }
}
```

（4）想要在左侧面板实现鼠标裁剪功能，需要让左侧面板添加鼠标按键按下、鼠标按键抬起和鼠标拖曳这

三个事件。

首先是鼠标按键按下和抬起事件，需要为左侧面板添加鼠标事件监听。在按键按下事件中记录鼠标在面板中的横纵坐标和在屏幕中的横纵坐标，然后让 flag 的值变为 true，表示开始绘制虚线方框。在按键抬起事件中记录鼠标在屏幕中的横纵坐标，根据按下的坐标和抬起的坐标计算出鼠标划过的矩形区域，在原图片中截取该区域的图片赋给右侧面板展示的图片对象。最后让 flag 的值变为 false，表示停止绘制虚线方框。

在左侧面板中添加鼠标事件的代码如下：

```java
leftImagePanel.addMouseListener(new MouseAdapter() {// 在左侧面板中添加鼠标事件监听
    public void mousePressed(MouseEvent e) { // 鼠标键按下时
        pressPanelX = e.getX(); // 记录鼠标按下点的x坐标
        pressPanelY = e.getY();// 记录鼠标按下点的y坐标
        pressX = e.getXOnScreen() + 1;// 鼠标按下点在屏幕上的x坐标加1，即去除选择线
        pressY = e.getYOnScreen() + 1;// 鼠标按下点在屏幕上的y坐标加1，即去除选择线
        flag = true;// 开始绘制虚线矩形
    }
    public void mouseReleased(MouseEvent e) { // 鼠标键释放时
        releaseX = e.getXOnScreen() - 1;// 鼠标释放点在屏幕上的x坐标减1，即去除虚线
        releaseY = e.getYOnScreen() - 1;// 鼠标释放点在屏幕上的y坐标减1，即去除虚线
        try {
            // 如果是鼠标是从左上向右下移动
            if (releaseX - pressX > 0 && releaseY - pressY > 0) {
                // 创建鼠标经过的矩形边界区域
                Rectangle rect = new Rectangle(pressX, pressY,
                        releaseX - pressX, releaseY - pressY);
                // 创建屏幕中rect区域所覆盖的图像
                rightImage = new Robot().createScreenCapture(rect);
                rightImagePanel.repaint(); // 重绘右侧面板
            }
        } catch (AWTException e1) {
            e1.printStackTrace();
        }
        flag = false;// 停止绘制虚线矩形
    }
});
```

因为用户拖曳鼠标时要不断绘制拖出的方框，所以要在左侧面板中添加鼠标拖曳事件监听。触发拖曳事件时不断获取鼠标当前的坐标，然后重绘左侧面板，这样红色的虚线方框就可以随着鼠标的位置发生变化了。

在左侧面板中添加鼠标拖曳事件的代码如下：

```java
leftImagePanel.addMouseMotionListener(new MouseMotionAdapter() { //在左侧面板中添加鼠标拖曳事件监听
    public void mouseDragged(MouseEvent e) {// 鼠标拖曳时
        if (flag) {// 如果正在绘制虚线矩形
            releaseX = e.getXOnScreen();// 记录鼠标释放点在屏幕上的x坐标
            releaseY = e.getYOnScreen();// 记录鼠标释放点在屏幕上的y坐标
            leftImagePanel.repaint();// 重绘左侧面板
        }
    }
});
```

（5）"剪裁"按钮的功能与其他功能面板中的"应用"按钮完全一致，代码如下：

```
apply.addActionListener(event -> {// 为"剪裁"按钮添加动作事件监听
    MyImage.setImage(rightImage);// 将裁剪之后的图片应用到程序中
});
```

7.9 文字水印功能设计

7.9.1 模块概述

文字水印功能设计

每张照片、画作都倾注了摄影师、美工的心血，为了防止他人侵犯作者的著作权，作者通常会为图片加上签名水印。

图片处理工具也提供了添加文字水印功能。单击文字水印按钮之后，主窗体切换到添加文字水印图片功能面板。面板中央部分是图片展示效果，面板底部也是一个工具栏，在工具栏中，用户可以编写水印内容、编辑水印在图片中的横纵坐标。单击"添加水印"按钮之后就可以在中央面板中看到水印效果。单击"重置"按钮可以抹除水印。单击"应用"按钮会把加完水印的图片保存为原图。

文字水印功能面板的效果如图 7-20 所示。

图 7-20 文字水印功能面板的效果

7.9.2 代码实现

StringWatermackPanel 类是项目中的添加文字水印功能面板类，继承 ImagePanel 功能面板类。StringWatermackPanel 面板已在 PanelFactory 面板工厂类中完成了注册，可以在主窗体中显示。下面分别介绍 StringWatermackPanel 类中的属性和主要方法。

（1）StringWatermackPanel 类的属性包括待处理的图片对象和面板中使用到的组件，代码如下：

```
private DrawImagePanel imagePanel; // 绘图面板
private BufferedImage image;// 待处理的图片
private JTextField watermackText;// 水印内容文本框
private JSpinner xsp, ysp;// 水印横纵坐标微调器
private JButton addWatermack;//"添加水印"按钮
private JButton reset;//"重置"按钮
private JButton apply;//"应用"按钮
```

（2）DrawImagePanel 绘图面板是 StringWatermackPanel 类的成员内部类，负责展示正在被处理的图片。

DrawImagePanel 类的代码如下：

```
class DrawImagePanel extends JPanel {// 绘图面板
    public void paint(Graphics g) {// 重写绘制方法
        g.setColor(Color.GRAY);// 使用灰色
        g.fillRect(0, 0, getWidth(), getHeight());// 整个面板填充一个实心矩形
        g.drawImage(image, 0, 0, this);// 绘制图像
    }
}
```

（3）"添加水印"按钮是本功能面板的核心功能按钮。当按钮被单击时，首先要判断用户是否输入了有效的文字内容，然后从水印横纵坐标微调器上获取用户调整的坐标值，通过 AlphaComposite 类创建透明度（水印的透明程度可以在此调整），最后获取图片的绘图对象，调用绘图对象的 g.drawString()方法将已经透明化的文字绘制到指定坐标位置上。

"添加水印"按钮添加动作事件的代码如下：

```
addWatermack.addActionListener(event -> {//为"添加水印"按钮添加动作事件监听
    String watermack = watermackText.getText().trim();// 获取水印文本框中的内容
    if (watermack.isEmpty()) {// 如果内容是空的
        return;// 什么都不做
    }
    int x = (int) xsp.getValue();// 获取横坐标微调器中的值
    int y = (int) ysp.getValue();// 获取纵坐标微调器中的值
    Graphics2D g = image.createGraphics();// 待操作图片的绘图对象
    Font font = new Font("楷体", Font.BOLD, 28);// 字体
    g.setFont(font);// 使用该字体
    g.setColor(Color.GRAY);// 使用灰色
    AlphaComposite alpha = AlphaComposite.SrcOver.derive(0.4f);// 创建透明度对象
    g.setComposite(alpha);// 采用透明度

    g.drawString(watermack, x, y);// 在(x,y)位置绘制文字
    imagePanel.repaint();// 重绘面板
});
```

（4）StringWatermackPanel 类提供了"重置"按钮和"应用"按钮，如果玩家对水印的内容或位置不满意，可以单击"重置"按钮重新设计，单击"应用"按钮后，处理过的图片会替换原图。

"重置"按钮添加动作事件的代码如下：

```
reset.addActionListener(event -> {//为"重置"恢复按钮添加动作事件监听
    flush();// 刷新
});
```

"应用"按钮添加动作事件的代码如下：

```
apply.addActionListener(event -> {//为"应用"按钮添加动作事件监听
    MyImage.setImage(image);// 将添加完水印的图片应用到程序中
});
```

7.10 图片水印功能设计

7.10.1 模块概述

图片水印和文字水印功能一样，如果作者有自己的商标，就可以添加图片水印。

图片水印功能设计

图片处理工具也提供了添加图片水印功能。单击图片水印按钮之后主窗体切换到添加图片水印功能面板。面板中央部分是图片展示效果，面板底部也是一个工具栏，在工具栏中，用户可以选择本地图片文件、编辑水印在图片中的横纵坐标。单击"添加水印"按钮之后就可以在中央面板中看到水印效果。单击"重置"按钮可以抹除水印。单击"应用"按钮会把加完水印的图片保存为原图。

图片水印功能面板的效果如图 7-21 所示。

图 7-21　图片水印功能面板的效果

7.10.2　代码实现

ImageWatermackPanel 类是项目中的添加图片水印功能面板类，继承 ImagePanel 功能面板类。ImageWatermackPanel 面板已在 PanelFactory 面板工厂类中完成了注册，可以在主窗体中显示。下面分别介绍 ImageWatermackPanel 类中的属性和主要方法。

（1）ImageWatermackPanel 类与 7.9 节中介绍的 StringWatermackPanel 类功能类似，属性包括待处理的图片对象和面板中使用到的组件，代码如下：

```java
private DrawImagePanel imagePanel; // 绘制图片的面板
private BufferedImage image;// 待处理的图片
private JTextField watermackText;// 水印图片地址文本框
private JButton open;// 打开按钮
private JSpinner xsp, ysp;// 水印横纵坐标微调器
private JButton addWatermack;// "添加水印"按钮
private JButton reset;// "重置"按钮
private JButton apply;// "应用"按钮
```

（2）图片水印与文字水印的主要区别是添加图片水印前需要选择一个本地的图片文件。功能面板下方有一个"打开"按钮，该按钮的功能与主窗体工具条中的打开按钮类似，可以打开一个选择图片文件的文件选择器。当用户选择好图片文件之后，该文件的详细路径会被填到按钮右侧的文本框中。

"打开"按钮添加动作事件的代码如下：

```java
open.addActionListener(event -> {// 为"打开"按钮添加动作事件监听
    JFileChooser chooser = new JFileChooser();// 创建文件选择器
    chooser.setFileSelectionMode(JFileChooser.FILES_ONLY); // 只能选择文件
```

```java
    chooser.setMultiSelectionEnabled(false); // 不允许选择多个文件
    FileFilter filter = new FileNameExtensionFilter("图像文件", "jpg",
        "png");// 文件类型过滤器，只选图片
    chooser.setFileFilter(filter);// 为文件选择器添加过滤器
    int option = chooser.showOpenDialog(this);// 显示文件选择器
    if (option == JFileChooser.APPROVE_OPTION) { // 判断用户单击的是否为"打开"按钮
        File f = chooser.getSelectedFile(); // 获得用户选择的文件
        if (f == null) {// 如果文件是空的
            JOptionPane.showMessageDialog(this, "没有选中任何文件");
        } else {
            watermackText.setText(f.getPath());// 将文件的地址写在文本框中
        }
    }
});
```

（3）ImageWatermackPanel 类的"添加水印"按钮与 StringWatermackPanel 类中的同名按钮功能相同。当按钮被单击时，首先要判断用户是否已经选好图片文件了，如果用户选好了文件，还要判断这个文件是否存在。如果图片文件是可以正常获取的，则保存为一个 BufferedImage 图片对象。最后通过 drawImage()方法将其绘制到指定坐标位置上。

"添加水印"按钮添加动作事件的代码如下：

```java
addWatermack.addActionListener(event -> {//为"添加水印"按钮添加动作事件监听
    String watermackPath = watermackText.getText().trim();// 获取图片文件地址
    if (watermackPath.isEmpty()) {// 如果地址是空的
        return;// 什么都不做
    }
    File watermackFile = new File(watermackPath);// 创建图片文件对象
    if (!watermackFile.exists()) {// 如果文件不存在
        JOptionPane.showMessageDialog(this, "水印图片文件不存在！");
        return;
    }
    BufferedImage watermack;// 水印图片
    try {
        watermack = ImageIO.read(watermackFile);// 读取图片
    } catch (IOException e) {
        e.printStackTrace();
        return;
    }

    int x = (int) xsp.getValue();// 获取微调器中的横坐标
    int y = (int) ysp.getValue();// 获取微调器中的纵坐标

    Graphics2D g = image.createGraphics();// 原图片的绘图对象
    AlphaComposite alpha = AlphaComposite.SrcOver.derive(0.3f);// 透明度
    g.setComposite(alpha);// 绘图对象使用此透明度

    g.drawImage(watermack, x, y, this);// 在原图片上绘制透明的水印图片
    imagePanel.repaint();// 重绘面板
});
```

7.11 彩图变黑白图功能设计

彩图变黑白图功能设计

7.11.1 模块概述

有时为了某些特殊的艺术效果,需要将彩色图片变成黑白图片。

图片处理工具也提供了将彩图变成黑白图片的功能。单击彩图变黑白图按钮之后,主窗体切换到彩图变白图功能面板。面板下方有三个按钮,分别是"黑白"按钮、"恢复"按钮和"应用"按钮。单击"黑白"按钮会让中间的图片变成黑白图片,单击"恢复"按钮可以让图片恢复原来的彩色效果。单击"应用"按钮会将处理完的图片保存为原图。

彩图变黑白图功能面板的效果如图 7-22 和图 7-23 所示。

图 7-22 原彩图

图 7-23 变成黑白图片

7.11.2 代码实现

GrayPanel 类是项目中的彩图变黑白图功能面板类,继承 ImagePanel 功能面板类。GrayPanel 面板已在 PanelFactory 面板工厂类中完成了注册,可以在主窗体中显示。下面分别介绍 GrayPanel 类中的属性和主要方法。

(1) GrayPanel 类的属性包括待处理的图片对象和面板中使用到的组件,代码如下:

```
private BufferedImage image;// 待处理的图片
private JButton gray;// "黑白" 按钮
private JButton reset;// "恢复" 按钮
private JButton apply;// "应用" 按钮
private DrawImagePanel colorToGrayPanel;// 绘制图片的面板
```

(2) GrayPanel 类的核心功能按钮是"黑白"按钮,当该按钮被单击时,首先创建两个 ColorSpace 颜色空间对象,一个定义为灰度(即黑白),一个定义为 RGB(即彩色),然后根据两个颜色空间创建 ColorConvertOp 颜色转换对象,通过 ColorConvertOp 对象的 filter()过滤方法即可将图片从 RGB 图片转为灰度图片。最后将转为黑白的图片重新绘制在待操作的图片上,并重新绘制面板。

 过滤之后的图片对象的类型是 BufferedImage.TYPE_CUSTOM(即无法识别类型),不可以将该对象直接赋值给 image,否则会导致某些功能无法正常使用。

"黑白"按钮添加动作事件的代码如下:

```
gray.addActionListener(event -> {//为"黑白"按钮添加动作事件监听
    // 创建内置线性为灰度的颜色空间
    ColorSpace graySpace = ColorSpace.getInstance(ColorSpace.CS_GRAY);
    ColorSpace rgbSpace = ColorSpace
            .getInstance(ColorSpace.CS_LINEAR_RGB);// 创建内置线性为RGB的颜色空间
    // 创建进行颜色转换的对象
    ColorConvertOp op = new ColorConvertOp(graySpace, rgbSpace,
        null);
    BufferedImage grayImage = op.filter(image, null);// 对缓冲图像进行颜色转换
    // 将黑白图片绘制到操作图片中
    image.getGraphics().drawImage(grayImage, 0, 0, this);
    colorToGrayPanel.repaint();// 重新绘制面板
});
```

7.12 马赛克功能设计

7.12.1 模块概述

马赛克功能设计

根据国家的法律法规要求,以及在一些维护个人隐私的情况下,图片中的部分内容不宜公开展示,需要遮挡或模糊处理。马赛克是最常用的模糊处理技术。最简单的马赛克处理如图 7-24 所示,在图片中取出一个块区域,将该区域平均分成四块,保留左上角那一块,其他三块都去除不要,将左上角那一块拉伸到原区域的大小,最后覆盖原区域。原图取出的区域越大,效果就越模糊。

图 7-24 创建马赛克块的原理图

图片处理工具也提供了马赛克功能。单击马赛克按钮之后,主窗体切换到马赛克功能面板。面板中央部分显示的是图片处理效果。用户可以通过按住鼠标左键拖曳的方式选择原图片中的区域,被选中的区域会变成马赛克效果。用户可以在绘制马赛克之前滑动下方滑块来设置模糊程度。单击"恢复"按钮可以取消马赛克效果。单击"应用"按钮会把添加完马赛克的图片保存为原图。

马赛克功能面板的效果如图 7-25 所示。

7.12.2 代码实现

MosaicPanel 类是项目中的马赛克功能面板类,继承 ImagePanel 功能面板类。MosaicPanel 面板已在 PanelFactory 面板工厂类中完成了注册,可以在主窗体中显示。下面分别介绍 MosaicPanel 类中的属性和主要方法。

图 7-25 马赛克功能面板的效果

(1) MosaicPanel 类的属性包括面板所需的组件、待处理图片、马赛克图片和马赛克模糊程度。因为使用

鼠标拖曳划取区域的功能与裁剪功能类似，所以也要添加鼠标按键按下时在屏幕和面板中的横纵坐标、鼠标按键释放时在屏幕上的横纵坐标，以及绘制矩形 flag 状态的属性。代码如下：

```java
private int pressPanelX, pressPanelY;// 鼠标按下点在面板中的x、y坐标
private int pressX, pressY;// 鼠标按下点在屏幕上的x、y坐标
private int releaseX, releaseY;// 鼠标释放点在屏幕上的x、y坐标
private boolean flag; // 判断是否绘制虚线矩形的标记
private BufferedImage mosaicimage;// 马赛克图像
private BufferedImage img; // 原图
private DrawImagePanel imagePanel;// 绘图面板
private JSlider slider;// 滑动条
int fuzzy = 8;// 模糊程度，一块马赛克宽度
private JButton apply;// "应用" 按钮
private JButton reset; // "恢复" 按钮
```

（2）DrawImagePanel 绘图面板是 MosaicPanel 类的成员内部类，在 DrawImagePanel 中绘制完图片之后，还要根据 flag 的状态绘制红色的虚线方框。该类与裁剪图片面板中的 DrawImagePanel 类基本相同。

DrawImagePanel 类的代码如下：

```java
// 创建面板类
class DrawImagePanel extends JPanel {
    public void paint(Graphics g) {
        Graphics2D g2 = (Graphics2D) g;
        g2.setColor(Color.GRAY);
        g2.fillRect(0, 0, getWidth(), getHeight());
        g2.drawImage(img, 0, 0, this);// 绘制图像对象
        g2.setColor(Color.RED);
        if (flag) {
            float[] arr = {5.0f}; // 创建虚线模式的数组
            BasicStroke stroke = new BasicStroke(1, BasicStroke.CAP_BUTT,
                    BasicStroke.JOIN_BEVEL, 1.0f, arr, 0); // 创建宽度是1的平头虚线画笔
            g2.setStroke(stroke);// 设置笔画对象
            g2.drawRect(pressPanelX, pressPanelY, releaseX - pressX,
                    releaseY - pressY);// 绘制矩形选区
        }
    }
}
```

（3）马赛克功能面板中只有一个绘图面板，所有鼠标事件均在此面板中触发。当鼠标划出一块区域之后，首先根据保存的坐标数据创建该区域的 Rectangle 矩形边界对象，然后在原图中截取该区域内的图片，将截图结果赋值给 mosaicimage 马赛克图片对象，最后把 mosaicimage 马赛克交给 createMosaic() 方法进行模糊处理，并把模糊化的马赛克图片重新绘制到原图上。

在绘图面板中添加鼠标事件及其触发时间的代码如下：

```java
imagePanel.addMouseListener(new MouseAdapter() {//在绘图面板中添加鼠标事件监听
    public void mousePressed(MouseEvent e) { // 鼠标键按下时
        pressPanelX = e.getX(); // 获得鼠标按下点在面板中的x坐标
        pressPanelY = e.getY();// 获得鼠标按下点在面板中的y坐标
        pressX = e.getXOnScreen() + 1;// 鼠标按下点在屏幕上的x坐标加1，即去除选择线
        pressY = e.getYOnScreen() + 1;// 鼠标按下点在屏幕上的y坐标加1，即去除选择线
        flag = true;// 开始绘制虚线矩形
    }
```

```java
public void mouseReleased(MouseEvent e) { // 鼠标键释放时
    // 实例化马赛克图片对象
    mosaicimage = new BufferedImage(1, 1,
            BufferedImage.TYPE_INT_RGB);
    releaseX = e.getXOnScreen() - 1;// 鼠标释放点在屏幕上的x坐标减1，即去除选择线
    releaseY = e.getYOnScreen() - 1;// 鼠标释放点在屏幕上的y坐标减1，即去除选择线
    // 如果鼠标是从左上向右下移动
    if (releaseX - pressX > 0 && releaseY - pressY > 0) {
        // 创建鼠标经过的矩形边界区域
        Rectangle rect = new Rectangle(pressPanelX, pressPanelY,
                releaseX - pressX, releaseY - pressY);// 创建Rectangle对象
        // 在原图中将该区域中的图片截取出来赋值给马赛克图片
        mosaicimage = img.getSubimage(rect.x, rect.y, rect.width, rect.height);
        createMosaic(mosaicimage, rect);// 将马赛克图片变成模糊效果
    }
    flag = false;// 停止绘制虚线矩形
    // 将马赛克图片覆盖到原图中
    img.getGraphics().drawImage(mosaicimage, pressPanelX,
            pressPanelY, null);
    imagePanel.repaint();// 重绘面板
}
});
```

（4）对马赛克图片进行模糊处理的 createMosaic() 方法有两个参数，第一个参数 image 是被模糊化的图片对象，第二个参数 r 是图片所在区域对象，主要用于计算马赛克块的数量和填充马赛克时控制图片边缘。

方法会根据滑动条的值 fuzzy 来确定一个马赛克块的边长。马赛克列数 = 图片的宽 / 马赛克边长，马赛克行数 = 图片的高 / 马赛克边长。方法会将每一个马赛克块平均分成四个小块，然后将最左上角的那块拉伸并填满原马赛克块的位置。所有马赛克块都分割、拉伸后，马赛克图片就呈现模糊效果了。

createMosaic() 方法的代码如下：

```java
private void createMosaic(BufferedImage image, Rectangle r) {
    for (int x = 0; x < r.width; x += fuzzy) {// 获取每个马赛克的横坐标
        for (int y = 0; y < r.height; y += fuzzy) {// 获取每个马赛克的纵坐标
            // 如果马赛克原图宽度超出图片边缘，则让马赛克的宽度到图片边缘为止
            int width = x + fuzzy / 2 > r.width ? r.width - x : fuzzy / 2;
            // 如果马赛克原图高度超出图片边缘，则让马赛克的高度到图片边缘为止
            int height = y + fuzzy / 2 > r.height
                    ? r.height - y
                    : fuzzy / 2;
            // 在该马赛克的位置上切割左上角1/4大小的图片块
            BufferedImage tmp = image.getSubimage(x, y, width, height);
            // 将该图片块扩大填充整个马赛克区域
            image.getGraphics().drawImage(tmp, x, y, fuzzy, fuzzy, this);
        }
    }
}
```

（5）用户可以通过滑动滑块控制马赛克的模糊程度，也就是一个马赛克块的编程。滑动条只需添加状态变化事件即可实现此功能。滑动条的状态每发生一次变化，模糊程度 fuzzy 的值就会立即更新。

因为滑动条在初始化时设定了最大值和最小值，所以不用担心 fuzzy 的值过大。滑动条的初始化代码如下：

```
slider = new JSlider(4, 16, fuzzy); // 滑动条最小值为4，最大值为16，默认值为fuzzy
```
为滑动条添加状态变化事件的代码如下：
```
slider.addChangeListener(event -> {//为滑动条添加状态变化事件监听
    fuzzy = slider.getValue();// 模糊程度采用滑动条上的值
});
```

7.13 修改透明度功能设计

7.13.1 模块概述

修改透明度功能设计

图片处理工具提供了修改透明度功能。单击修改透明度按钮之后，主窗体切换到修改透明度功能面板。面板中央部分显示的是图片处理效果。用户可以通过拖动滑块来设置图片的透明度，设置好透明度之后单击"应用"按钮，会把处理之后的图片保存为原图。

修改透明度功能面板的效果如图 7-26 所示。

图 7-26　修改透明度功能面板的效果

7.13.2 代码实现

TransparentPanel 类是项目中的修改透明度功能面板类，继承 ImagePanel 功能面板类。TransparentPanel 面板已在 PanelFactory 面板工厂类中完成了注册，可以在主窗体中显示。下面分别介绍 TransparentPanel 类中的属性和主要方法。

（1）TransparentPanel 类的属性包括待处理的图片对象和面板中使用到的组件，代码如下：
```
private DrawImagePanel imagePanel; // 绘图面板
private BufferedImage image;// 待处理的图片
private JSlider slider;// 滑动条
private JButton apply;// "应用" 按钮
```

（2）用户只需操作透明度滑动条就可以改变图片的透明度，滑动条的状态变化事件就是面板的核心功能。

透明度滑动条在初始化时也设置了最大值和最小值，因为 AlphaComposite 类使用 float 值设置透明度，0.0 表示全透明，1.0 表示不透明，滑动条上的值又只能是整数，所以滑动条的取值采用透明度×10，也就是最小值为 0，最大值为 10。默认图片不透明。

滑动条的初始化代码如下：

```
slider = new JSlider(0, 10, 10);// 滑动条最小值为0，最大值为10，默认值为10
```

在滑动条的状态变化事件中，用户每一次拖动滑块，都会创建一个与原图片大小和类型都一样透明图片，然后创建 AlphaComposite 透明度对象，将滑动条上的值除以 10 作为透明度参数，最后原图片以 AlphaComposite 对象的透明度绘制在透明图片上，这样就实现了降低或增加原图片透明度的效果。

滑动条添加状态变化事件的代码如下：

```
slider.addChangeListener(event -> {//为滑动条添加状态变化事件监听
    // 创建和原图一样大的透明图片
    BufferedImage background = MyImage.createTransparentImage(
            image.getWidth(), image.getHeight(), image.getType());
    int value = slider.getValue();// 获取滑动条当前值作为透明度
    float alpha = value / 10.0f;// 透明度小数点向前移动一位
    Graphics2D g = background.createGraphics();// 获取透明图片的绘图对象
    AlphaComposite composite = AlphaComposite.SrcOver.derive(alpha);// 透明度
    g.setComposite(composite);// 采用此透明度
    g.drawImage(MyImage.getImage(), 0, 0, this);// 将原图绘制到透明图片上
    image = background;// 将透明图片赋值给当前操作的图片
    imagePanel.repaint();// 重绘面板
});
```

小 结

本程序使用了工厂模式统一管理所有功能面板，主窗体只需创建工厂类对象即可获取全部功能面板。这种设计可以降低主窗体与各个功能面板的耦合性，如果需要新增或删除功能面板，只需要修改少量代码即可。

AWT 技术拥有海量的 API，本程序只介绍了一小部分。AWT 还提供了锐化、反向、模糊等图片效果，感兴趣的读者可以阅读 API 文档或查阅更多 AWT 资料。

第8章

学生成绩管理系统

—— JDBC+SQL Server 2014实现

本章要点

- Swing控件的使用
- 内部窗体技术的使用
- JDBC技术操作数据库
- 批处理技术的使用

■ 随着教育的不断普及，各个学校的学生人数也越来越多，学生信息管理被视为校园管理的瓶颈，传统的管理方式并不能适应时代的发展。学生信息管理主要包括学籍管理、学科管理、课外活动管理、学生成绩管理、生活管理等。本章将以"学生成绩管理"为例，开发一个学生成绩管理系统。

8.1 需求分析

学生成绩管理是学生信息管理工作的一部分，传统的人力管理模式既浪费校园人力，管理效果又不够明显。为了提高学生成绩管理的工作效率，计算机管理系统逐步走进了学生成绩管理工作。这样，更加有利于学校及时掌握学生的学习成绩、个人成长状况等一系列数据信息。通过这些数据信息，学校可以有针对性地调整学校的学习管理工作。为此，本章开发的学生成绩管理系统应该具有以下功能。

部署

- 具备简单、友好的操作窗体，方便管理员的日常管理工作。
- 完备的学生成绩管理功能。
- 全面的系统维护功能。
- 强大的基础信息设置功能。

需求分析与系统设计

8.2 系统设计

8.2.1 系统目标

通过对学生成绩管理工作的调查与研究，要求本系统设计完成后达到以下目标。

- 窗体界面设计友好、美观，方便管理员的日常操作。
- 数据录入方便、快捷。
- 数据检索功能强大、灵活，提高日常数据管理工作的效率。
- 具有良好的用户维护功能。
- 最大限度地实现系统的易维护性和易操作性。
- 系统运行稳定，系统数据安全可靠。

8.2.2 构建开发环境

- 操作系统：Windows 10。
- JDK 版本：Java SE 11.0.1。
- 开发工具：Eclipse for Java EE 2018-12 (4.10.0)。
- 开发语言：Java。
- 数据库：SQL Server 2014。

8.2.3 系统功能结构

学生成绩管理系统功能结构如图 8-1 所示。

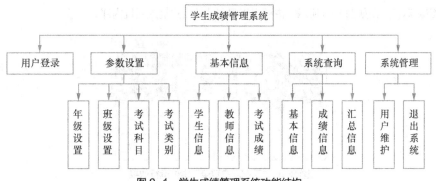

图 8-1 学生成绩管理系统功能结构

8.2.4 系统流程图

学生成绩管理系统的流程图如图 8-2 所示。

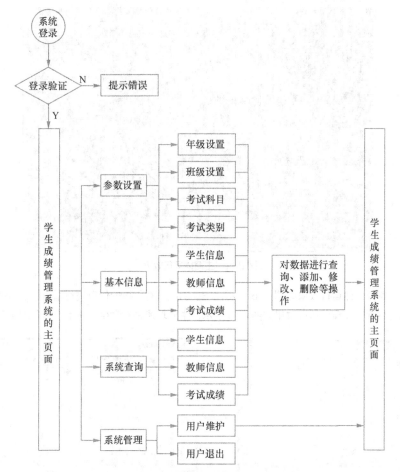

图 8-2 学生成绩管理系统的系统流程图

8.2.5 系统预览

学生成绩管理系统由多个窗体组成，下面仅列出几个典型窗体，其他窗体参见资源包中的源程序。"系统

"用户登录"窗体运行效果如图8-3所示,主要用于限制非法用户进入系统内部。

图8-3 "系统用户登录"窗体运行效果

系统主窗体运行效果如图8-4所示,主要功能是调用执行本系统的所有功能。

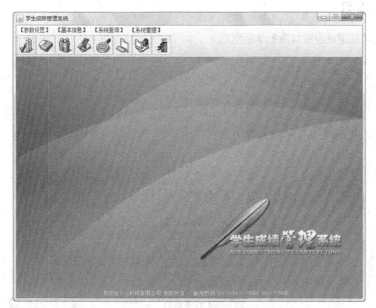

图8-4 主窗体运行效果

"年级信息设置"窗体运行效果如图8-5所示,主要功能是对年级的信息进行增、删、改操作。

"学生基本信息管理"窗体运行效果如图8-6所示,主要功能是对学生基本信息进行增、删、改操作。

图8-5 "年级信息设置"窗体运行效果

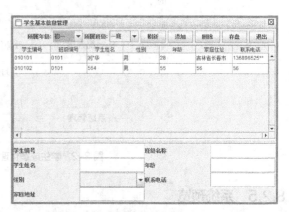

图8-6 "学生基本信息管理"窗体运行效果

"基本信息数据查询"窗体运行效果如图 8-7 所示，主要功能是查询学生的基本信息。

"用户数据信息维护"窗体运行效果如图 8-8 所示，主要功能是对用户信息进行增、删、改操作。

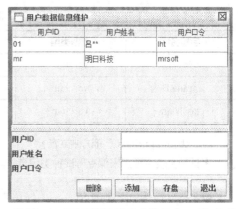

图 8-7 "基本信息数据查询"窗体运行效果　　　　图 8-8 "用户数据信息维护"窗体运行效果

8.3 数据库设计

8.3.1 数据库分析

数据库设计

学生成绩管理系统涉及学校的各方面信息，因此除了基本的学生信息表之外，还要设计教师信息表、班级信息表。根据学生的学习成绩结构，设计科目表、考试种类表和考试科目成绩表。

8.3.2 数据库概念设计

本系统数据库采用 SQL Server 2014 数据库，系统数据库名称为 DB_Student，共包含 8 张表。本系统数据表树形结构如图 8-9 所示，该数据表树形结构包含系统所有数据表。

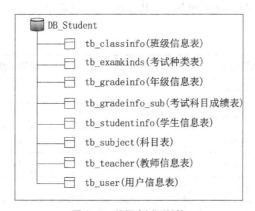

图 8-9 数据表树形结构

8.3.3 数据表结构

图 8-9 中各个表的详细说明如下。

（1）tb_classinfo（班级信息表）

班级信息表主要用于保存班级信息，其结构如表 8-1 所示。

表 8-1　　　　　　　　　　　　　　tb_classinfo 表

字段名称	数据类型	长度	是否主键	描述
classID	varchar	10	是	班级编号
gradeID	varchar	10		年级编号
className	varchar	20		班级名称

（2）tb_examkinds（考试种类表）

考试种类表主要用来保存考试种类信息，其结构如表 8-2 所示。

表 8-2　　　　　　　　　　　　　　tb_examkinds 表

字段名称	数据类型	长度	是否主键	描述
kindID	varchar	20	是	考试类别编号
kindName	varchar	20		考试类别名称

（3）tb_gradeinfo（年级信息表）

年级信息表用来保存年级信息，其结构如表 8-3 所示。

表 8-3　　　　　　　　　　　　　　tb_gradeinfo 表

字段名称	数据类型	长度	是否主键	描述
gradeID	varchar	10	是	年级编号
gradeName	varchar	20		年级名称

（4）tb_gradeinfo_sub（考试科目成绩表）

考试科目成绩表用来保存考试科目成绩信息，其结构如表 8-4 所示。

表 8-4　　　　　　　　　　　　　　tb_gradeinfo_sub 表

字段名称	数据类型	长度	是否主键	描述
stuid	varchar	10	是	学生编号
stuname	varchar	50		学生姓名
kindID	varchar	10	是	考试类别编号
code	varchar	10	是	考试科目编号
grade	float	8		考试成绩
examdate	datetime	8		考试日期

（5）tb_studentinfo（学生信息表）

学生信息表用来保存学生信息，其结构如表 8-5 所示。

表 8-5　　　　　　　　　　　　　　　tb_studentinfo 表

字段名称	数据类型	长度	是否主键	描述
stuid	varchar	10	是	学生编号
classID	varchar	10		班级编号
stuname	varchar	20		学生姓名
sex	varchar	10		学生性别
age	int	4		学生年龄
addr	varchar	50		家庭住址
phone	varchar	20		联系电话

（6）tb_subject（科目表）

科目表主要用来保存科目信息，其结构如表 8-6 所示。

表 8-6　　　　　　　　　　　　　　　tb_subject 表

字段名称	数据类型	长度	是否主键	描述
code	varchar	10	是	科目编号
subject	varchar	40		科目名称

（7）tb_teacher（教师信息表）

教师信息表用于保存教师的相关信息，其结构如表 8-7 所示。

表 8-7　　　　　　　　　　　　　　　tb_teacher 表

字段名称	数据类型	长度	是否主键	描述
teaid	varchar	10	是	教师编号
classID	varchar	10		班级编号
teaname	varchar	20		教师姓名
sex	varchar	10		教师性别
knowledge	varchar	20		教师职称
knowlevel	varchar	20		教师等级

（8）tb_user（用户信息表）

用户信息表主要用来保存用户的相关信息，其结构如表 8-8 所示。

表 8-8　　　　　　　　　　　　　　　tb_user 表

字段名称	数据类型	长度	是否主键	描述
userid	varchar	50	是	用户编号
username	varchar	50		用户姓名
pass	varchar	50		用户口令

8.4 技术准备

8.4.1 使用 JDBC 操作数据库

本系统主要使用 JDBC 技术对 MySQL 数据库进行操作,JDBC(Java DataBase Connectivity,Java 数据库连接)是一种可用于执行 SQL 语句的 Java API(Application Programming Interface, 应用程序设计接口),是连接数据库和 Java 应用程序的纽带。下面对 JDBC 中常用的类和接口进行介绍。

1. DriverManager 类

DriverManager 类是 JDBC 的管理层,被用来管理数据库中的驱动程序。在使用 Java 操作数据库之前,须使用 Class 类的静态方法 forName(String className)加载能够连接数据库的驱动程序。

JDBC 加载 SQL Server 2014 数据库驱动程序的关键代码如下:(驱动程序的包名为 sqljdbc42.jar)

```
Class.forName("com.microsoft.sqlserver.jdbc.SQLServerDriver");
```

加载完相应的数据库程序后,Java 会自动将驱动程序的实例注册到 DriverManager 类中,这时即可通过该类的 getConnection()方法建立连接。DriverManager 类的常用方法如表 8-9 所示。

表 8-9　　　　　　　　　　　DriverManager 类的常用方法

方　　法	功　能　描　述
getConnection(String url, String user, String password)	指定 3 个入口参数(依次是连接数据库的 URL、用户名、密码)来获取与数据库的连接
setLoginTimeout()	获取驱动程序试图登录到某一数据库时可以等待的最长时间,以秒为单位
println(String message)	将一条消息打印到当前 JDBC 日志流中

2. Connection 接口

Connection 接口代表与特定的数据库的连接,其常用方法如表 8-10 所示。

表 8-10　　　　　　　　　　　Connection 接口的常用方法

方　　法	功　能　描　述
createStatement()	创建 Statement 对象
createStatement(int resultSetType, int resultSetConcurrency)	创建一个 Statement 对象,该对象将生成具有给定类型、并发性和可保存性的 ResultSet 对象
preparedStatement()	创建预处理对象 preparedStatement
prepareCall(String sql)	创建一个 CallableStatement 对象来调用数据库存储过程
isReadOnly()	查看当前 Connection 对象的读取模式是否是只读形式
setReadOnly()	设置当前 Connection 对象的读写模式,默认为非只读模式
commit()	使所有上一次提交/回滚后进行的更改成为持久更改,并释放此 Connection 对象当前持有的所有数据库锁
roolback()	取消在当前事务中进行的所有更改,并释放此 Connection 对象当前持有的所有数据库锁
close()	立即释放此 Connection 对象的数据库和 JDBC 资源,而不是等待它们被自动释放

例如，使用 Connection 对象连接 SQL Server 数据库，关键代码如下：

```
Connection con; // 声明Connection对象
try {
    Class.forName("com.microsoft.sqlserver.jdbc.SQLServerDriver");
    con = DriverManager.getConnection
        ("jdbc:sqlserver://localhost:1433;DatabaseName=DB_Student ", "sa", "123456");
} catch (java.lang.ClassNotFoundException classnotfound) {
    classnotfound.printStackTrace();
} catch (java.sql.SQLException sql) {
    sql.printStackTrace();
}
```

3. Statement 接口

Statement 接口用于在已经建立连接的基础上向数据库发送 SQL 语句，其常用方法如表 8-11 所示。

表 8-11　　　　　　　　　　　　Statement 接口的常用方法

方　　法	功　能　描　述
execute(String sql)	执行静态的 SELECT 语句，该语句可能返回多个结果集
executeQuery(String sql)	执行给定的 SQL 语句，该语句返回单个 ResultSet 对象
clearBatch()	清空此 Statement 对象的当前 SQL 命令列表
executeBatch()	将一批命令提交给数据库来执行，如果全部命令执行成功，则返回更新计数组成的数组。数组元素的排序与 SQL 语句的添加顺序对应
addBatch(String sql)	将给定的 SQL 命令添加到此 Statement 对象的当前命令列表中。如果驱动程序不支持批量处理，将抛出异常
close()	释放 Statement 实例占用的数据库和 JDBC 资源

例如，使用连接数据库对象 con 的 createStatement()方法创建 Statement 对象，关键代码如下：

```
try {
    Statement stmt = con.createStatement();
} catch (SQLException e) {
    e.printStackTrace();
}
```

4. PreparedStatement 接口

PreparedStatement 接口继承自 Statement 接口，用来执行动态的 SQL 语句。PreparedStatement 接口的常用方法如表 8-12 所示。

表 8-12　　　　　　　　　　　PreparedStatement 接口的常用方法

方　　法	功　能　描　述
setInt(int index , int k)	将指定位置的参数设置为 int 值
setFloat(int index , float f)	将指定位置的参数设置为 float 值
setLong(int index,long l)	将指定位置的参数设置为 long 值
setDouble(int index , double d)	将指定位置的参数设置为 double 值
setBoolean(int index ,boolean b)	将指定位置的参数设置为 boolean 值
setDate(int index , date date)	将指定位置的参数设置为对应的 date 值

续表

方　法	功 能 描 述
executeQuery()	在此 PreparedStatement 对象中执行 SQL 查询，并返回该查询生成的 ResultSet 对象
setString(int index String s)	将指定位置的参数设置为对应的 String 值
setNull(int index , int sqlType)	将指定位置的参数设置为 SQL NULL
executeUpdate()	执行前面包含的参数的动态 INSERT、UPDATE 或 DELETE 语句
clearParameters()	清除当前所有参数的值

例如，使用连接数据库对象 con 的 prepareStatement() 方法创建 PrepareStatement 对象，其中需要设置一个参数，关键代码如下：

```
PrepareStatement ps = con.prepareStatement("select * from tb_stu where name = ?");
ps.setInt(1, "阿强");    //将sql中第1个问号的值设置为"阿强"
```

5. ResultSet 接口

ResultSet 接口类似于一个临时表，用来暂时存放数据库查询操作所获得的结果集。ResultSet 实例具有指向当前数据行的指针，指针开始的位置在第一条记录的前面，通过 next() 方法可将指针向下移。ResultSet 接口的常用方法如表 8-13 所示。

表 8-13　　　　　　　　　　　ResultSet 接口的常用方法

方　法	功 能 描 述
getInt()	以 int 形式获取 ResultSet 对象的当前行的指定列值。如果列值是 NULL，则返回值是 0
getFloat()	以 float 形式获取 ResultSet 对象的当前行的指定列值。如果列值是 NULL，则返回值是 0
getDate()	以 data 形式获取 ResultSet 对象的当前行的指定列值。如果列值是 NULL，则返回值是 null
getBoolean()	以 boolean 形式获取 ResultSet 对象的当前行的指定列值。如果列值是 NULL，则返回 null
getString()	以 String 形式获取 ResultSet 对象的当前行的指定列值。如果列值是 NULL，则返回 null
getObject()	以 Object 形式获取 ResultSet 对象的当前行的指定列值。如果列值是 NULL，则返回 null
first()	将指针移到当前记录的第一行
last()	将指针移到当前记录的最后一行
next()	将指针向下移一行
beforeFirst()	将指针移到集合的开头（第一行位置）
afterLast()	将指针移到集合的尾部（最后一行位置）
absolute(int index)	将指针移到 ResultSet 给定编号的行
isFrist()	判断指针是否位于当前 ResultSet 集合的第一行。如果是返回 true，否则返回 false
isLast()	判断指针是否位于当前 ResultSet 集合的最后一行。如果是返回 true，否则返回 false
updateInt()	用 int 值更新指定列
updateFloat()	用 float 值更新指定列
updateLong()	用指定的 long 值更新指定列
updateString()	用指定的 string 值更新指定列
updateObject()	用 Object 值更新指定列
updateNull()	将指定的列值修改为 NULL

续表

方　　法	功　能　描　述
updateDate()	用指定的 date 值更新指定列
updateDouble()	用指定的 double 值更新指定列
getrow()	查看当前行的索引号
insertRow()	将插入行的内容插入到数据库
updateRow()	将当前行的内容同步到数据表
deleteRow()	删除当前行，但并不同步到数据库，而是在执行 close()方法后同步到数据库

说明

使用 updateXXX()方法更新行数据时，并没有将对数据进行的操作同步到数据库中，需要执行 updateRow()方法或 insertRow()方法来更新数据库。

例如，通过 Statement 对象 sql 调用 executeQuery()方法，把数据表 tb_stu 中的所有数据存储到 ResultSet 对象中，然后输出 ResultSet 对象中的数据，关键代码如下：

```
ResultSet res = sql.executeQuery("select * from tb_stu");   //获取查询的数据
while (res.next()) {                                         //如果当前语句不是最后一条，则进入循环
    String id = res.getString("id");                         //获取列名是id的字段值
    String name = res.getString("name");                     //获取列名是name的字段值
    String sex = res.getString("sex");                       //获取列名是sex的字段值
    String birthday = res.getString("birthday");             //获取列名是birthday的字段值
    System.out.print("编号:" + id);                          //将列值输出
    System.out.print(" 姓名:" + name);
    System.out.print(" 性别:" + sex);
    System.out.println(" 生日: " + birthday);
}
```

8.4.2 数据的批量操作

数据的批量操作

对数据表进行操作时，经常会用到批量操作，比如批量添加、修改和删除数据等，这里以添加数据为例讲解如何进行批量操作。

按照前面讲解的知识，如果需要添加多条记录，可以通过 Statement 实例反复执行多条 insert 语句实现，但这种方式要求每条 SQL 语句单独提交一次，效率会非常低。JDBC 中提供了另外一种方式执行批量操作，即使用 PreparedStatement 对象的批处理的相关方法，主要有 3 个方法，分别如下。

addBatch()方法：将一组参数添加到此 PreparedStatement 对象的批处理命令中。

clearBatch()方法：清空此 Statement 对象的当前 SQL 命令列表。

executeBatch()方法：将一批命令提交给数据库来执行，如果全部命令执行成功，则返回更新计数组成的数组。

例如，向学生信息表中同时添加3条信息，代码如下：

```
String[][] records =
    { { "明日", "男", "2004-01-01" }, { "小科", "男", "1976-10-01" },
      { "小中", "男", "1980-05-01" } };          // 定义要添加的数据
ps = con.
    prepareStatement("insert into tb_stu(name,sex,birthday) values(?,?,?)");
 ps.clearBatch();                                 // 清空批处理命令
```

```
for (int i = 0; i < records.length; i++) {
    ps.setString(1, records[i][0]);
    ps.setString(2, records[i][1]);         // 批量添加数据
    ps.setString(3, records[i][2]);
    ps.addBatch();                           // 将添加语句添加到批处理中
}
ps.executeBatch();                           // 批量执行批处理命令
```

8.5 公共类设计

公共类设计

实体类对象主要使用 JavaBean 来结构化后台数据表，完成对数据表的封装。在定义实体类时需要设置与数据表字段相对应的成员变量，并且需要为这些字段设置相应的 getter 与 setter 方法。

8.5.1 实体类的编写

在项目中通常会编写相应的实体类，下面以学生实体类为例说明实体类的编写，具体步骤如下。

（1）在 Eclipse 中，创建类 Obj_student.java，在类中创建与数据表 tb_studentinfo 字段相对应的成员变量。

（2）在 Eclipse 中的菜单栏中选择 "Source" / "Generate Getter 与 Setter"，这样 Obj_student.java 实体类就创建完成了。它的代码如下：

```
public class Obj_student {
    private String stuid;              // 定义学生信息编号变量
    private String classID;            // 定义班级编号变量
    private String stuname;            // 定义学生姓名变量
    private String sex;                // 定义学生性别变量
    private int age;                   // 定义学生年龄变量
    private String address;            // 定义学生地址变量
    private String phone;              // 定义学生电话变量
    public String getStuid() {
        return stuid;
    }
    public String getClassID() {
        return classID;
    }
    public String getStuname() {
        return stuname;
    }
    public String getSex() {
        return sex;
    }
    public int getAge() {
        return age;
    }
    public String getAddress() {
        return address;
    }
    public String getPhone() {
```

```java
        return phone;
    }
    public void setStuid(String stuid) {
        this.stuid = stuid;
    }
    public void setClassID(String classID) {
        this.classID = classID;
    }
    public void setStuname(String stuname) {
        this.stuname = stuname;
    }
    public void setSex(String sex) {
        this.sex = sex;
    }
    public void setAge(int age) {
        this.age = age;
    }
    public void setAddress(String address) {
        this.address = address;
    }
    public void setPhone(String phone) {
        this.phone = phone;
    }
}
```

其他实体类的设计与学生实体类的设计相似，所不同的就是对应的后台表结构有所区别，读者可以参考资源包中的源文件来完成。

8.5.2 操作数据库公共类的编写

1. 连接数据库的公共类 CommonaJdbc

数据库连接在整个项目开发中占据着非常重要的位置，如果数据库连接失败，功能再强大的系统都不能运行。在 appstu.util 包中建立类 CommonalJdbc.java 文件，在该文件中定义一个静态类型的类变量 connection 用来建立数据库的连接，这样在其他类中就可以直接访问这个变量，代码如下：

```java
public class CommonaJdbc {
    public static Connection conection = null;
    public CommonaJdbc() {
        getCon();
    }
    private Connection getCon() {
        try {
            Class.forName("com.microsoft.sqlserver.jdbc.SQLServerDriver");
            conection = DriverManager.getConnection
    ("jdbc:sqlserver://localhost:1433;DatabaseName=DB_Student ", "sa", "123456");
        } catch (java.lang.ClassNotFoundException classnotfound) {
            classnotfound.printStackTrace();
        } catch (java.sql.SQLException sql) {
            new appstu.view.JF_view_error(sql.getMessage());
            sql.printStackTrace();
        }
        return conection;
    }
}
```

}

2. 操作数据库的公共类 JdbcAdapter

在 util 包下建立公共类 JdbcAdapter.java 文件，该类封装了对所有数据表的添加、修改、删除操作，前台业务中的相应功能都是通过这个类来完成的，它的设计步骤如下。

（1）该类以 8.5.1 节中设计的各种实体对象作为参数，进而执行类中的相应方法。为了保证数据操作的准确性，需要定义一个私有的类方法 validateID 来完成数据的验证功能，这个方法首先通过数据表的主键判断数据表中是否存在这条数据：如果存在，则生成数据表的更新语句；如果不存在则生成表的添加语句。下面来看一下这个方法的关键代码：

```java
private boolean validateID(String id, String tname, String idvalue) {
    String sqlStr = null;
    // 定义SQL语句
    sqlStr = "select count(*) from " + tname + " where " + id + " = '" + idvalue + "'";
    try {
        con = CommonaJdbc.conection; // 获取数据库连接
        pstmt = con.prepareStatement(sqlStr); // 获取PreparedStatement实例
        java.sql.ResultSet rs = null; // 获取ResultSet实例
        rs = pstmt.executeQuery(); // 执行SQL语句
        if (rs.next()) {
            if (rs.getInt(1) > 0) // 如果数据表中有值
                return true; // 返回true值
        }
    } catch (java.sql.SQLException sql) { // 如果产生异常
        sql.printStackTrace(); // 输出异常
        return false; // 返回false值
    }
    return false; // 返回false值
}
```

（2）定义一个私有类方法 AdapterObject()用来执行数据表的所有操作，方法参数为生成的 SQL 语句。该方法的关键代码如下：

```java
private boolean AdapterObject(String sqlState) {
    boolean flag = false;
    try {
        con = CommonaJdbc.conection; // 获取数据库连接
        pstmt = con.prepareStatement(sqlState); // 获取PreparedStatement实例
        pstmt.execute(); // 执行该SQL语句
        flag = true; // 将标识量修改为true
        JOptionPane.showMessageDialog(null, infoStr + "数据成功!!!", "系统提示",
                         JOptionPane.INFORMATION_MESSAGE); // 弹出相应提示对话框
    } catch (java.sql.SQLException sql) {
        flag = false;
        sql.printStackTrace();
    }
    return flag; // 将标识量返回
}
```

（3）由于在这个类中封装了所有的表操作，其实现方法都是一样的，因此这里仅以操作学生表的 InsertOrUpdateObject()方法为例进行详细讲解，其他方法的编写，读者可参考资源包中的源代码。InsertOrUpdateObject()方法的关键代码如下：

```java
public boolean InsertOrUpdateObject(Obj_student objstudent) {
```

```
        String sqlStatement = null;
        if (validateID("stuid", "tb_studentinfo", objstudent.getStuid())) {
            sqlStatement = "Update tb_studentinfo set stuid = '" + objstudent.getStuid() +
"',classID = '"
                    + objstudent.getClassID() + "',stuname = '" + objstudent.getStuname()
+ "',sex = '"
                    + objstudent.getSex() + "',age = '" + objstudent.getAge() + "',addr =
'" + objstudent.getAddress()
                    + "',phone = '" + objstudent.getPhone() + "' where stuid = '" +
objstudent.getStuid().trim() + "'";
            infoStr = "更新学生信息";
        } else {
            sqlStatement = "Insert tb_studentinfo(stuid,classid,stuname,sex,age,addr,phone)
values ('"
                    + objstudent.getStuid() + "','" + objstudent.getClassID() + "','" +
objstudent.getStuname() + "','"
                    + objstudent.getSex() + "','" + objstudent.getAge() + "','" +
objstudent.getAddress() + "','"
                    + objstudent.getPhone() + "')";
            infoStr = "添加学生信息";
        }
        return AdapterObject(sqlStatement);
    }
```

（4）定义一个公共方法 InsertOrUpdate_Obj_gradeinfo_sub，用来执行学生成绩的存盘操作。这个方法的参数为学生成绩对象 Obj_gradeinfo_sub 数组变量，定义一个 String 类型变量 sqlStr，然后在循环体中调用 stmt 的 addBatch()方法，将 sqlStr 变量放入 Batch 中，最后执行 stmt 的 executeBatch()方法。关键代码如下：

```
    public boolean InsertOrUpdate_Obj_gradeinfo_sub(Obj_gradeinfo_sub[] object) {
        try {
            con = CommonaJdbc.conection;
            stmt = con.createStatement();
            for (int i = 0; i < object.length; i++) {
                String sqlStr = null;
                if (validateobjgradeinfo(object[i].getStuid(), object[i].getKindID(), object[i].
getCode())) {
                    sqlStr = "update tb_gradeinfo_sub set stuid = '" + object[i].getStuid() +
"',stuname = '"
                            + object[i].getSutname() + "',kindID = '" + object[i].getKindID() +
"',code = '"
                            + object[i].getCode() + "',grade = " + object[i].getGrade() +
" ,examdate = '"
                            + object[i].getExamdate() + "' where stuid = '" + object[i].getStuid()
+ "' and kindID = '"
                            + object[i].getKindID() + "' and code = '" + object[i].getCode() +
"'";
                } else {
                    sqlStr = "insert tb_gradeinfo_sub(stuid,stuname,kindID,code,grade,examdate)
                            values ('"+ object[i].getStuid() + "','" + object[i].getSutname()
                            + "','" + object[i].getKindID() + "','" + object[i].getCode() + "',"
                            + object[i].getGrade() + " ,'" + object[i].getExamdate() + "')";
```

```
                }
                System.out.println("sqlStr = " + sqlStr);
                stmt.addBatch(sqlStr);
            }
            stmt.executeBatch();
            JOptionPane.showMessageDialog(null, "学生成绩数据存盘成功!!!", "系统提示",
                        JOptionPane.INFORMATION_MESSAGE);
        } catch (java.sql.SQLException sqlerror) {
            new appstu.view.JF_view_error("错误信息为: " + sqlerror.getMessage());
            return false;
        }
        return true;
    }
```

（5）定义一个公共方法 Delete_Obj_gradeinfo_sub()，用来删除学生成绩。该方法的设计与方法 InsertOrUpdate_Obj_gradeinfo_sub()类似，通过循环控制来生成批处理语句，然后执行批处理命令，所不同的就是该方法所生成的语句是删除语句。Delete_Obj_gradeinfo_ sub()方法的关键代码如下：

```
    public boolean Delete_Obj_gradeinfo_sub(Obj_gradeinfo_sub[] object) {
        try {
            con = CommonaJdbc.conection;
            stmt = con.createStatement();
            for (int i = 0; i < object.length; i++) {
                String sqlStr = null;
                sqlStr = "Delete From tb_gradeinfo_sub  where stuid = '" + object[i].getStuid() + "' and kindID = '"
                            + object[i].getKindID() + "' and code = '"+ object[i].getCode() + "'";
                System.out.println("sqlStr = " + sqlStr);
                stmt.addBatch(sqlStr);
            }
            stmt.executeBatch();
            JOptionPane.showMessageDialog(null, "学生成绩数据删除成功!!!", "系统提示",
                        JOptionPane.INFORMATION_MESSAGE);
        } catch (java.sql.SQLException sqlerror) {
            new appstu.view.JF_view_error("错误信息为: " + sqlerror.getMessage());
            return false;
        }
        return true;
    }
```

（6）定义一个删除数据表的公共类方法 DeleteObject，用来执行删除数据表的操作，其关键代码如下：

```
    public boolean DeleteObject(String deleteSql) {
        infoStr = "删除";
        return AdapterObject(deleteSql);
    }
```

3. 检索数据的公共类 RetrieveObject

数据的检索功能在整个系统中占有重要位置，系统中的所有查询都是通过该公共类实现的，该公共类通过传递的查询语句调用相应的类方法，查询满足条件的数据或者数据集合。这个公共类中定义了 3 种不同的方法来满足系统的查询要求。

（1）定义一个类的公共方法 getObjectRow()，用来检索一条满足条件的数据，该方法的返回值类型为 Vector，其关键代码如下：

```java
public Vector getObjectRow(String sqlStr) {
    Vector vdata = new Vector(); // 定义一个集合
    connection = CommonaJdbc.conection; // 获取一个数据库连接
    try {
        rs = connection.prepareStatement(sqlStr).executeQuery();
        // 获取一个ResultSet实例
        rsmd = rs.getMetaData(); // 获取一个ResultSetMetaData实例
        while (rs.next()) {
            for (int i = 1; i <= rsmd.getColumnCount(); i++) {
                vdata.addElement(rs.getObject(i)); // 将数据库结果集中的数据添加到集合中
            }
        }
    } catch (java.sql.SQLException sql) {
        sql.printStackTrace();
        return null;
    }
    return vdata; // 将集合返回
}
```

（2）定义一个类的公共方法 getTableCollection()，用来检索满足条件的数据集合，该方法的返回值类型为 Collection，其关键代码如下：

```java
public Collection getTableCollection(String sqlStr) {
    Collection collection = new Vector();
    connection = CommonaJdbc.conection;
    try {
        rs = connection.prepareStatement(sqlStr).executeQuery();
        rsmd = rs.getMetaData();
        while (rs.next()) {
            Vector vdata = new Vector();
            for (int i = 1; i <= rsmd.getColumnCount(); i++) {
                vdata.addElement(rs.getObject(i));
            }
            collection.add(vdata);
        }
    } catch (java.sql.SQLException sql) {
        new appstu.view.JF_view_error("执行的SQL语句为:\n" + sqlStr + "\n错误信息为: " + sql.getMessage());
        sql.printStackTrace();
        return null;
    }
    return collection;
}
```

（3）定义类方法 getTableModel() 用来生成一个表格数据模型，该方法的返回值类型为 DefaultTableModel，该方法中一个数组参数 name 用来生成表模型中的列名，方法 getTableModel() 的关键代码如下：

```java
public DefaultTableModel getTableModel(String[] name, String sqlStr) {
    Vector vname = new Vector();
    for (int i = 0; i < name.length; i++) {
```

```
            vname.addElement(name[i]);
        }
        // 定义一个DefaultTableModel实例
        DefaultTableModel tableModel = new DefaultTableModel(vname, 0);
        connection = CommonaJdbc.conection;
        try {
            rs = connection.prepareStatement(sqlStr).executeQuery();
            rsmd = rs.getMetaData();
            while (rs.next()) {
                Vector vdata = new Vector();
                for (int i = 1; i <= rsmd.getColumnCount(); i++) {
                    vdata.addElement(rs.getObject(i));
                }
                tableModel.addRow(vdata);   // 将集合添加到表格模型中
            }
        } catch (java.sql.SQLException sql) {
            sql.printStackTrace();
            return null;
        }
        return tableModel;  // 返回表格模型实例
    }
```

4. 产生流水号的公共类 ProduceMaxBh

在 appstu.util 包下建立公共类文件 ProduceMaxBh.java，在这个类中定义一个公共方法 getMaxBh()，该方法用来生成一个最大的流水号码，首先通过参数来获得数据表中的最大号码，然后根据这个号码产生一个最大编号，其关键代码如下：

```
public String getMaxBh(String sqlStr, String whereID) {
    appstu.util.RetrieveObject reobject = new RetrieveObject();
    Vector vdata = null;
    Object obj = null;
    vdata = reobject.getObjectRow(sqlStr);
    obj = vdata.get(0);
    String maxbh = null, newbh = null;
    if (obj == null) {
        newbh = whereID + "01";
    } else {
        maxbh = String.valueOf(vdata.get(0));
        String subStr = maxbh.substring(maxbh.length() - 1, maxbh.length());
        subStr = String.valueOf(Integer.parseInt(subStr) + 1);
        if (subStr.length() == 1)
            subStr = "0" + subStr;
        newbh = whereID + subStr;
    }
    return newbh;
}
```

8.6 登录模块设计

登录模块设计

8.6.1 模块概述

系统用户登录主要用来验证用户的登录信息，完成用户的登录功能。登录模块运行结果如图 8-10 所示。

图 8-10　登录模块运行结果

系统登录模块需要让窗体居中显示。为了让窗体居中显示，首先要获得显示器的大小。使用 Toolkit 类的 getScreenSize()方法可以获得屏幕的大小，该方法的声明语法如下：

public abstract Dimension getScreenSize() throws HeadlessException

但是 Toolkit 类是一个抽象类，不能够使用 new 获得其对象。该类中定义的 getDefaultToolkit()方法可以获得 Toolkit 类型的对象，该方法的声明语法如下：

public static Toolkit getDefaultToolkit()

在获得了屏幕的大小之后，通过简单的计算即可让窗体居中显示。

8.6.2　代码实现

1. 界面设计

登录窗体的界面设计比较简单，具体设计步骤如下。

（1）在 Eclipse 中的"包资源管理器"视图中选择项目，在项目的"src"文件夹上单击鼠标右键，选择"新建"/"其他"菜单项，在弹出的"新建"对话框的"输入过滤文本"文本框中输入"JFrame"，然后选择"WindowBuilder"/"Swing Designer"/"JFrame"节点。

（2）在"New JFrame"对话框中，输入包名"appstu.view"，类名"JF_login"，单击"完成"按钮。该文件继承 javax.swing 包下面的 JFrame 类，JFrame 类提供了一个包含标题、边框和其他平台专用修饰的顶层窗口。

（3）创建类完成后，单击编辑器左下角的"Designer"选项卡，打开 UI 设计器，设置布局管理器类型为 BorderLayout。

（4）在 Palette 控件托盘中选择"Swing Containers"区域中的"JPanel"按钮，将该控件拖曳到 contentPane 控件中，此时该 JPanel 默认放置在整个容器的中部，可以在"Properties"选项卡中的"constraints"对应的属性中修改该控件的布局。同时在"Palette"托盘中选择两个 JLabel、一个 JTextFiled 控件和一个 JPasswordField 控件放置到 JPanel 容器中。设置这两个 JLabel 的 text 属性为"用户名"和"密码"。

（5）以相同的方式从 Palette 控件托盘中选择一个 JPanel 容器拖曳到 contentPane 控件中，设置该面板位于布局管理器的北部，然后在该面板中放置一个 JLabel 控件。最后选择一个 JPanel 容器拖曳到 contentPane 控件中，使该面板位于布局管理器的南部，选择两个 JButton 控件放置在该面板中。

通过以上几个步骤就完成了整个用户登录窗体设计。JF_login 类中控件的名称如图 8-11 所示。

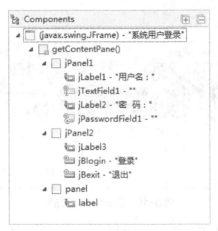

图 8-11　JF_login 类中控件的名称

2. 代码设计

登录窗体的具体设置步骤如下。

（1）用户输入用户名、密码后，按下 <Enter> 键，系统校验该用户是否存在。在公共方法 jTextField1_keyPressed() 中，定义一个 String 类型变量 sqlSelect 用来生成 SQL 查询语句，然后再定义一个公共类 RetrieveObject 类型变量 retrieve，调用 retrieve 的 getObjectRow() 方法，其参数为 sqlSelect，用来判断该用户是否存在。jTextField1_keyPressed() 方法的关键代码如下：

```java
public void jTextField1_keyPressed(KeyEvent keyEvent) {
    if (keyEvent.getKeyCode() == KeyEvent.VK_ENTER) {
        String sqlSelect = null;
        Vector vdata = null;
        // 根据该用户输入的用户名查询在数据库中是否存在
        sqlSelect = "select username from tb_user where userid = '" + jTextField1.getText().trim() + "'";
        RetrieveObject retrieve = new RetrieveObject();
        vdata = retrieve.getObjectRow(sqlSelect); // 调用getObjectRow方法执行该SQL语句
        if (vdata.size() > 0) {
            jPasswordField1.requestFocus();// 焦点放置在密码框中
        } else {
            // 如果该用户名不存在，则弹出相应提示对话框
            JOptionPane.showMessageDialog(null, "输入的用户ID不存在，请重新输入!!!", "系统提示", JOptionPane.ERROR_MESSAGE);
            jTextField1.requestFocus();// 焦点放置在用户名文本框中
        }
    }
}
```

（2）如果用户存在，再输入对应的密码，输入的密码正确时，单击"登录"按钮，进入系统。公共方法 jBlogin_actionPerformed() 的设计与 jTextField1_keyPressed() 方法的设计相似，其关键代码如下：

```java
public void jBlogin_actionPerformed(ActionEvent e) {
    if (jTextField1.getText().trim().length() == 0 || jPasswordField1.getPassword().length == 0) {
        JOptionPane.showMessageDialog(null, "用户密码不允许为空", "系统提示",
            JOptionPane.ERROR_MESSAGE);
```

```
            return;
        }
        String pass = null;
        pass = String.valueOf(jPasswordField1.getPassword());
        String sqlSelect = null;
        sqlSelect = "select count(*) from tb_user where userid = '" + jTextField1.
getText().trim() + "' and pass = '" + pass + "'";
        Vector vdata = null;
        appstu.util.RetrieveObject retrieve = new appstu.util.RetrieveObject();
        vdata = retrieve.getObjectRow(sqlSelect);   // 执行SQL语句
        if (Integer.parseInt(String.valueOf(vdata.get(0))) > 0) {// 如果验证成功
            AppMain frame = new AppMain();// 实例化系统主窗体
            this.setVisible(false);// 设置该主窗体不可见
        } else {// 如果验证不成功
            JOptionPane.showMessageDialog(null, "输入的口令不正确,请重新输入!!!", "系统提示",
                            JOptionPane.ERROR_MESSAGE);   // 弹出相应消息对话框
            jTextField1.setText(null); // 将用户名文本框置空
            jPasswordField1.setText(null); // 将密码文本框置空
            jTextField1.requestFocus();// 将焦点放置在用户名文本框中
            return;
        }
    }
```

8.7 主窗体设计

8.7.1 模块概述

用户登录成功后，进入系统主界面，在主界面中主要完成对学生成绩信息的不同操作，其中包括各种参数的基本设置，学生/教师基本信息的录入、查询，成绩信息的录入、查询等功能。主窗体运行效果如图 8-12 所示。

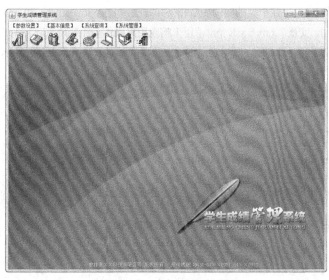

图 8-12 主窗体运行效果

主窗体模块用到的主要技术是 JDesktopPane 类的使用。JDesktopPane 类用于创建多文档界面或虚拟桌面的容器。用户可创建 JInternalFrame 对象并将其添加到 JDesktopPane。JDesktopPane 扩展了 JLayeredPane，以管理可能的重叠内部窗体。它还维护了对 DesktopManager 实例的引用，这是由 UI 类为当前的外观（L&F）所设置的。注意，JDesktopPane 不支持边界。

此类通常用作 JInternalFrames 的父类，为 JInternalFrames 提供一个可插入的 DesktopManager 对象。特定于 L&F 的实现 installUI 负责正确设置 desktopManager 变量。JInternalFrame 的父类是 JDesktopPane 时，它应该将其大部分行为（关闭、调整大小等）委托给 desktopManager。

本模块使用了 JDesktopPane 类继承的 add()方法，它可以将指定的控件增加到指定的层次上，该方法的声明如下：

public Component add(Component comp,**int** index)。

comp：要添加的控件。

index：添加的控件的层次位置。

8.7.2 代码实现

1. 界面设计

主界面的设计不是十分复杂，主要工作在代码设计中完成。这里主要给出 UI 控件结构，如图 8-13 所示。

图 8-13　AppMain 类中的控件结构

2. 代码设计

在登录窗体中分别定义以下几个类的实例变量和公共方法：变量 JmenuBar 和 JToolBar（用来生成主界面中的主菜单和工具栏）、变量 MenuBarEvent（用来响应用户操作）和变量 JdesktopPane（用来生成放置控件的桌面面板）。定义完实例变量之后，开始定义创建主菜单的私有方法 BuildMenuBar()和创建工具栏的私有方法 BuildToolBar()，其关键代码如下：

```
public class AppMain extends JFrame {
    // 省略部分代码
    public static JDesktopPane desktop = new JDesktopPane();
    MenuBarEvent _MenuBarEvent = new MenuBarEvent();// 自定义事件类处理
    JMenuBar jMenuBarMain = new JMenuBar();// 定义界面中的主菜单控件
    JToolBar jToolBarMain = new JToolBar();// 定义界面中的工具栏控件
    private void BuildMenuBar() { // 定义生成主菜单的公共方法
    }
    private void BuildToolBar() { // 定义生成工具栏的公共方法
    }
    // 省略部分代码
}
```

下面分别详细讲述设置主菜单与工具栏的方法。

（1）生成菜单的私有方法 BuildMenuBar()的实现过程：首先定义菜单对象数组用来生成整个系统中的业务主菜单，然后定义主菜单中的子菜单项，用来添加到主菜单中，为子菜单实现响应用户单击的操作方法。关键代码如下：

```java
private void BuildMenuBar() {
    JMenu[] _jMenu = { new JMenu("【参数设置】"), new JMenu("【基本信息】"), new JMenu("【系统查询】"), new JMenu("【系统管理】") };
    JMenuItem[] _jMenuItem0 = { new JMenuItem("【年级设置】"), new JMenuItem("【班级设置】"),
                     new JMenuItem("【考试科目】"), new JMenuItem("【考试类别】") };
    String[] _jMenuItem0Name = { "sys_grade", "sys_class", "sys_subject", "sys_examkinds" };
    JMenuItem[] _jMenuItem1 = { new JMenuItem("【学生信息】"), new JMenuItem("【教师信息】"),
                     new JMenuItem("【考试成绩】") };
    String[] _jMenuItem1Name = { "JF_view_student", "JF_view_teacher", "JF_view_gradesub" };
    JMenuItem[] _jMenuItem2 = { new JMenuItem("【基本信息】"), new JMenuItem("【成绩信息】"),
                     new JMenuItem("【汇总查询】") };
    String[] _jMenuItem2Name = { "JF_view_query_jbqk", "JF_view_query_grade_mx", "JF_view_query_grade_hz" };
    JMenuItem[] _jMenuItem3 = { new JMenuItem("【用户维护】"), new JMenuItem("【系统退出】") };
    String[] _jMenuItem3Name = { "sys_user_modify", "JB_EXIT" };
    Font _MenuItemFont = new Font("宋体", 0, 12);
    for (int i = 0; i < _jMenu.length; i++) {
        _jMenu[i].setFont(_MenuItemFont);
        jMenuBarMain.add(_jMenu[i]);
    }
    for (int j = 0; j < _jMenuItem0.length; j++) {
        _jMenuItem0[j].setFont(_MenuItemFont);
        final String EventName1 = _jMenuItem0Name[j];
        _jMenuItem0[j].addActionListener(_MenuBarEvent);
        _jMenuItem0[j].addActionListener(new ActionListener() {
            @Override
            public void actionPerformed(ActionEvent e) {
                _MenuBarEvent.setEventName(EventName1);
            }
        });
        _jMenu[0].add(_jMenuItem0[j]);
        if (j == 1) {
            _jMenu[0].addSeparator();
        }
    }
    for (int j = 0; j < _jMenuItem1.length; j++) {
        _jMenuItem1[j].setFont(_MenuItemFont);
        final String EventName1 = _jMenuItem1Name[j];
        _jMenuItem1[j].addActionListener(_MenuBarEvent);
        _jMenuItem1[j].addActionListener(new ActionListener() {
            @Override
            public void actionPerformed(ActionEvent e) {
                _MenuBarEvent.setEventName(EventName1);
            }
```

```java
            });
            _jMenu[1].add(_jMenuItem1[j]);
            if (j == 1) {
                _jMenu[1].addSeparator();
            }
        }
        for (int j = 0; j < _jMenuItem2.length; j++) {
            _jMenuItem2[j].setFont(_MenuItemFont);
            final String EventName2 = _jMenuItem2Name[j];
            _jMenuItem2[j].addActionListener(_MenuBarEvent);
            _jMenuItem2[j].addActionListener(new ActionListener() {
                @Override
                public void actionPerformed(ActionEvent e) {
                    _MenuBarEvent.setEventName(EventName2);
                }
            });
            _jMenu[2].add(_jMenuItem2[j]);
            if ((j == 0)) {
                _jMenu[2].addSeparator();
            }
        }
        for (int j = 0; j < _jMenuItem3.length; j++) {
            _jMenuItem3[j].setFont(_MenuItemFont);
            final String EventName3 = _jMenuItem3Name[j];
            _jMenuItem3[j].addActionListener(_MenuBarEvent);
            _jMenuItem3[j].addActionListener(new ActionListener() {
                @Override
                public void actionPerformed(ActionEvent e) {
                    _MenuBarEvent.setEventName(EventName3);
                }
            });
            _jMenu[3].add(_jMenuItem3[j]);
            if (j == 0) {
                _jMenu[3].addSeparator();
            }
        }
    }
```

（2）界面的主菜单设计完成之后，通过私有方法 BuildToolBar() 进行工具栏的创建。定义 3 个 String 类型的局部数组变量，为工具栏上的按钮设置不同的数值，定义 JButton 控件，添加到实例变量 JToolBarMain 中。关键代码如下：

```java
    private void BuildToolBar() {
        String ImageName[] = { "科目设置.GIF", "班级设置.gif", "添加学生.gif", "录入成绩.GIF", "基本查询.GIF",
                               "成绩明细.GIF", "年级汇总.GIF", "系统退出.GIF" };
        String TipString[] = { "成绩科目设置", "学生班级设置", "添加学生", "录入考试成绩", "基本信息查询",
                               "考试成绩明细查询", "年级成绩汇总", "系统退出" };
```

```
        String ComandString[] = { "sys_subject", "sys_class", "JF_view_student", "JF_view_
gradesub",
                "JF_view_query_jbqk",
"JF_view_query_grade_mx","JF_view_query_grade_hz", "JB_EXIT" };
        for (int i = 0; i < ComandString.length; i++) {
            JButton jb = new JButton();
            ImageIcon image = new ImageIcon(".\\images\\" + ImageName[i]);
            jb.setIcon(image);
            jb.setToolTipText(TipString[i]);
            jb.setActionCommand(ComandString[i]);
            jb.addActionListener(_MenuBarEvent);
            jToolBarMain.add(jb);
        }
    }
```

8.8 班级信息设置模块设计

8.8.1 模块概述

班级信息设置模块设计

班级信息设置模块用来维护班级的基本情况,包括对班级信息的添加、修改和删除等操作。在系统菜单栏中选择"参数设置"/"班级设置"选项,进入班级信息设置模块,运行效果如图 8-14 所示。

图 8-14 "班级信息设置"窗体

班级信息设置模块用到的主要技术是内部窗体的创建。通过继承 JInternalFrame 类,可以创建一个内部窗体。JInternalFrame 提供了很多最基本的窗体功能,这些功能包括拖动、关闭、变成图标、调整大小、标题显示和支持菜单栏。通常,可将 JInternalFrame 添加到 JDesktopPane 中。UI 将特定于外观的操作委托给由 JDesktopPane 维护的 DesktopManager 对象。

JInternalFrame 内容窗格是添加子控件的地方。为了方便地使用 add()方法及其变体,已经重写了 remove 和 setLayout,以在必要时将其转发到 contentPane。这意味着可以编写:

```
internalFrame.add(child);
```

子级将被添加到 contentPane。内容窗格实际上由 JRootPane 的实例管理,它还管理 layoutPane、glassPane 和内部窗体的可选菜单栏。

8.8.2 代码实现

1. 界面设计

班级信息设置模块设计的窗体 UI 结构如图 8-15 所示。

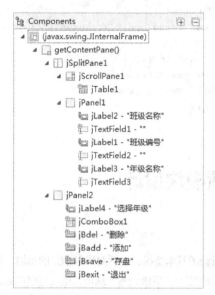

图 8-15 JF_view_sysset_class 类中的控件结构

2. 代码设计

（1）通过调用上文中讲解的公共类 JdbcAdapter.java，完成对班级表 tb_grade 的相应操作。执行该模块程序，先从数据表中检索出班级的基本信息，如果存在数据，用户单击某一条数据之后可以对其进行修改、删除等操作。定义一个 boolean 实例变量 insertflag，用来标志操作数据库的类型，然后定义一个私有方法 buildTable，用来检索班级数据。关键代码如下：

```java
private void buildTable() {
    DefaultTableModel tablemodel = null; // 设置表格模型变量
    String[] name = { "班级编号","年级编号","班级名称" }; // 设置表头数组
    String sqlStr = "select * from tb_classinfo"; // 定义SQL语句
    appstu.util.RetrieveObject bdt = new appstu.util.RetrieveObject();
    // 调用getTableModel()方法获取一个表格模型实例
    tablemodel = bdt.getTableModel(name, sqlStr);
    jTable1.setModel(tablemodel); // 将表格模型放置在表格中
    jTable1.setRowHeight(24); // 设置表格的行高为24像素
}
```

（2）单击"添加"按钮，用来增加一条新的数据信息。在公共方法 jBadd_actionPerformed()中定义局部字符串变量 sqlgrade，用来生成年级 sql 的查询语句，然后调用公共类 RetrieveObject 的 getObjectRow()方法，其参数为 sqlgrade，将返回结果数据解析后添加到 jComboBox1 控件中。关键代码如下：

```java
public void jBadd_actionPerformed(ActionEvent e) {
    // 获得年级名称
    if (jComboBox1.getItemCount() <= 0)
        return;
    int index = jComboBox1.getSelectedIndex();
    String gradeid = gradeID[index];
```

```java
        String sqlStr = null, classid = null;
        sqlStr = "SELECT MAX(classID) FROM tb_classinfo where gradeID = '" + gradeid + "'";
        ProduceMaxBh pm = new appstu.util.ProduceMaxBh();
        System.out.println("我在方法item中" + sqlStr + "; index = " + index);
        classid = pm.getMaxBh(sqlStr, gradeid);
        jTextField1.setText(String.valueOf(jComboBox1.getSelectedItem()));
        jTextField2.setText(classid);
        jTextField3.setText("");
        jTextField3.requestFocus();
    }
```

（3）用户单击表格上的某条数据后，程序会将这条数据填写到 jPanel2 面板上的相应控件上，以方便用户进行相应的操作，在公共方法 jTable1_mouseClicked()中定义一个 String 类型的局部变量 sqlStr，用来生成 sql 查询语句，然后调用公共类 RetrieveObject 的 getObjectRow()方法，进行数据查询，如果找到数据，则将该数据解析显示给用户，关键代码如下：

```java
public void jTable1_mouseClicked(MouseEvent e) {
    insertflag = false;
    String id = null;
    String sqlStr = null;
    int selectrow = 0;
    selectrow = jTable1.getSelectedRow();// 获取表格选定的行数
    if (selectrow < 0)
        return; // 如果该行数小于0，则返回
    // 返回第selectrow行、第1列的单元格值
    id = jTable1.getValueAt(selectrow, 0).toString();
    // 查询班级信息表与年级信息表中的基本信息
    sqlStr = "SELECT c.classID, d.gradeName, c.className FROM tb_classinfo c INNER JOIN " + " tb_gradeinfo d ON c.gradeID = d.gradeID"
            + " where c.classID = '" + id + "'";
    Vector vdata = null;
    RetrieveObject retrive = new RetrieveObject();
    vdata = retrive.getObjectRow(sqlStr); // 执行SQL语句返回一个集合
    jComboBox1.removeAllItems();
    jTextField1.setText(vdata.get(0).toString());
    jComboBox1.addItem(vdata.get(1));
    jTextField2.setText(vdata.get(2).toString());
}
```

（4）当对年级列表框 jComboBox1 进行赋值时，会自动触发 itemStateChanged 事件，为了解决对列表框的不同赋值操作（如浏览和删除），用到了实例变量 insertflag 进行判断。编写公共方法 jComboBox1_itemStateChanged()的关键代码如下：

```java
public void jComboBox1_itemStateChanged(ItemEvent e) {
    if (insertflag) {
        String gradeID = null;
        gradeID = "0" + String.valueOf(jComboBox1.getSelectedIndex() + 1);
        ProduceMaxBh pm = new appstu.util.ProduceMaxBh();
        String sqlStr = null, classid = null;
        sqlStr = "SELECT MAX(classID) FROM tb_classinfo where gradeID = '" + gradeID + "'";
        classid = pm.getMaxBh(sqlStr, gradeID);
        jTextField1.setText(classid);
    } else {
```

```
        jTextField1.setText(String.valueOf(jTable1.getValueAt(jTable1.getSelectedRow(), 0)));
    }
}
```

（5）单击"删除"按钮，删除某一条班级数据信息。在公共方法 jBdel_actionPerformed()中定义字符串类型的局部变量 sqlDel，用来生成班级的删除语句，然后调用公共类的 JdbcAdapter 的 DeleteObject()方法。相关代码如下：

```
public void jBdel_actionPerformed(ActionEvent e) {
    int result = JOptionPane.showOptionDialog(null, "是否删除班级信息数据?", "系统提示",
        JOptionPane.YES_NO_OPTION, JOptionPane.QUESTION_MESSAGE, null, new String[] {"是", "否"}, "否");
    if (result == JOptionPane.NO_OPTION)
        return;
    String sqlDel = "delete tb_classinfo where classID = '" + jTextField2.getText().trim() + "'";
    JdbcAdapter jdbcAdapter = new JdbcAdapter();
    if (jdbcAdapter.DeleteObject(sqlDel)) {
        jTextField1.setText("");
        jTextField2.setText("");
        jTextField3.setText("");
        buildTable();
    }
}
```

（6）单击"存盘"按钮，将数据保存在数据表中。在方法 jBsave_actionPerformed()中定义实体类对象 Obj_classinfo，变量名为 objclassinfo，然后通过 setter 方法为 objclassinfo 赋值，再调用公共类 JdbcAdapter 的 InsertOrUpdateObject()方法，完成存盘操作，其参数为 objclassinfo。关键代码如下：

```
public void jBsave_actionPerformed(ActionEvent e) {
    int result = JOptionPane.showOptionDialog(null, "是否存盘班级信息数据?", "系统提示",
        JOptionPane.YES_NO_OPTION, JOptionPane.QUESTION_MESSAGE, null, new String[] {"是", "否"}, "否");
    if (result == JOptionPane.NO_OPTION)
        return;
    int index = jComboBox1.getSelectedIndex();
    String gradeid = gradeID[index];
    appstu.model.Obj_classinfo objclassinfo = new appstu.model.Obj_classinfo();
    objclassinfo.setClassID(jTextField2.getText().trim());
    objclassinfo.setGradeID(gradeid);
    objclassinfo.setClassName(jTextField3.getText().trim());
    JdbcAdapter jdbcAdapter = new JdbcAdapter();
    if (jdbcAdapter.InsertOrUpdateObject(objclassinfo))
        buildTable();
}
```

8.9 学生基本信息管理模块设计

8.9.1 模块概述

该模块用来管理学生基本信息，包括学生信息的添加、修改、删除、存盘等功能。单

学生基本信息
管理模块设计

击菜单"基本信息"/"学生信息"选项，进入该模块，窗体运行效果如图 8-16 所示。

图 8-16 "学生基本信息管理"窗体

学生基本信息管理模块中用到的主要技术是 JSplitPane。JSplitPane 用于分隔两个（只能两个）Component。两个 Component 图形化分隔以外观实现为基础，并且这两个 Component 可以由用户交互式调整大小。使用 JSplitPane.HORIZONTAL_SPLIT 可让分隔窗格中的两个 Component 从左到右排列，或者使用 JSplitPane.VERTICAL_SPLIT 使其从上到下排列。改变 Component 大小的首选方式是调用 setDividerLocation()，其中 location 是新的 x 位置或 y 位置，具体取决于 JSplitPane 的方向。要将 Component 调整到其首选大小，可调用 resetToPreferredSizes()。

当用户调整 Component 的大小时，Component 的大小的最小值用于确定 Component 能够设置的最大/最小位置。如果两个控件的大小的最小值大于分隔窗格的大小，则分隔条将不允许调整大小。当用户调整分隔窗格大小时，新的空间以 resizeWeight 为基础在两个控件之间分配。默认情况下，值为 0 表示右边/底部的控件获得所有空间，而值为 1 表示左边/顶部的控件获得所有空间。

8.9.2 代码实现

1. 界面设计

学生基本信息管理模块设计的窗体 UI 结构如图 8-17 和图 8-18 所示。

图 8-17　JF_view_student 类中的控件结构（上半部分）　　图 8-18　JF_view_student 类中的控件结构（下半部分）

2. 代码设计

（1）用户进入该模块后，程序首先从数据表中检索出学生的基本信息，如果检索到学生的基本信息，那么用户在单击某一条数据之后可以对该数据进行修改、删除等操作，公共类 JdbcAdapter 对学生表 tb_studentinfo 进行相应操作。下面来看一下检索数据的功能。单击 JF_view_student 类的 Source 代码编辑窗口，首先导入 util 公共包下的相应类文件，定义两个 String 类型的数组变量 gradeID、classID，其初始值为 null，用来存储年级编号和班级编号，然后定义一个私有方法 initialize() 用来检索班级数据，关键代码如下：

```java
public void initialize() {
    String sqlStr = null;
    sqlStr = "select gradeID,gradeName from tb_gradeinfo";
    RetrieveObject retrieve = new RetrieveObject();
    java.util.Collection collection = null;
    java.util.Iterator iterator = null;
    collection = retrieve.getTableCollection(sqlStr);
    iterator = collection.iterator();
    gradeID = new String[collection.size()];
    int i = 0;
    while (iterator.hasNext()) {
        java.util.Vector vdata = (java.util.Vector) iterator.next();
        gradeID[i] = String.valueOf(vdata.get(0));
        jComboBox1.addItem(vdata.get(1));
        i++;
    }
}
```

（2）用户选择年级列表框（jComboBox1）数据后，系统会自动检索出年级下面的班级数据，并放入班级列表框（jComboBox2）中。在公共方法 jComboBox1_itemStateChanged() 中，定义一个 String 类型变量 sqlStr，用来存储 SQL 查询语句。执行公共类 RetrieveObject 的方法 getTableCollection()，其参数为 sqlStr，将返回值放入集合变量 collection 中，然后将集合中的数据存放到班级列表框控件中。关键代码如下：

```java
public void jComboBox1_itemStateChanged(ItemEvent e) {
    jComboBox2.removeAllItems();
    int Index = jComboBox1.getSelectedIndex();
    String sqlStr = null;
    sqlStr = "select classID,className from tb_classinfo where gradeID = '" + gradeID[Index]
            + "'";
    RetrieveObject retrieve = new RetrieveObject();
    java.util.Collection collection = null;
    java.util.Iterator iterator = null;
    collection = retrieve.getTableCollection(sqlStr);
    iterator = collection.iterator();
    classID = new String[collection.size()];
    int i = 0;
    while (iterator.hasNext()) {
        java.util.Vector vdata = (java.util.Vector) iterator.next();
        classID[i] = String.valueOf(vdata.get(0));
        jComboBox2.addItem(vdata.get(1));
        i++;
    }
}
```

（3）用户选择班级列表框（jComboBox2）数据后，系统自动检索出该班级下的所有学生数据，方法 jComboBox2_itemStateChanged()的关键代码如下：

```java
public void jComboBox2_itemStateChanged(ItemEvent e) {
    if (jComboBox2.getSelectedIndex() < 0)
        return;
    String cid = classID[jComboBox2.getSelectedIndex()];
    DefaultTableModel tablemodel = null;
    String[] name = { "学生编号", "班级编号", "学生姓名", "性别", "年龄", "家庭住址", "联系电话" };
    String sqlStr = "select * from tb_studentinfo where classid = '" + cid + "'";
    appstu.util.RetrieveObject bdt = new appstu.util.RetrieveObject();
    tablemodel = bdt.getTableModel(name, sqlStr);
    jTable1.setModel(tablemodel);
    jTable1.setRowHeight(24);
}
```

（4）用户单击表格中的某条数据后，系统会将学生的信息读取到面板 jPanel1 的控件上来，以供用户进行操作，关键代码如下：

```java
public void jTable1_mouseClicked(MouseEvent e) {
    String id = null;
    String sqlStr = null;
    int selectrow = 0;
    selectrow = jTable1.getSelectedRow();
    if (selectrow < 0)
        return;
    id = jTable1.getValueAt(selectrow, 0).toString();
    sqlStr = "select * from tb_studentinfo where stuid = '" + id + "'";
    Vector vdata = null;
    RetrieveObject retrive = new RetrieveObject();
    vdata = retrive.getObjectRow(sqlStr);
    String gradeid = null, classid = null;
    String gradename = null, classname = null;
    Vector vname = null;
    classid = vdata.get(1).toString();
    gradeid = classid.substring(0, 2);
    vname = retrive.getObjectRow("select className from tb_classinfo where classID = '" + classid + "'");
    classname = String.valueOf(vname.get(0));
    vname = retrive.getObjectRow("select gradeName from tb_gradeinfo where gradeID = '" + gradeid + "'");
    gradename = String.valueOf(vname.get(0));
    jTextField1.setText(vdata.get(0).toString());
    jTextField2.setText(gradename + classname);
    jTextField3.setText(vdata.get(2).toString());
    jTextField4.setText(vdata.get(4).toString());
    jTextField5.setText(vdata.get(6).toString());
    jTextField6.setText(vdata.get(5).toString());
    jComboBox3.removeAllItems();
    jComboBox3.addItem(vdata.get(3).toString());
}
```

（5）单击"添加"按钮，进行学生信息的录入操作，这里主要看一下最大流水号的生成，其中公共方法

jBadd_actionPerformed()的关键代码如下:

```java
public void jBadd_actionPerformed(ActionEvent e) {
    String classid = null;
    int index = jComboBox2.getSelectedIndex();
    if (index < 0) {
        JOptionPane.showMessageDialog(null, "班级名称为空,请重新选择班级", "系统提示",
                                                    JOptionPane.ERROR_MESSAGE);
        return;
    }
    classid = classID[index];
    String sqlMax = "select max(stuid) from tb_studentinfo where classID = '" + classid
+ "'";
    ProduceMaxBh pm = new appstu.util.ProduceMaxBh();
    String stuid = null;
    stuid = pm.getMaxBh(sqlMax, classid);
    jTextField1.setText(stuid);
    jTextField2.setText(jComboBox2.getSelectedItem().toString());
    jTextField3.setText("");
    jTextField4.setText("");
    jTextField5.setText("");
    jTextField6.setText("");
    jComboBox3.removeAllItems();
    jComboBox3.addItem("男");
    jComboBox3.addItem("女");
    jTextField3.requestFocus();
}
```

（6）单击"删除"按钮,删除学生信息,其中公共方法 jBdel_actionPerformed()的关键代码如下:

```java
public void jBdel_actionPerformed(ActionEvent e) {
    if (jTextField1.getText().trim().length() <= 0)
        return;
    int result = JOptionPane.showOptionDialog(null, "是否删除学生的基本信息数据?", "系统提示",
        JOptionPane.YES_NO_OPTION, JOptionPane.QUESTION_MESSAGE, null, new String[] {"是
", "否" }, "否");
    if (result == JOptionPane.NO_OPTION)
        return;
    String sqlDel = "delete tb_studentinfo where stuid = '" + jTextField1.getText().trim()
+ "'";
    JdbcAdapter jdbcAdapter = new JdbcAdapter();
    if (jdbcAdapter.DeleteObject(sqlDel)) {
        jTextField1.setText("");
        jTextField2.setText("");
        jTextField3.setText("");
        jTextField4.setText("");
        jTextField5.setText("");
        jTextField6.setText("");
        jComboBox1.removeAllItems();
        jComboBox3.removeAllItems();
        ActionEvent event = new ActionEvent(jBrefresh, 0, null);
        jBrefresh_actionPerformed(event);
    }
```

}

（7）单击"存盘"按钮，对学生数据进行存盘操作，公共方法 jBsave_actionPerformed()的关键代码如下：

```java
public void jBsave_actionPerformed(ActionEvent e) {
    int result = JOptionPane.showOptionDialog(null, "是否存盘学生基本数据信息?", "系统提示",
        JOptionPane.YES_NO_OPTION, JOptionPane.QUESTION_MESSAGE, null, new String[] { "是", "否" }, "否");
    if (result == JOptionPane.NO_OPTION)
        return;
    appstu.model.Obj_student object = new appstu.model.Obj_student();
    String classid = classID[Integer.parseInt(String.valueOf(jComboBox2.getSelectedIndex()))];
    object.setStuid(jTextField1.getText().trim());
    object.setClassID(classid);
    object.setStuname(jTextField3.getText().trim());
    int age = 0;
    try {
        age = Integer.parseInt(jTextField4.getText().trim());
    } catch (java.lang.NumberFormatException formate) {
        JOptionPane.showMessageDialog(null, "数据录入有误，错误信息:\n" + formate.getMessage(),
"系统提示", JOptionPane.ERROR_MESSAGE);
        jTextField4.requestFocus();
        return;
    }
    object.setAge(age);
    object.setSex(String.valueOf(jComboBox3.getSelectedItem()));
    object.setPhone(jTextField5.getText().trim());
    object.setAddress(jTextField6.getText().trim());
    appstu.util.JdbcAdapter adapter = new appstu.util.JdbcAdapter();
    if (adapter.InsertOrUpdateObject(object)) {
        ActionEvent event = new ActionEvent(jBrefresh, 0, null);
        jBrefresh_actionPerformed(event);
    }
}
```

8.10 学生考试成绩信息管理模块设计

学生考试成绩信息
管理模块设计

8.10.1 模块概述

该模块主要是对学生成绩信息进行管理，包括修改、添加、删除、存盘等。单击菜单"基本信息"/"考试成绩"选项，进入"学生考试成绩信息管理"窗体，窗体运行效果如图8-19所示。

该模块使用的主要技术是 Vector 类的应用。Vector 类可以实现长度可变的对象数组。与数组一样，它包含可以使用整数索引进行访问的控件。但是，Vector 的大小可以根据需要增大或缩小，以适应创建 Vector 后进行添加或移除项的操作。

每个 Vector 对象会试图通过维护 capacity 和 capacityIncrement 来优化存储管理。capacity 始终至少与 Vector 的大小相等；这个值通常比后者大些，因为随着将控件添加到 Vector 中，其存储将按 capacityIncrement 的大小增加存储块。应用程序可以在插入大量控件前增加 Vector 的容量，这样就减少了增加的重分配的量。

图 8-19 "学生考试成绩信息管理"窗体

8.10.2 代码实现

1. 界面设计

学生考试成绩信息管理模块设计的窗体 UI 结构如图 8-20 所示。

图 8-20 JF_view_gradesub 类中的控件结构

2. 代码设计

(1)执行该模块程序,首先通过调用上面讲解的公共类 JdbcAdapter,从学生成绩表 tb_gradeinfo_sub 中检索出班级的基本信息,用户选择班级后,程序检索出该班级对应的学生数据。单击 JF_view_gradesub 类的 Source 代码编辑窗口进行代码编写。导入 util 公共包下的相应类文件,定义一个 boolean 实例变量 insertflag,用来标志操作的数据库的类型,然后定义一个私有方法 buildTabl(),用来检索班级数据。相关代码如下:

```java
public void initialize() {
    RetrieveObject retrieve = new RetrieveObject();
```

```java
java.util.Vector vdata = new java.util.Vector();
String sqlStr = null;
java.util.Collection collection = null;
java.util.Iterator iterator = null;
sqlStr = "SELECT * FROM tb_examkinds";
collection = retrieve.getTableCollection(sqlStr);
iterator = collection.iterator();
examkindid = new String[collection.size()];
examkindname = new String[collection.size()];
int i = 0;
while (iterator.hasNext()) {
    vdata = (java.util.Vector) iterator.next();
    examkindid[i] = String.valueOf(vdata.get(0));
    examkindname[i] = String.valueOf(vdata.get(1));
    jComboBox1.addItem(vdata.get(1));
    i++;
}
sqlStr = "select * from tb_classinfo";
collection = retrieve.getTableCollection(sqlStr);
iterator = collection.iterator();
classid = new String[collection.size()];
i = 0;
while (iterator.hasNext()) {
    vdata = (java.util.Vector) iterator.next();
    classid[i] = String.valueOf(vdata.get(0));
    jComboBox2.addItem(vdata.get(2));
    i++;
}
sqlStr = "select * from tb_subject";
collection = retrieve.getTableCollection(sqlStr);
iterator = collection.iterator();
subjectcode = new String[collection.size()];
subjectname = new String[collection.size()];
i = 0;
while (iterator.hasNext()) {
    vdata = (java.util.Vector) iterator.next();
    subjectcode[i] = String.valueOf(vdata.get(0));
    subjectname[i] = String.valueOf(vdata.get(1));

    i++;
}
long nCurrentTime = System.currentTimeMillis();
java.util.Calendar calendar = java.util.Calendar.getInstance(new Locale("CN"));
calendar.setTimeInMillis(nCurrentTime);
int year = calendar.get(Calendar.YEAR);
int month = calendar.get(Calendar.MONTH) + 1;
int day = calendar.get(Calendar.DAY_OF_MONTH);
String mm, dd;
if (month < 10) {
    mm = "0" + String.valueOf(month);
} else {
```

```java
        mm = String.valueOf(month);
    }
    if (day < 10) {
        dd = "0" + String.valueOf(day);
    } else {
        dd = String.valueOf(day);
    }
    java.sql.Date date = java.sql.Date.valueOf(year + "-" + mm + "-" + dd);
    jTextField1.setText(String.valueOf(date));
}
```

（2）单击学生信息表格中的某个学生的信息，如果该学生已经录入了考试成绩，检索出成绩数据信息，在公共方法 jTable1_mouseClicked() 中定义一个 String 类型的局部变量 sqlStr，用来存储 SQL 的查询语句；然后调用公共类 RetrieveObject 的公共方法 getTableCollection()，其参数为 sqlStr，返回值为集合 Collection，最后将集合中的数据存放到表格控件中。公共方法 jTable1_mouseClicked() 的关键代码如下：

```java
public void jTable1_mouseClicked(MouseEvent e) {
    int currow = jTable1.getSelectedRow();
    if (currow >= 0) {
        DefaultTableModel tablemodel = null;
        String[] name = { "学生编号","学生姓名","考试类别","考试科目","考试成绩","考试时间" };
        tablemodel = new DefaultTableModel(name, 0);
        String sqlStr = null;
        Collection collection = null;
        Object[] object = null;
        sqlStr = "SELECT * FROM tb_gradeinfo_sub where stuid = '" + jTable1.getValueAt(currow, 0)
                + "' and kindID = '"+ examkindid[jComboBox1.getSelectedIndex()] + "'";
        RetrieveObject retrieve = new RetrieveObject();
        collection = retrieve.getTableCollection(sqlStr);
        object = collection.toArray();
        int findindex = 0;
        for (int i = 0; i < object.length; i++) {
            Vector vrow = new Vector();
            Vector vdata = (Vector) object[i];
            String sujcode = String.valueOf(vdata.get(3));
            for (int aa = 0; aa < this.subjectcode.length; aa++) {
                if (sujcode.equals(subjectcode[aa])) {
                    findindex = aa;
                    System.out.println("findindex = " + findindex);
                }
            }
            if (i == 0) {
                vrow.addElement(vdata.get(0));
                vrow.addElement(vdata.get(1));
                vrow.addElement(examkindname[Integer.parseInt(String.valueOf(vdata.get(2)))-1]);
                vrow.addElement(subjectname[findindex]);
                vrow.addElement(vdata.get(4));
                String ksrq = String.valueOf(vdata.get(5));
                ksrq = ksrq.substring(0, 10);
```

```java
            System.out.println(ksrq);
            vrow.addElement(ksrq);
        } else {
            vrow.addElement("");
            vrow.addElement("");
            vrow.addElement("");
            vrow.addElement(subjectname[findindex]);
            vrow.addElement(vdata.get(4));
            String ksrq = String.valueOf(vdata.get(5));
            ksrq = ksrq.substring(0, 10);
            System.out.println(ksrq);
            vrow.addElement(ksrq);
        }
        tablemodel.addRow(vrow);
    }
    this.jTable2.setModel(tablemodel);
    this.jTable2.setRowHeight(22);
}
```

（3）单击学生信息表格中的某个学生的信息，如果没有检索到学生的成绩数据，则单击"添加"按钮，进行成绩数据的添加。在公共方法 jBadd_actionPerformed()中定义一个表格模型 DefaultTableModel 的变量 tablemodel，用来生成数据表格。定义一个 String 类型的局部变量 sqlStr，用来存放查询语句，调用公共类 RetrieveObject 的 getObjectRow()方法，其参数为 sqlStr，用返回类型 vector 生成科目名称，然后为 tablemodel 填充数据，关键代码如下：

```java
public void jBadd_actionPerformed(ActionEvent e) {
    int currow;
    currow = jTable1.getSelectedRow();
    if (currow >= 0) {
        DefaultTableModel tablemodel = null;
        String[] name = { "学生编号", "学生姓名", "考试类别", "考试科目", "考试成绩", "考试时间" };
        tablemodel = new DefaultTableModel(name, 0);
        String sqlStr = null;
        Collection collection = null;
        Object[] object = null;
        Iterator iterator = null;
        sqlStr = "SELECT subject FROM tb_subject";          // 定义查询参数
        RetrieveObject retrieve = new RetrieveObject();     // 定义公共类对象
        Vector vdata = null;
        vdata = retrieve.getObjectRow(sqlStr);
        for (int i = 0; i < vdata.size(); i++) {
            Vector vrow = new Vector();
            if (i == 0) {
                vrow.addElement(jTable1.getValueAt(currow, 0));
                vrow.addElement(jTable1.getValueAt(currow, 2));
                vrow.addElement(jComboBox1.getSelectedItem());
                vrow.addElement(vdata.get(i));
                vrow.addElement("");
                vrow.addElement(jTextField1.getText().trim());
            } else {
```

```
                    vrow.addElement("");
                    vrow.addElement("");
                    vrow.addElement("");
                    vrow.addElement(vdata.get(i));
                    vrow.addElement("");
                    vrow.addElement(jTextField1.getText().trim());
                }
                tablemodel.addRow(vrow);
                this.jTable2.setModel(tablemodel);
                this.jTable2.setRowHeight(23);
            }
        }
    }
```

（4）输入完学生成绩数据后，单击"存盘"按钮，将数据存盘。在公共方法 jBsave_actionPerformed() 中定义一个类型为对象 Obj_gradeinfo_sub 的数组变量 object，通过循环语句为 object 变量中的对象赋值，然后调用公共类 jdbcAdapter 中的 InsertOrUpdate_Obj_gradeinfo_sub()方法，其参数为 object，执行存盘操作，关键代码如下：

```
public void jBsave_actionPerformed(ActionEvent e) {
    int result = JOptionPane.showOptionDialog(null, "是否存盘学生考试成绩数据?", "系统提示",
        JOptionPane.YES_NO_OPTION, JOptionPane.QUESTION_MESSAGE, null, new String[] {"是", "否"}, "否");
    if (result == JOptionPane.NO_OPTION)
        return;
    int rcount;
    rcount = jTable2.getRowCount();
    if (rcount > 0) {
        appstu.util.JdbcAdapter jdbcAdapter = new appstu.util.JdbcAdapter();
        Obj_gradeinfo_sub[] object = new Obj_gradeinfo_sub[rcount];
        for (int i = 0; i < rcount; i++) {
            object[i] = new Obj_gradeinfo_sub();
            object[i].setStuid(String.valueOf(jTable2.getValueAt(0, 0)));
            object[i].setKindID(examkindid[jComboBox1.getSelectedIndex()]);
            object[i].setCode(subjectcode[i]);
            object[i].setSutname(String.valueOf(jTable2.getValueAt(i, 1)));
            float grade;
            grade = Float.parseFloat(String.valueOf(jTable2.getValueAt(i, 4)));
            object[i].setGrade(grade);
            java.sql.Date rq = null;
            try {
                String strrq = String.valueOf(jTable2.getValueAt(i, 5));
                rq = java.sql.Date.valueOf(strrq);
            } catch (Exception dt) {
                JOptionPane.showMessageDialog(null, "第【" + i + "】行输入的数据格式有误,请重新录入!!\n"
                    + dt.getMessage(), "系统提示", JOptionPane.ERROR_MESSAGE);
                return;
            }
            object[i].setExamdate(rq);
        }
```

```
            jdbcAdapter.InsertOrUpdate_Obj_gradeinfo_sub(object);   // 执行公共类中的数据存盘操作
        }
    }
```

8.11 基本信息数据查询模块设计

8.11.1 模块概述

基本信息数据查询模块包括对学生信息查询和教师信息查询两部分，单击菜单"系统查询"/"基本信息"选项，进入该模块，窗体运行效果如图 8-21 所示。

图 8-21 "基本信息数据查询"窗体

在标准 SQL 中，定义了模糊查询，它是使用 like 关键字完成的。模糊查询的重点在于两个符号的使用：%和_。%表示任意多个字符，_表示任意一个字符。例如，在姓名列中查询条件是"王%"，那么可以找到所有王姓同学；如果查询条件是"王_"，那么可以找到名的长度为 1 的王姓同学。

图 8-22 JF_view_query_jbqk 类中的控件结构

8.11.2 代码实现

1. 界面设计

基本信息数据查询模块设计的窗体 UI 结构如图 8-22 所示。

2. 代码设计

（1）用户首先选择查询类型，即选择查询什么信息，然后根据系统提供的查询参数进行条件选择，输入查询数值之后，单击"确定"按钮，对满足条件的数据进行查询。单击 source 页打开文件源代码，导入程序所需的类包，定义不同的 String 类型变量，定义一个私有方法 initsize()用来初始化列表框中的数据，以供用户选择条件参数，关键代码如下：

```java
public class JF_view_query_jbqk extends JInternalFrame {
    String tabname = null;
    String zdname = null;
    String ysfname = null;
    String[] jTname = null;
    private void initsize() {
        jComboBox1.addItem("学生信息");
        jComboBox1.addItem("教师信息");
        jComboBox3.addItem("like");
        jComboBox3.addItem(">");
        jComboBox3.addItem("=");
        jComboBox3.addItem("<");
        jComboBox3.addItem(">=");
        jComboBox3.addItem("<=");
    }
}
```

（2）用户选择不同的查询类型时为查询字段列表框进行字段赋值，在公共方法 jComboBox1_itemStateChanged()中实现这个功能，关键代码如下：

```java
public void jComboBox1_itemStateChanged(ItemEvent itemEvent) {
    if (jComboBox1.getSelectedIndex() == 0) {
        this.tabname = "SELECT s.stuid, c.className, s.stuname, s.sex, s.age, s.addr, s.phone FROM 
                            tb_studentinfo s ,tb_classinfo c where s.classID = c.classID";
        String[] name = { "学生编号", "班级名称", "学生姓名", "性别", "年龄", "家庭住址", "联系电话" };
        jTname = name;
        jComboBox2.removeAllItems();
        jComboBox2.addItem("学生编号");
        jComboBox2.addItem("班级编号");
    }
    if (jComboBox1.getSelectedIndex() == 1) {
        this.tabname = "SELECT t.teaid, c.className, t.teaname, t.sex, t.knowledge, t.knowlevel FROM 
                            tb_teacher t INNER JOIN tb_classinfo c ON c .classID = t.classID";
        String[] name = { "教师编号", "班级名称", "教师姓名", "性别", "教师职称", "教师等级" };
        jTname = name;
        jComboBox2.removeAllItems();
        jComboBox2.addItem("教师编号");
        jComboBox2.addItem("班级编号");
    }
}
```

（3）用户选择不同的查询字段之后，程序为实例变量 zdname 进行赋值，其公共方法 jComboBox2_itemStateChanged()的关键代码为：

```java
public void jComboBox2_itemStateChanged(ItemEvent itemEvent) {
    if (jComboBox1.getSelectedIndex() == 0) {
        if (jComboBox2.getSelectedIndex() == 0)
            this.zdname = "s.stuid";
```

```java
    if (jComboBox2.getSelectedIndex() == 1)
        this.zdname = "s.classID";
}
if (jComboBox1.getSelectedIndex() == 1) {
    if (jComboBox2.getSelectedIndex() == 0)
        this.zdname = "t.teaid";
    if (jComboBox2.getSelectedIndex() == 1)
        this.zdname = "t.classID";
}
System.out.println("zdname = " + zdname);
```

（4）同样，用户选择不同的运算符之后程序为实例变量 ysfname 进行赋值，其公共方法 jComboBox3_itemStateChanged()的关键代码如下：

```java
public void jComboBox3_itemStateChanged(ItemEvent itemEvent) {
    this.ysfname = String.valueOf(jComboBox3.getSelectedItem());
}
```

（5）用户输入检索数值之后，单击"确定"按钮，进行条件查询操作。在公共方法 jByes_actionPerformed() 中，定义两个 String 类型的局部变量 sqlSelect 与 whereSql，用来生成查询条件语句。通过公共类 RetrieveObject 的 getTableModel()方法，进行查询操作，其参数为 sqlSelect 和 whereSql，详细代码如下：

```java
public void jByes_actionPerformed(ActionEvent e) {
    String sqlSelect = null, whereSql = null;
    String valueStr = jTextField1.getText().trim();
    sqlSelect = this.tabname;
    if (ysfname == "like") {
        whereSql = " and " + this.zdname + " " + this.ysfname + " '%" + valueStr + "%'";
    } else {
        whereSql = " and " + this.zdname + " " + this.ysfname + " '" + valueStr + "'";
    }
    appstu.util.RetrieveObject retrieve = new appstu.util.RetrieveObject();
    javax.swing.table.DefaultTableModel defaultmodel = null;
    defaultmodel = retrieve.getTableModel(jTname, sqlSelect + whereSql);
    jTable1.setModel(defaultmodel);
    if (jTable1.getRowCount() <= 0) {
        JOptionPane.showMessageDialog(null, "没有找到满足条件的数据!!!", "系统提示",
                JOptionPane.INFORMATION_MESSAGE);
    }
    jTable1.setRowHeight(24);
    jLabel5.setText("共有数据【" + String.valueOf(jTable1.getRowCount()) + "】条");
}
```

8.12 考试成绩班级明细查询模块设计

考试成绩班级明细查询模块设计

8.12.1 模块概述

考试成绩班级明细查询模块用来查询不同班级的学生考试明细信息，窗体运行效果如图 8-23 所示。

在 Java 中，如果开发桌面应用程序，通常使用 Swing。Swing 中的控件大都有其默认的设置，例如，JTable

控件在创建完成后，表格内容的行高就有了一个固定值。如果修改了表格文字的字体，则可能影响正常显示。此时可以考虑使用 JTable 控件中提供的 setRowHeight()方法重新设置行高。该方法的声明语法如下：

public void setRowHeight(**int** rowHeight)

rowHeight：新的行高

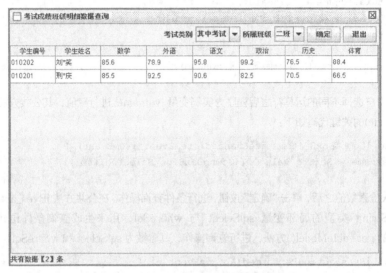

图 8-23 "考试成绩班级明细数据查询"窗体

8.12.2 代码实现

1. 界面设计

考试成绩班级明细查询模块设计的窗体 UI 结构如图 8-24 所示。

图 8-24 JF_view_query_grade_mx 类中的控件结构

2. 代码设计

（1）定义一个私有方法 initsize()，用来初始化列表框中的数据，供用户选择条件参数，关键代码如下：

```
public class JF_view_query_grade_mx extends JInternalFrame {
    String classid[] = null;
    String classname[] = null;
    String examkindid[] = null;
```

```java
        String examkindname[] = null;
    public void initialize() {
        RetrieveObject retrieve = new RetrieveObject();
        java.util.Vector vdata = new java.util.Vector();
        String sqlStr = null;
        java.util.Collection collection = null;
        java.util.Iterator iterator = null;
        sqlStr = "SELECT * FROM tb_examkinds";
        collection = retrieve.getTableCollection(sqlStr);
        iterator = collection.iterator();
        examkindid = new String[collection.size()];
        examkindname = new String[collection.size()];
        int i = 0;
        while (iterator.hasNext()) {
            vdata = (java.util.Vector) iterator.next();
            examkindid[i] = String.valueOf(vdata.get(0));
            examkindname[i] = String.valueOf(vdata.get(1));
            jComboBox1.addItem(vdata.get(1));
            i++;
        }
        sqlStr = "select * from tb_classinfo";
        collection = retrieve.getTableCollection(sqlStr);
        iterator = collection.iterator();
        classid = new String[collection.size()];
        classname = new String[collection.size()];
        i = 0;
        while (iterator.hasNext()) {
            vdata = (java.util.Vector) iterator.next();
            classid[i] = String.valueOf(vdata.get(0));
            classname[i] = String.valueOf(vdata.get(2));
            jComboBox2.addItem(vdata.get(2));
            i++;
        }
    }
    // 省略部分代码
}
```

（2）用户选择"考试类别"和"学生班级"后，单击"确定"按钮，进行成绩明细数据查询。在公共方法 jByes_actionPerformed()中，定义一个 String 类型的局部变量 sqlSubject，用来存储考试科目的查询语句；定义一个 String 类型的数组变量 tbname，用来为表格模型设置列的名字。定义公共类 RetrieveObject 的变量 retrieve，然后执行 retrieve 的方法 getTableCollection()，其参数为 sqlSubject。当结果集中存在数据的时候，定义一个 String 变量 sqlStr，用来生成查询成绩的语句，通过一个循环语句为 sqlStr 赋值。再定义一个公共类 RetrieveObject 类型的变量 bdt，执行 bdt 的 getTableModel()方法，其参数为 sqlStr 和 tbname 变量。公共方法 jByes_actionPerformed()的关键代码如下：

```java
public void jByes_actionPerformed(ActionEvent e) {
    String sqlSubject = null;
    java.util.Collection collection = null;
    Object[] object = null;
    java.util.Iterator iterator = null;
    sqlSubject = "SELECT * FROM tb_subject";
```

```java
        RetrieveObject retrieve = new RetrieveObject();
        collection = retrieve.getTableCollection(sqlSubject);
        object = collection.toArray();
        String strCode[] = new String[object.length]; // 定义数组存放考试科目代码
        String strSubject[] = new String[object.length]; // 定义数组存放考试科目名称
        String[] tbname = new String[object.length + 2]; // 定义数组存放表格控件的列名
        tbname[0] = "学生编号";
        tbname[1] = "学生姓名";
        String sqlStr = "SELECT stuid, stuname, ";
        for (int i = 0; i < object.length; i++) {
            String code = null, subject = null;
            java.util.Vector vdata = null;
            vdata = (java.util.Vector) object[i];
            code = String.valueOf(vdata.get(0));
            subject = String.valueOf(vdata.get(1));
            tbname[i + 2] = subject;
            if ((i + 1) == object.length) {
                sqlStr = sqlStr + " SUM(CASE code WHEN '" + code + "' THEN grade ELSE 0 END) AS '"
                        + subject + "'";
            } else {
                sqlStr = sqlStr + " SUM(CASE code WHEN '" + code + "' THEN grade ELSE 0 END) AS '"
                        + subject + "',";
            }
        }
        String whereStr = " where kind";
        // 为变量whereStr进行赋值操作，生成查询的SQL语句
        whereStr = " where kindID = '" + this.examkindid[jComboBox1.getSelectedIndex()] + "' and subString(stuid,1,4) = '"
                + this.classid[jComboBox2.getSelectedIndex()] + "' ";
        // 为变量sqlStr进行赋值操作，生成查询的SQL语句
        sqlStr = sqlStr + " FROM tb_gradeinfo_sub " + whereStr + " GROUP BY stuid,stuname ";
        DefaultTableModel tablemodel = null;
        appstu.util.RetrieveObject bdt = new appstu.util.RetrieveObject();
        tablemodel = bdt.getTableModel(tbname, sqlStr); // 通过对象bdt的getTableModel()方法为表格赋值
        jTable1.setModel(tablemodel);
        if (jTable1.getRowCount() <= 0) {
            JOptionPane.showMessageDialog(null, "没有找到满足条件的数据!!!", "系统提示",
                    JOptionPane.INFORMATION_MESSAGE);
        }
        jTable1.setRowHeight(24);
        jLabel1.setText("共有数据【" + String.valueOf(jTable1.getRowCount()) + "】条");
    }
```

小 结

学生成绩管理系统使用的主要技术如下。

（1）使用 JavaBean 来封装对象。如果对象具有多个属性，在传递对象属性时，单个传递容易出错，而且代码可读性差。如果使用 JavaBean 来将其封装，就能很好地解决这些问题。

（2）使用内部窗体开发桌面程序。在 Swing 中，也可以用内部窗体来开发程序，其好处是便于

管理。

（3）使用 JDBC 操作数据库。JDBC 是 Java 操作数据库的基本方式，很多持久层其他框架如 Hibernate，都是在其基础上封装而成的。熟悉 JDBC 将能更好地理解持久层框架原理。

（4）批处理技术。如频繁使用 JDBC 操作数据库，会影响系统性能。使用批处理可以一次处理大量数据，提升性能。

第9章

蓝宇快递打印系统

——Swing+MySQL 5.7+PrinterJob实现

本章要点

- 数据库的设计
- 获取打印对象
- 设置打印内容
- 实现系统登录
- 添加与修改快递信息
- 打印和设置快递信息
- 修改用户密码
- 了解Java应用程序打包

■ 随着社会的发展,人们的生活节奏不断加快。快递这种新兴的行业逐步走入人们的视野。在快递过程中,人们需要填写大量的表单,如物品信息等。为了提高快递的效率,可以采用计算机来辅助表单的填写工作。本章将开发一个快递打印系统,该系统支持表单内容的记录与打印,主要使用PrintJob类获得打印对象与实现打印,通过实现Printable接口中的 print( )方法设置打印内容的位置。

9.1 需求分析

部署

快递过程中存在大量的表单，如果使用计算机来辅助填写及保存相应的记录，则能大大提高快递的效率。因此，需要开发一个快递打印系统。该系统应该支持快速录入关键信息，如发件人和收件人的姓名、电话和地址以及快递物品的信息等，并将其保存在数据库中以便以后查看。

开发背景

通过对程序需要实现的功能进行分析，可完成数据库和程序界面的设计。蓝宇快递打印系统应具备如下功能。

❑ 登录系统

登录系统可以有效地保障系统的安全性，防止非法用户使用系统。只有输入合法的用户名和密码才能够正常登录，否则不能登录。

❑ 添加快递单信息

用户进入系统后，通过"快递单管理"菜单中的"添加快递单"菜单项，可以进行快递信息的添加。

❑ 修改快递单信息

考虑到操作人员录入的失误，需要提供快递单信息的修改功能。通过"快递单管理"菜单中的"修改快递单"菜单项，可以对快递信息进行修改。

❑ 打印快递单信息

完成信息录入后，如果确认无误，就可以对其进行打印了。通过"打印管理"菜单中的"打印快递单"菜单项，可以对打印信息进行设置并打印快递单。

❑ 添加用户

进入系统后，可以通过该功能添加新的用户，并为其指定密码。一旦新用户添加成功，以后就可以通过该用户进入系统进行操作。

❑ 修改密码

为了提高系统的安全性，通常建议管理员定期修改密码。使用该功能可以在输入正确的旧密码之后进行新密码的设定。

9.2 系统设计

9.2.1 系统目标

通过对系统进行深入的分析得知，本系统需要实现以下目标。
❑ 操作简单方便，界面整洁大方。
❑ 保证系统的安全性。
❑ 方便添加和修改快递信息。
❑ 完成快递单的打印功能。
❑ 支持用户添加和密码修改操作。

9.2.2 构建开发环境

❑ 操作系统：Windows 10。
❑ JDK 版本：Java SE 11.0.1。

- 开发工具：Eclipse for Java EE 2018-12 (4.10.0)。
- 开发语言：Java。
- 后台数据库：MySQL 5.7。

9.2.3 系统功能结构

在需求分析的基础上，确定了该系统需要实现的功能。根据功能设计出该系统的功能结构，如图 9-1 所示。

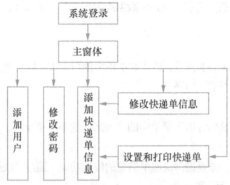

图 9-1 蓝宇快递打印系统功能结构

9.2.4 系统流程图

蓝宇快递打印系统的系统流程图如图 9-2 所示。

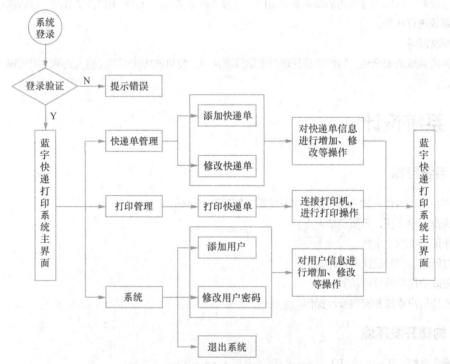

图 9-2 蓝宇快递打印系统的系统流程图

9.2.5 系统预览

蓝宇快递打印系统由多个窗体组成，下面仅列出几个典型窗体，其他窗体参见资源包中的源程序。"系统登录"窗体运行效果如图9-3所示，主要用于限制非法用户进入系统内部。

系统主窗体运行效果如图9-4所示，主要功能是调用执行本系统的所有功能。

图9-3 "系统登录"窗体运行效果

图9-4 主窗体运行效果

"添加快递信息"窗体运行效果如图9-5所示，主要功能是完成快递单的编辑工作。这些信息包括发件人姓名、电话、地址和收件人姓名、电话、地址等。

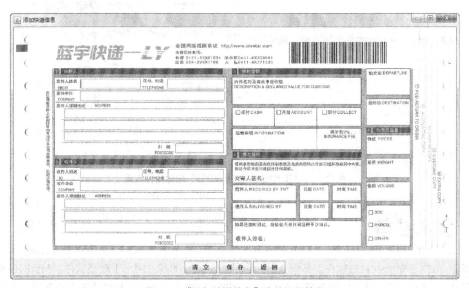

图9-5 "添加快递信息"窗体运行效果

"修改快递信息"窗体运行效果如图 9-6 所示,主要功能是完成对已经保存的快递信息的修改操作。

图 9-6 "修改快递信息"窗体运行效果

"打印快递单与打印设置"窗体运行效果如图 9-7 所示,主要功能是完成快递单的打印。

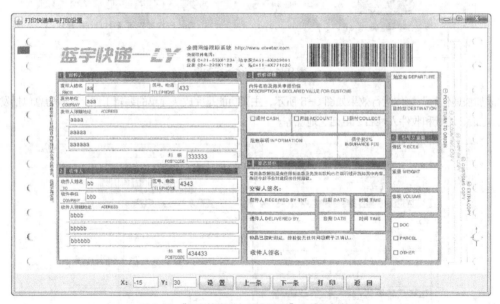

图 9-7 "打印快递单与打印设置"窗体运行效果

9.3 技术准备

MySQL 数据库是一款自由软件。任何人都可以从 MySQL 的官方网站下载该软件。MySQL 是一个真正的多用户、多线程 SQL 数据库服务器。与 Oracle 等数据库相比,MySQL 操作起来更便捷。本程序使用了 MySQL 数据库对基本数据进行操作。本节将对 MySQL 数据库的下载和安装，以及如何导入 SQL 脚本文件予以介绍。

下载并安装 MySQL 数据库

9.3.1　下载并安装 MySQL 数据库

1. 下载 Windows 平台 MySQL 安装包的具体步骤

（1）访问 MySQL 官网，进入下载页，将网页拉到最下方。该页面提供的 MySQL 安装包是最新版本的，而不是 MySQL 5.7 版本。想要切换 MySQL 下载版本，需要单击页面中的"Looking for previous GA versions?"超链接，如图 9-8 所示。

图 9-8　切换 MySQL 版本

（2）单击"Looking for previous GA versions?"超链接之后，会自动跳转到旧版本 MySQL 安装包下载地址。首先在"Select Version"下拉框中选择 5.7 版本，然后在"Select Operating System"下拉框中选择"Microsoft Windows"系统，最后单击第二个"Download"按钮下载离线安装包，操作步骤如图 9-9 所示。

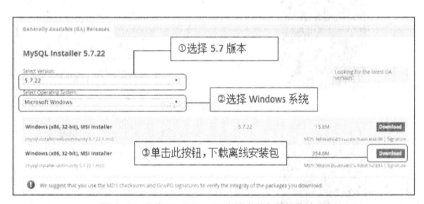

图 9-9　下载 MySQL 5.7 离线安装包的操作步骤

2. 在 Windows10 操作系统中安装 MySQL 数据库的具体步骤

（1）运行下载完成的 mysql-installer-community-5.7.22.1.msi 安装包，在 License Agreement 界面下方勾选"I accept the licence terms"选项，表示接受许可协议，单击"Next"按钮，如图 9-10 所示。

（2）在 Choosing a Setup Type 界面下方，选择"Custom"选项，单击"Next"按钮，如图 9-11 所示。

（3）在 Select Products and Features 界面中，依次展开左侧树状菜单项的"MySQL Servers"/"MySQL Server"/"MySQL Server 5.7"，末节点有两个选项，X86 对应 32 位系统，X64 对应 64 位系统，选中与本地操作系统位数相对应的节点，然后单击中间的 ➡ 按钮，将要安装的产品列在右侧列表中，最后单击"Next"按钮。操作步骤如图 9-12 所示。

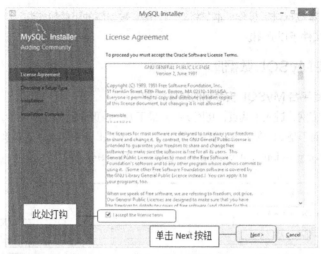

图 9-10　MySQL 安装页面

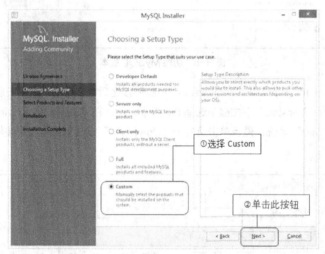

图 9-11　选择安装类型

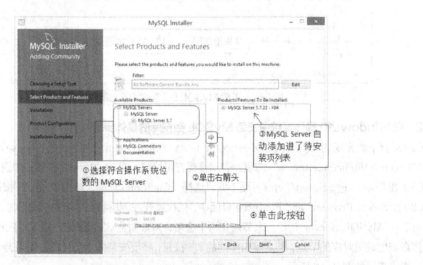

图 9-12　将 MySQL Server 添加到安装列表中

（4）在 Installation 界面中，MySQL 已做好安装准备，界面如图 9-13 所示。此时单击"Execute"按钮开始安装，安装完毕之后界面如图 9-14 所示，最后单击"Next"按钮。

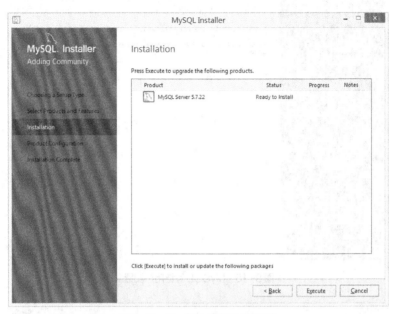

图 9-13　MySQL 已做好安装准备

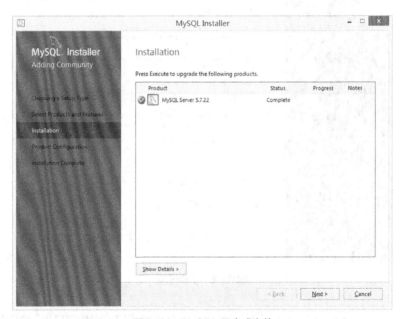

图 9-14　MySQL 已完成安装

（5）在 Product Configuration 界面中，已安装好的 MySQL 等待用户配置，界面如图 9-15 所示，此时单击"Next"按钮。

（6）进入 Group Replication 界面之后，可以设置多节点服务器集群，建议保持默认设置，直接单击"Next"按钮，界面如图 9-16 所示。

图 9-15　MySQL 等待用户配置

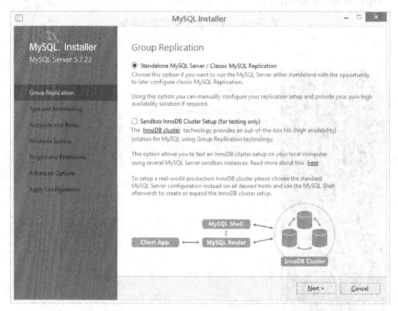

图 9-16　节点设置

（7）进入 Type and Networking 界面之后，可以设置 MySQL 服务开始的端口号，建议保持默认设置，直接单击"Next"按钮，界面如图 9-17 所示。

（8）进入 Accounts and Roles 界面后，可以给 MySQL 管理员账号（root）设置初始密码。例如，输入的密码为"123456"，会弹出"Weak"的提示，此提示表示输入的密码强度较弱。设置完密码之后，单击"Next"按钮，操作步骤如图 9-18 所示。

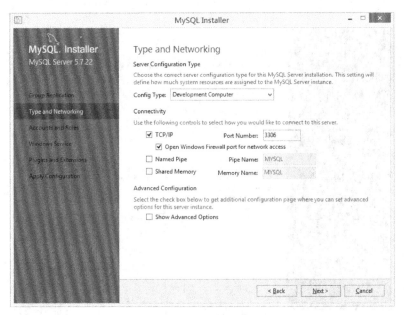

图 9-17　网络设置

图 9-18　设置 root 账号的密码

（9）进入 Windows Service 界面后，可以配置 Windows 操作系统服务的相关设置，包括启动的服务名称。此处建议保持默认设置，直接单击"Next"按钮，界面如图 9-19 所示。

（10）进入 Plugins and Extensions 界面后，可以设置扩展插件，建议保持默认设置，直接单击"Next"按钮，界面如图 9-20 所示。

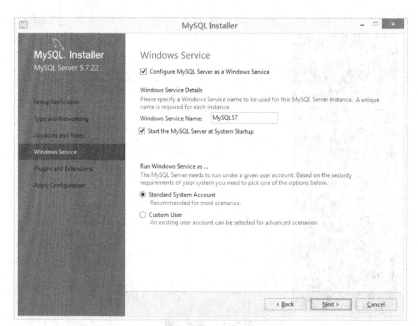

图 9-19 Windows 服务设置

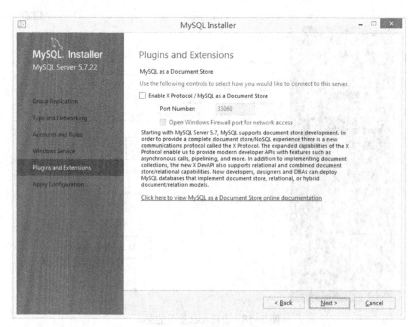

图 9-20 设置扩展插件

（11）进入 Apply Configration 界面后，所有设置好的内容即将启动，此时界面如图 9-21 所示。单击界面下方的"Execute"按钮，各项设置开始启动。当所有设置都成功启动之后，会显示图 9-22 所示的界面，此时单击"Finish"按钮完成用户配置。

（12）进入图 9-23 所示的 Product Configration 界面后，单击"Next"按钮，进入图 9-24 所示的 Installation Complete 界面，单击"Finish"按钮，完成 MySQL 所有的安装和配置操作。

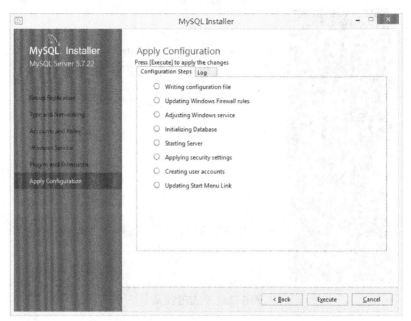

图 9-21 所有设置等待启动

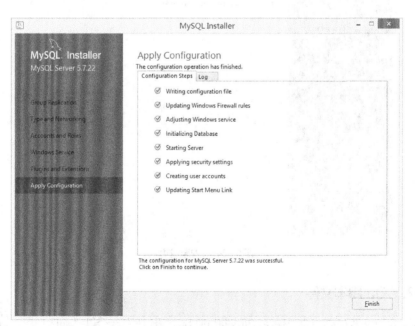

图 9-22 所有设置启动完成

图 9-23　产品配置完成

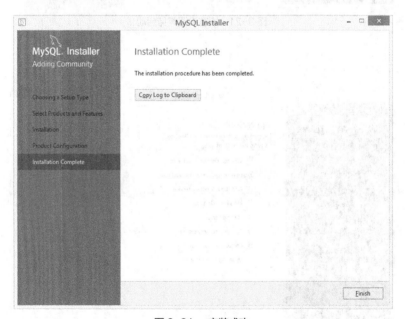

图 9-24　安装成功

9.3.2　导入 SQL 脚本文件

导入 SQL 脚本文件

如果想对数据库中的数据进行批量操作，可以将所有 SQL 语句写到一个以 ".sql" 为后缀的文件中，这种文件叫作 SQL 脚本文件。

在 MySQL 数据库中执行 SQL 脚本文件需要调用 source 命令，source 命令会依次执行 SQL 脚本文件中的 SQL 语句。source 命令的语法如下：

source　　SQL脚本文件的完整文件名

例如，在 MySQL 中导入 Windows 桌面上的 db_expressprint.sql 脚本文件，可以使用如下语句：

```
source C:\Users\JisUser\Desktop\db_expressprint.sql        /* 导入脚本文件 */
```
语句执行结果如图 9-25 所示。

图 9-25 执行 SQL 脚本文件

9.3.3 打印控制 PrinterJob 类

打印控制 PrinterJob 类

PrinterJob 类是 Java 中控制打印的主要类，Java 应用程序可以调用此类中的方法实现设置打印任务、打开"打印"对话框、执行页面打印任务等。

1. 控制打印任务的常用方法

（1）获取 PrinterJob 对象

PrinterJob 类使用了单列模式，须调用静态方法 getPrinterJob()获取 PrinterJob 对象。语法如下：

```
PrinterJob printJob = PrinterJob.getPrinterJob();
```

（2）打印任务的名称属性

打印任务的名称属性主要用于标识打印任务，以区分打印任务列表中不同的打印任务。

通过 PrinterJob 对象的 setJobName()方法，即可设置打印任务的名称。setJobName()方法的语法如下：

```
setJobName(String jobName)
```

其中，jobName 代表打印任务的名称。

通过 PrinterJob 对象调用 getJobName()方法，即可获取打印任务的名称。获取打印任务名称的关键代码如下：

```
PrinterJob printJob = PrinterJob.getPrinterJob();
String printName = printJob.getJobName();
```

（3）设置打印页面

通过 PrinterJob 对象调用 setPrintable()方法，可以设置打印任务的内容，即打印页面。设置打印页面时，须使用 java.awt.print 包中 Printable 接口的实现类。因此，设置打印页面需要为 setPrintable()方法传递参数，这个参数是实现 Printable 接口的对象。setPrintable()方法的语法如下：

```
setPrintable(Printable painter)
```

（4）获取打印用户

通过 PrinterJob 对象调用 getUserName()方法，可以获取执行打印任务的用户名称，关键代码如下：

```
PrinterJob printJob = PrinterJob.getPrinterJob();
```

```
    String username = printJob.getUserName();
```

（5）获取打印状态

如果打印作业正在进行中，用户可以通过 PrinterJob 对象调用 isCancelled()方法，取消下一次打印作业。如果打印被取消，返回 true，否则返回 false。关键代码如下：

```
    PrinterJob printJob = PrinterJob.getPrinterJob();
    boolean cancel = printJob.isCancelled();
```

2. 打开"打印"对话框（设置打印任务）

通过"打印"对话框，可以设置打印任务，如打印纸张大小、是否彩色打印、纸张方向和打印份数等属性。通过 PrinterJob 对象调用 printDialog()方法，可以打开"打印"对话框，该方法的返回值是 boolean 类型。当用户单击"打印"对话框中的"确定"按钮时，该方法返回 true；当单击"打印"对话框中的"取消"按钮时，该方法返回 false。关键代码如下：

```
    PrinterJob printJob = PrinterJob.getPrinterJob();
    boolean open = printJob.printDialog();
```

3. 打印页面设置

打印页面是指要执行的打印的内容，这些内容可以是文本、图片、网页和图形等。打印内容必须实现 Printable 接口，该接口位于 java.awt.print 包中，接口中只包含一个 print()方法。print()方法的语法如下：

```
    print(Graphics graphics, PageFormatpageFormat, int pageIndex)
```

其中参数如下。

graphics：绘制打印页面的图形上下文。

pageFormat：绘制打印页面的格式属性，如方向和大小。

pageIndex：当前打印页的索引。

print()方法中的 graphics，指定绘制打印页面的图形上下文。所谓图形上下文，即页面的可打印区域。这是因为打印机必须以某种方法将打印纸张夹住，而这些被打印机夹住的纸张区域是不能打印的，纸张剩余部分才是可打印区域。

通过 java.awt.print 包中的 PageFormat 类提供的方法，可以获取打印区域的宽度、高度和打印区域的起始坐标等。PageFormat 类的常用方法如下。

getWidth()：获取打印页面的宽度。

getHeight()：获取打印页面的高度。

getImageableWidth()：获取可打印区域的宽度。

getImageableHeight()：获取可打印区域的高度。

getImageableX()：获取可打印区域的左上方起始坐标 X。

getImageableY()：获取可打印区域的左上方起始坐标 Y。

此外，还需要注意的是，print()方法具有返回值。返回值有两个可选常量，即 PAGE_EXISTS（页面可以打印）和 NO_SUCH_PAGE（页面不能打印）。用户可以根据程序的业务逻辑判断是否打印该页；如果超出打印页码，则返回 NO_SUCH_PAGE，不再打印。

9.4 数据库设计

9.4.1 数据库概要说明

本系统采用 MySQL 5.7 作为后台数据库。根据需求分析和功能结构为整个系统设计两个数据表，分别用于存储快递单信息和用户信息。根据这两个表的存储信息和功能，分别设计对应的 E-R 图和数据表。

9.4.2 数据库 E-R 图

（1）快递单信息表 tb_receiveSendMessage 的 E-R 图如图 9-26 所示。

图 9-26　快递单信息表 tb_receiveSendMessage 的 E-R 图

（2）用户信息表 tb_user 的 E-R 图如图 9-27 所示。

图 9-27　用户信息表 tb_user 的 E-R 图

9.4.3 数据表结构

在 MySQL 5.7 中，创建名为 db_ExpressPrint 的数据库。然后在数据库中根据数据表的 E-R 图创建数据表。

（1）快递单信息表 tb_receiveSendMessage 的结构如表 9-1 所示。

表 9-1　　　　　　　　　　tb_receiveSendMessage 快递单信息表

字段名	数据类型	长　度	是否允许空值	是否主键或约束	说　明
id	int	4	不允许	主键，自动编号	流水号
sendName	varchar	20	允许	无约束	寄件人姓名
sendTelephone	varchar	30	允许	无约束	寄件人区号、电话
sendCompany	varchar	30	允许	无约束	寄件单位
sendAddress	varchar	100	允许	无约束	寄件人地址

续表

字段名	数据类型	长度	是否允许空值	是否主键或约束	说明
sendPostcode	varchar	10	允许	无约束	寄件人邮编
receiveName	varchar	20	允许	无约束	收件人姓名
recieveTelephone	varchar	30	允许	无约束	收件人区号、电话
recieveCompary	varchar	30	允许	无约束	收件单位
receiveAddress	varchar	100	允许	无约束	收件人地址
receivePostcode	varchar	10	允许	无约束	收件人邮编
ControlPosition	varchar	200	允许	无约束	打印位置
expressSize	varchar	20	允许	无约束	快递单的尺寸

（2）用户信息表 tb_user 的结构如表 9-2 所示。

表 9-2　　　　　　　　　　　　　tb_user 用户信息表

字段名	数据类型	长度	是否允许空值	是否主键或约束	说明
id	int	4	不允许	主键，自动编号	编号
username	varchar	20	允许	无约束	用户名
password	varchar	10	允许	无约束	密码

9.5　公共类设计

9.5.1　公共类 DAO

在 com.mrsoft.dao 包中定义了公共类 DAO，该类用于加载数据库驱动及建立数据库连接。通过调用该类的静态方法 getConn()可以获得数据库 db_AddressList 的连接对象，当其他程序需要对数据库进行操作时，可以通过 DAO.getConn()直接获得数据库的连接对象。该类代码如下：

```java
public class DAO {
    private static DAO dao = new DAO();            // 声明DAO类的静态实例
    /**
     * 利用静态模块加载数据库驱动
     */
    static {
        try {
            Class.forName("com.mysql.jdbc.Driver"); // 加载数据库驱动
        } catch (ClassNotFoundException e) {
            JOptionPane.showMessageDialog(
                null,
                "数据库驱动加载失败，请将驱动包配置到构建路径中。\n"
                + e.getMessage());
            e.printStackTrace();
        }
```

```java
    }
    /**
     * 获得数据库连接的方法
     *
     * @return Connection
     */
    public static Connection getConn() {
        try {
            Connection conn = null;                           // 定义数据库连接
            // 数据库db_Express的URL
            String url = "jdbc:mysql://127.0.0.1:3306/db_ExpressPrint";
            String username = "root";                          // 数据库的用户名
            String password = "123456";                        // 数据库的密码
            // 建立连接
            conn = DriverManager.getConnection(url, username, password);
            return conn; // 返回连接
        } catch (Exception e) {
            JOptionPane.showMessageDialog(
                null,
                "数据库连接失败。\n"
                + "请检查是否安装了SP4补丁, \n"
                + "以及数据库用户名和密码是否正确。"
                + e.getMessage());
            return null;
        }
    }
    public static void main(String[] args) {
        System.out.println(getConn());
    }
}
```

9.5.2 公共类 SaveUserStateTool

在 com.mrsoft.tool 包中定义了公共类 SaveUserStateTool，该类用于保存登录用户的用户名和密码。该类主要用于修改用户的密码，因为用户只能修改自己的密码，这样通过该类可以知道原密码是否正确。SaveUserStateTool 类的代码如下：

```java
public class SaveUserStateTool {
    private static String username = null;                    // 用户名称
    private static String password = null;                    // 用户密码
    public static void setUsername(String username) {         // 用户名称的setter方法
        SaveUserStateTool.username = username;
    }
    public static String getUsername() {                      // 用户名称的getter方法
        return username;
    }
    public static void setPassword(String password) {         // 用户密码的setter方法
        SaveUserStateTool.password = password;
    }
    public static String getPassword() {                      // 用户密码的getter方法
        return password;
    }
}
```

9.6 系统登录模块设计

9.6.1 模块概述

"系统登录"窗体用于对用户身份进行验证,目的是防止非法用户进入系统。操作员只有输入正确的用户名和密码方可进入系统,否则不能进入系统。"系统登录"窗体如图 9-28 所示。

图 9-28 "系统登录"窗体

9.6.2 代码实现

(1)"系统登录"窗体背景图片的绘制

在绘制背景图片前,需要先获得该图片。使用 ImageIcon 类的 getImage()方法可以获得 Image 类型的对象。该方法的声明如下:

```
public Image getImage()
```

为了获得 ImageIcon 类型的对象,可以使用该类的构造方法。此时,可以为其构造方法传递一个类型为 URL 的参数,该参数表明图片的具体位置。

在获得了背景图片后,可以重写在 JComponent 类中定义的 paintComponent()方法,将图片绘制到窗体背景中,该方法的声明如下:

```
protected void paintComponent(Graphics g)
```

g:表示要保护的 Graphics 对象。

在绘制图片时需要使用 Graphics 类的 drawImage()方法,该方法的声明如下:

```
public abstract boolean drawImage(Image img,int x,int y,ImageObserver observer)
```

drawImage()方法的参数说明如表 9-3 所示。

表 9-3 drawImage( )方法参数说明

参　　数	描　　述
img	要绘制的 Image 对象
x	绘制位置的 x 坐标
y	绘制位置的 y 坐标
observer	当更多图像被转换时需要通知的对象

本章使用自定义的 BackgroundPanel 类来实现登录窗体背景图片的绘制，该类的代码如下：

```
public class BackgroundPanel extends JPanel {
    private static final long serialVersionUID = 8625597344192321465L;
    private Image image;                                // 定义图像对象
    public BackgroundPanel(Image image) {
        super();                                        // 调用超类的构造方法
        this.image = image;                             // 为图像对象赋值
        initialize();
    }
    protected void paintComponent(Graphics g) {
        super.paintComponent(g);                        // 调用父类的方法
        Graphics2D g2 = (Graphics2D) g;                 // 创建Graphics2D对象
        if (image != null) {
            int width = getWidth();                     // 获得面板的宽度
            int height = getHeight();                   // 获得面板的高度
            g2.drawImage(image, 0, 0, width, height, this);  // 绘制图像
        }
    }
    private void initialize() {
        this.setSize(300, 200);
    }
}
```

（2）设计"系统登录"窗体

系统登录窗体用到两个标签、一个文本框、一个密码框、三个命令按钮和一个自定义的背景面板，其中主要组件的名称和作用如表 9-4 所示。

表 9-4　　　　　　　　　　"系统登录"窗体主要组件的名称与作用

组　　件	组件名称	作　　用
JTextField	tf_username	用于输入用户名称
JPasswordFileld	pf_password	用于输入用户密码
JButton	btn_login	单击该按钮对用户名和密码进行验证

在 com.mrsoft.frame 包中创建 LoginFrame 类，该类继承自 JFrame 类成为窗体类，在该类中定义如下成员，用于声明作为窗体背景的面板。

```
private URL url = null;                                 // 声明图片的URL
private Image image = null;                             // 声明图像对象
private BackgroundPanel jPane = null;                   // 声明自定义背景面板对象
```

然后在背景面板的 getJPanel() 方法中添加如下代码，用于创建作为"系统登录"窗体背景的面板。

```
url = LoginFrame.class.getResource("/image/登录.jpg");   // 获得图片的URL
image = new ImageIcon(url).getImage();                  // 创建图像对象
jPanel = new LoginBackPanel(image);                     // 创建背景面板
```

背景面板组件的布局为绝对布局，用户可以将组件添加到任意位置并调整其大小。这里没有讲解组件的放置。

（3）实现系统登录功能

为"登录"按钮（即名为 btn_login 的按钮）配置事件监听器，添加验证用户登录信息的代码，实现系统登录的功能。代码如下：

```java
btn_login.addActionListener(new java.awt.event.ActionListener() {
    public void actionPerformed(java.awt.event.ActionEvent e) {
        String username = tf_username.getText().trim();            // 获得用户名
        String password = new String(pf_password.getPassword());// 获得密码
        User user = new User();                                    // 创建User类的实例
        user.setName(username);                                    // 封装用户名
        user.setPwd(password);                                     // 封装密码
        if (UserDao.okUser(user)) {                                // 如果用户名与密码正确
            MainFrame thisClass = new MainFrame();                 // 创建主窗体的实例
            thisClass.setDefaultCloseOperation(JFrame.DO_NOTHING_ON_CLOSE);
            Toolkit tookit = thisClass.getToolkit();               // 获得Toolkit对象
            Dimension dm = tookit.getScreenSize();                 // 获得屏幕的大小
            // 使主窗体居中
            thisClass.setLocation((dm.width - thisClass.getWidth()) / 2, (dm.height - thisClass.getHeight()) / 2);
            thisClass.setVisible(true);                            // 显示主窗体
            dispose();                                             // 销毁登录窗体
        }
    }
});
```

"登录"按钮事件中，if 语句的条件表达式用到了 com.mrsoft.bean 包中的 User 类和 com.mrsoft.dao 包中的 UserDao 类。其中类 User 用于封装用户输入的登录信息，类 UserDao 用于对用户名和密码进行验证。该类中有个 okUser()方法可以判断用户名与用户密码是否正确。如果用户名与密码正确，okUser()方法返回 true，表示登录成功；否则 okUser()方法返回 false，表示登录失败。UserDao 类中 okUser()方法代码如下：

```java
public static boolean okUser(User user) {
    Connection conn = null;
    try {
        String username = user.getName();
        String pwd = user.getPwd();
        conn = DAO.getConn();                                      // 获得数据库连接
        // 创建PreparedStatement对象，并传递SQL语句
        PreparedStatement ps = conn.prepareStatement("select password from tb_user where username=?");
        ps.setString(1, username);                                 // 为参数赋值
        ResultSet rs = ps.executeQuery();                          // 执行SQL语句，获得查询结果集
        if (rs.next() && rs.getRow() > 0) {                        // 查询到用户信息
            String password = rs.getString(1);                     // 获得密码
            if (password.equals(pwd)) {
                SaveUserStateTool.setUsername(username);
                SaveUserStateTool.setPassword(pwd);
                return true;                                       // 密码正确返回true
            } else {
                JOptionPane.showMessageDialog(null, "密码不正确。");
                return false;                                      // 密码错误返回false
            }
        } else {
```

```
                JOptionPane.showMessageDialog(null, "用户名不存在。");
                return false;                                    // 用户不存在返回false
            }
        } catch (Exception ex) {
            JOptionPane.showMessageDialog(null, "数据库异常! \n" + ex.getMessage());
            return false;                                        // 数据库异常返回false
        } finally {
            if (conn != null) {
                try {
                    conn.close();
                } catch (SQLException e) {
                    e.printStackTrace();
                }
            }
        }
    }
```

9.7 主窗体设计

9.7.1 模块概述

蓝宇快递打印系统主界面简洁美观，通过主窗体可以完成系统的全部操作，包括添加快递单信息、修改快递单信息、打印和设置快递单、添加用户和修改密码等。蓝宇快递打印系统主窗体如图 9-29 所示。

图 9-29 蓝宇快递打印系统主窗体

设计系统主窗体使用的主要技术是获取图片资源。

在应用程序中使用恰当的图片资源可以起到很好的美化效果。在 Java 中，使用 Image 类来表示图片资源。为了方便，通常使用 ImageIcon 类的 getImage() 方法来获得 Image 类对象。

ImageIcon 类提供了很多种构造方法，比较简单的是直接使用图片文件的路径。但是也可以使用表示图片文件的 URL。为了获得 URL，通常使用 getResource() 方法，该方法的声明如下：

```
public URL getResource(String name)
```
name：表示所需资源的名称。

9.7.2 代码实现

（1）设计系统主界面

主窗体用于控制整个系统的功能，该窗体通过菜单命令打开其他操作窗口，从而实现交互操作。

在 com.mrsoft.frame 包中创建 MainFrame 类，该类继承了 JFrame。在该类中定义如下成员：

```
private URL url = null;                      // 声明图片的URL
private Image image=null;                    // 声明图像对象
private BackgroundPanel jPane=null;          // 声明自定义背景面板对象
```

然后在背景面板的 getJPanel() 方法中添加如下代码，用于创建作为登录窗体背景的面板。

```
url = LoginFrame.class.getResource("/image/主界面.jpg");   // 获得图片的URL
image = new ImageIcon(url).getImage();                     // 创建图像对象
jPanel = new LoginBackPanel(image);                        // 创建背景面板
```

在窗体上添加菜单栏、菜单和菜单项非常简单，读者可以自己实现这部分内容或参看源代码。

（2）通过菜单项打开操作窗口

在使用该系统时，需要单击菜单项打开操作窗口，然后进行操作。为此需要为菜单项编写事件监听代码，使其能打开相应的窗口。下面以"添加快递单"菜单项为例，说明如何在应用程序中响应用户的操作。"添加快递单"菜单项的事件代码如下：

```
jMenuItem.addActionListener(new java.awt.event.ActionListener() {
    public void actionPerformed(java.awt.event.ActionEvent e) {
        AddExpressFrame thisClass = new AddExpressFrame();
        thisClass.setDefaultCloseOperation(JFrame.DISPOSE_ON_CLOSE);
        Toolkit tookit = thisClass.getToolkit();                    // 获得Toolkit对象
        Dimension dm = tookit.getScreenSize();                      // 获得屏幕的大小
        thisClass.setLocation((dm.width - thisClass.getWidth())/ 2,
                    (dm.height - thisClass.getHeight()) / 2);       // 窗体居中
        thisClass.setVisible(true);                                 // 显示窗体
    }
});
```

9.8 添加快递信息模块设计

添加快递信息模块设计

9.8.1 模块概述

"添加快递信息"窗体用于添加快递信息，包括寄件人和收件人的相关信息。单击主窗体"快递单管理"/"添加快递单"菜单项，就可以打开"添加快递信息"窗体，如图 9-30 所示。

"添加快递信息"窗体用到的主要技术是 StringBuffer 类。

在 Java 中，处理字符串通常有 3 个类可供选择，分别是 String 类、StringBuilder 类和 StringBuffer

类。String 类是最常规的选择。但是由于 String 类是 final 的，因此每个 String 类的对象是不可修改的。这样如果涉及大量的字符串操作，如字符串相加操作、截取操作等，就会创建大量的对象，此时系统效率就会下降。

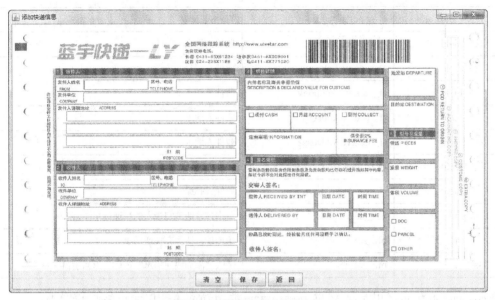

图 9-30 "添加快递信息"窗体

为了弥补这个不足，JDK 提供了两个可变的字符串类，即 StringBuilder 和 StringBuffer。两者的主要区别是 StringBuffer 类是线程安全的，而 StringBuilder 类不是。为了保证线程安全，会有一些额外的开销，所以 StringBuilder 类性能略好。

本节使用 StringBuilder 类来完成字符串的相加操作，该类用到了 append()方法，它可以将指定的参数添加到字符串的后面。该方法有多重重载形式，本节使用的形式声明如下：

```
public StringBuffer append(String str)
```

str：需要添加的字符串。

9.8.2 代码实现

（1）设计"添加快递信息"窗体

"添加快递信息"窗体用于快递信息的录入，该窗体用到 14 个文本框和 3 个命令按钮，其中主要组件的名称和作用如表 9-5 所示。

表 9-5　　　　　　　　　　"添加快递信息"窗体主要组件的名称与作用

组　件	组件名称	作　用
JTextField	tf_sendName	寄件人姓名
JTextField	tf_sendTelephone	寄件人区号、电话
JTextField	tf_sendCompony	寄件公司
JTextField	tf_sendAddress1	寄件人地址
JTextField	tf_sendAddress2	寄件人地址

续表

组件	组件名称	作用
JTextField	tf_sendAddress3	寄件人地址
JTextField	tf_sendPostcode	寄件人邮编
JTextField	tf_receiveName	收件人姓名
JTextField	tf_receiveTelephone	收件人区号、电话
JTextField	tf_receiveCompony	收件公司
JTextField	tf_receiveAddress1	收件人地址
JTextField	tf_receiveAddress2	收件人地址
JTextField	tf_receiveAddress3	收件人地址
JTextField	tf_receivePostcode	收件人邮编
JButton	btn_clear	单击该按钮清空录入的快递信息
JButton	btn_save	单击该按钮保存快递信息
JButton	btn_return	销毁"添加快递信息"窗体，返回主窗体

在 com.mrsoft.frame 包中创建 AddExpressFrame 类，该类继承自 JFrame 类成为窗体类。

(2) 保存快递信息

"添加快递信息"窗体中的"保存"按钮用于保存用户输入的快递信息。为"保存"按钮（名为 btn_save）添加事件监听的代码如下：

```java
btn_save.addActionListener(new java.awt.event.ActionListener() {
    public void actionPerformed(java.awt.event.ActionEvent e) {
        StringBuffer buffer = new StringBuffer();                            // 创建字符串缓冲区
        ExpressMessage m = new ExpressMessage();                             // 创建打印信息对象
        m.setSendName(tf_sendName.getText().trim());                         // 封装发件人姓名
        m.setSendTelephone(tf_sendTelephone.getText().trim());               // 封装发件人区号、电话
        m.setSendCompony(tf_sendCompany.getText().trim());                   // 封装发件公司
        m.setSendAddress(tf_sendAddress1.getText().trim() + "|" + tf_sendAddress2.getText().trim()
                + "|" + tf_sendAddress3.getText().trim());                   // 封装发件人地址
        m.setSendPostcode(tf_sendPostcode.getText().trim());                 // 封装发件人邮编
        m.setReceiveName(tf_receiveName.getText().trim());                   // 封装收件人姓名
        // 封装收件人区号、电话
        m.setReceiveTelephone(tf_receiveTelephone.getText().trim());
        m.setReceiveCompony(tf_receiveCompony.getText().trim());             // 封装收件公司
        m.setReceiveAddress(tf_receiveAddress1.getText().trim() + "|" + tf_receiveAddress2.getText().trim() + "|"
                + tf_receiveAddress3.getText().trim());                      // 封装收件地址
        m.setReceivePostcode(tf_receivePostcode.getText().trim());           // 封装收件人邮编
        // 发件人姓名坐标
        buffer.append(tf_sendName.getX() + "," + tf_sendName.getY() + "/");
        buffer.append(tf_sendTelephone.getX() + "," + tf_sendTelephone.getY() + "/");
        // 发件公司坐标
        buffer.append(tf_sendCompany.getX() + "," + tf_sendCompany.getY() + "/");
```

```
            buffer.append(tf_sendAddress1.getX() + "," + tf_sendAddress1.getY() + "/");
            buffer.append(tf_sendAddress2.getX() + "," + tf_sendAddress2.getY() + "/");
            buffer.append(tf_sendAddress3.getX() + "," + tf_sendAddress3.getY() + "/");
            // 发件人邮编坐标
            buffer.append(tf_sendPostcode.getX() + "," + tf_sendPostcode.getY() + "/");
            // 收件人姓名坐标
            buffer.append(tf_receiveName.getX() + "," + tf_receiveName.getY() + "/");
            buffer.append(tf_receiveTelephone.getX() + "," + tf_receiveTelephone.getY() + "/");
            // 收件公司坐标
            buffer.append(tf_receiveCompany.getX() + "," + tf_receiveCompany.getY() + "/");
            buffer.append(tf_receiveAddress1.getX() + "," + tf_receiveAddress1.getY() + "/");
            buffer.append(tf_receiveAddress2.getX() + "," + tf_receiveAddress2.getY() + "/");
            buffer.append(tf_receiveAddress3.getX() + "," + tf_receiveAddress3.getY() + "/");
            // 收件人邮编坐标
            buffer.append(tf_receivePostcode.getX() + "," + tf_receivePostcode.getY());
            m.setControlPosition(new String(buffer));
            m.setExpressSize(jPanel.getWidth() + "," + jPanel.getHeight());
            ExpressMessageDao.insertExpress(m);
        }
    });
```

ExpressMessageDao 类中 insertExpress()方法的代码如下：

```
public static void insertExpress(ExpressMessage m) {
    if (m.getSendName() == null || m.getSendName().trim().equals("")) {
        JOptionPane.showMessageDialog(null, "寄件人信息必须填写。");
        return;
    }
    if (m.getSendTelephone() == null || m.getSendTelephone().trim().equals("")) {
        JOptionPane.showMessageDialog(null, "寄件人信息必须填写。");
        return;
    }
    if (m.getSendCompary() == null || m.getSendCompary().trim().equals("")) {
        JOptionPane.showMessageDialog(null, "寄件人信息必须填写。");
        return;
    }
    if (m.getSendAddress() == null || m.getSendAddress().trim().equals("||")) {
        JOptionPane.showMessageDialog(null, "寄件人信息必须填写。");
        return;
    }
    if (m.getSendPostcode() == null || m.getSendPostcode().trim().equals("")) {
        JOptionPane.showMessageDialog(null, "寄件人信息必须填写。");
        return;
    }
    if (m.getReceiveName() == null || m.getReceiveName().trim().equals("")) {
        JOptionPane.showMessageDialog(null, "收件人信息必须填写。");
        return;
    }
    if (m.getReceiveTelephone() == null || m.getReceiveTelephone().trim().equals("")) {
        JOptionPane.showMessageDialog(null, "收件人信息必须填写。");
        return;
```

```java
}
if (m.getReceiveCompary() == null || m.getReceiveCompary().trim().equals("")) {
    JOptionPane.showMessageDialog(null, "收件人信息必须填写。");
    return;
}
if (m.getReceiveAddress() == null || m.getReceiveAddress().trim().equals("||")) {
    JOptionPane.showMessageDialog(null, "收件人信息必须填写。");
    return;
}
if (m.getReceivePostcode() == null || m.getReceivePostcode().trim().equals("")) {
    JOptionPane.showMessageDialog(null, "收件人信息必须填写。");
    return;
}
Connection conn = null;                          // 声明数据库连接
PreparedStatement ps = null;                     // 声明PreparedStatement对象
try {
    conn = DAO.getConn();                        // 获得数据库连接
    // 创建PreparedStatement对象,并传递SQL语句
    ps = conn.prepareStatement("insert into tb_receiveSendMessage (sendName, sendTelephone, sendCompary,
        sendAddress, sendPostcode, receiveName, recieveTelephone, recieveCompary, receiveAddress,
        receivePostcode, ControlPosition, expressSize)values(?,?,?,?,?,?,?,?,?,?,?,?)");
    ps.setString(1, m.getSendName());            // 为参数赋值
    ps.setString(2, m.getSendTelephone());       // 为参数赋值
    ps.setString(3, m.getSendCompary());         // 为参数赋值
    ps.setString(4, m.getSendAddress());         // 为参数赋值
    ps.setString(5, m.getSendPostcode());        // 为参数赋值
    ps.setString(6, m.getReceiveName());         // 为参数赋值
    ps.setString(7, m.getReceiveTelephone());    // 为参数赋值
    ps.setString(8, m.getReceiveCompary());      // 为参数赋值
    ps.setString(9, m.getReceiveAddress());      // 为参数赋值
    ps.setString(10, m.getReceivePostcode());    // 为参数赋值
    ps.setString(11, m.getControlPosition());    // 为参数赋值
    ps.setString(12, m.getExpressSize());        // 为参数赋值
    int flag = ps.executeUpdate();
    if (flag > 0) {
        JOptionPane.showMessageDialog(null, "添加成功。");
    } else {
        JOptionPane.showMessageDialog(null, "添加失败。");
    }
} catch (Exception ex) {
    JOptionPane.showMessageDialog(null, "添加失败! ");
    ex.printStackTrace();
} finally {
    try {
        if (ps != null) {
            ps.close();                          // 关闭PreparedStatement对象
        }
        if (conn != null) {
            conn.close();                        // 关闭数据库连接
        }
```

```
            } catch (SQLException e) {
                e.printStackTrace();
            }
        }
    }
```

9.9 修改快递信息模块设计

9.9.1 模块概述

"修改快递信息"窗体用于快递信息的浏览和修改。通过单击该窗体上的"上一条"和"下一条"按钮可以浏览快递信息。输入修改后的内容，单击"修改"按钮可以保存修改的快递信息。单击主窗体的"快递单管理"/"修改快递单"菜单项，就可以打开"修改快递信息"窗体，如图 9-31 所示。

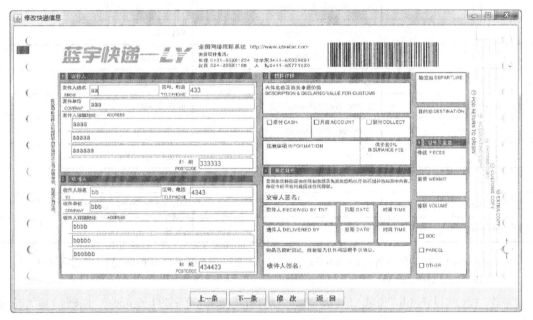

图 9-31 "修改快递信息"窗体

"修改快递信息"窗体使用的主要技术是使用 Vector 类来保存 ResultSet 中的数据。ResultSet 是 JDBC 中定义的保存查询结果的类，它使用起来并不方便，因为经常需要处理异常信息。为了简化使用，通常将查询的结果再转存到容器类中，如 Vector、List 等。之所以使用 Vector 这个集合类，是因为它能保证线程安全。

在 Java SE 5.0 版之后，引入了泛型机制，它可以用来保证容器内保存的对象类型相同。因此在编写 ExpressMessageDao 类的 queryAllExpress() 方法时，也使用了这个机制。

9.9.2 代码实现

（1）设计"修改快递信息"窗体

"修改快递信息"窗体用于快递信息的修改，该窗体用到 14 个文本框和 4 个命令按钮，其中主要组件的名称和作用如表 9-6 所示。

表 9-6　　　　　　　　"修改快递信息"窗体主要组件的名称与作用

组　件	组件名称	作　用
JTextField	tf_sendName	寄件人姓名
JTextField	tf_sendTelephone	寄件人区号、电话
JTextField	tf_sendCompony	寄件公司
JTextField	tf_sendAddress1	寄件人地址
JTextField	tf_sendAddress2	寄件人地址
JTextField	tf_sendAddress3	寄件人地址
JTextField	tf_sendPostcode	寄件人邮编
JTextField	tf_receiveName	收件人姓名
JTextField	tf_receiveTelephone	收件人区号、电话
JTextField	tf_receiveCompony	收件公司
JTextField	tf_receiveAddress1	收件人地址
JTextField	tf_receiveAddress2	收件人地址
JTextField	tf_receiveAddress3	收件人地址
JTextField	tf_receivePostcode	收件人邮编
JButton	btn_pre	浏览前一条快递信息
JButton	btn_next	浏览下一条快递信息
JButton	btn_update	保存修改后的快递信息
JButton	jButton2	返回

在 com.mrsoft.frame 包中创建 UpdateExpressFrame 类。该类继承自 JFrame 类，成为窗体类。

（2）保存修改后的快递信息

"修改"按钮可以修改用户所录入的快递信息。为"修改"按钮（即名为 btn_update 的按钮）添加事件监听的代码如下：

```
btn_update.addActionListener(new java.awt.event.ActionListener() {
    public void actionPerformed(java.awt.event.ActionEvent e) {
        StringBuffer buffer = new StringBuffer();            // 创建字符串缓冲区对象
        ExpressMessage m = new ExpressMessage();             // 创建打印信息对象
        m.setId(id);                                         // 封装流水号
        m.setSendName(tf_sendName.getText().trim());         // 封装发件人姓名
        m.setSendTelephone(tf_sendTelephone.getText().trim());   // 封装发件人区号、电话
        m.setSendCompany(tf_sendCompany.getText().trim());   // 封装发件公司
        m.setSendAddress(tf_sendAddress1.getText().trim() + "|" + tf_sendAddress2.getText().trim() +
                         "|" + tf_sendAddress3.getText().trim());  // 封装发件地址
        m.setSendPostcode(tf_sendPostcode.getText().trim());        // 封装发件人邮编
        m.setReceiveName(tf_receiveName.getText().trim());          // 封装收件人姓名
        // 封装收件人区号、电话
```

```
                m.setReceiveTelephone(tf_receiveTelephone.getText().trim());
                m.setReceiveCompany(tf_receiveCompany.getText().trim());        // 封装收件公司
                m.setReceiveAddress(tf_receiveAddress1.getText().trim() + "|" + tf_receiveAddress2.
getText().trim() + "|"
                        + tf_receiveAddress3.getText().trim());                 // 封装收件地址
                m.setReceivePostcode(tf_receivePostcode.getText().trim());      // 封装收件人邮编
                // 发件人姓名
                buffer.append(tf_sendName.getX() + "," + tf_sendName.getY() + "/");
                // 发件人区号、电话
                buffer.append(tf_sendTelephone.getX() + "," + tf_sendTelephone.getY() + "/");
                // 发件公司
                buffer.append(tf_sendCompany.getX() + "," + tf_sendCompany.getY() + "/");
                buffer.append(tf_sendAddress1.getX() + "," + tf_sendAddress1.getY() + "/");
                buffer.append(tf_sendAddress2.getX() + "," + tf_sendAddress2.getY() + "/");
                buffer.append(tf_sendAddress3.getX() + "," + tf_sendAddress3.getY() + "/");
                // 发件人邮编
                buffer.append(tf_sendPostcode.getX() + "," + tf_sendPostcode.getY() + "/");
                // 收件人姓名
                buffer.append(tf_receiveName.getX() + "," + tf_receiveName.getY() + "/");
                // 收件人区号、电话
                buffer.append(tf_receiveTelephone.getX() + "," + tf_receiveTelephone.getY() + "/");
                buffer.append(tf_receiveCompany.getX() + "," + tf_receiveCompany.getY() + "/");
                // 收件人地址
                buffer.append(tf_receiveAddress1.getX() + "," + tf_receiveAddress1.getY() + "/");
                buffer.append(tf_receiveAddress2.getX() + "," + tf_receiveAddress2.getY() + "/");
                buffer.append(tf_receiveAddress3.getX() + "," + tf_receiveAddress3.getY() + "/");
                // 收件人邮编
                buffer.append(tf_receivePostcode.getX() + "," + tf_receivePostcode.getY());
                m.setControlPosition(new String(buffer));
                m.setExpressSize(jPanel.getWidth() + "," + jPanel.getHeight());
                ExpressMessageDao.updateExpress(m);                             // 保存更改
            }
        });
```

ExpressMessageDao 类中 updateExpress()方法的代码如下：

```
    public static void updateExpress(ExpressMessage m) {
        Connection conn = null;                             // 声明数据库连接
        PreparedStatement ps = null;                        // 声明PreparedStatement对象
        try {
            conn = DAO.getConn();                           // 获得数据库连接
            // 创建PreparedStatement对象，并传递SQL语句
            ps = conn.prepareStatement("update tb_receiveSendMessage set sendName=?,
sendTelephone=?,
             sendCompary=?, sendAddress=?, sendPostcode=?, receiveName=?, recieveTelephone=?,
recieveCompary=?,
             receiveAddress=?, receivePostcode=?, ControlPosition=?, expressSize=? where id
= ?");
            ps.setString(1, m.getSendName());               // 为参数赋值
            ps.setString(2, m.getSendTelephone());          // 为参数赋值
            ps.setString(3, m.getSendCompary());            // 为参数赋值
            ps.setString(4, m.getSendAddress());            // 为参数赋值
```

```java
            ps.setString(5, m.getSendPostcode());         // 为参数赋值
            ps.setString(6, m.getReceiveName());          // 为参数赋值
            ps.setString(7, m.getReceiveTelephone());     // 为参数赋值
            ps.setString(8, m.getReceiveCompary());       // 为参数赋值
            ps.setString(9, m.getReceiveAddress());       // 为参数赋值
            ps.setString(10, m.getReceivePostcode());     // 为参数赋值
            ps.setString(11, m.getControlPosition());     // 为参数赋值
            ps.setString(12, m.getExpressSize());         // 为参数赋值
            ps.setInt(13, m.getId());                     // 为参数赋值
            int flag = ps.executeUpdate();
            if (flag > 0) {
                JOptionPane.showMessageDialog(null, "修改成功。");
            } else {
                JOptionPane.showMessageDialog(null, "修改失败。");
            }
        } catch (Exception ex) {
            JOptionPane.showMessageDialog(null, "修改失败! " + ex.getMessage());
            ex.printStackTrace();
        } finally {
            try {
                if (ps != null) {
                    ps.close();
                }
                if (conn != null) {
                    conn.close();                          // 关闭数据库连接
                }
            } catch (SQLException e) {
                e.printStackTrace();
            }
        }
    }
```

（3）浏览快递信息

"修改快递信息"窗体中的"上一条"和"下一条"按钮用于对快递单信息进行浏览。为"上一条"按钮（即名为 btn_pre 的按钮）添加事件监听，用于浏览前一条快递信息，代码如下：

```java
btn_pre.addActionListener(new java.awt.event.ActionListener() {
    public void actionPerformed(java.awt.event.ActionEvent e) {
        queryResultVector = ExpressMessageDao.queryExpress();
        if (queryResultVector != null) {
            queryRow--;                                    // 查询行的行号减1
            if (queryRow < 0) {                            // 如果查询行的行号小于0
                queryRow = 0;                              // 行号等于0
                JOptionPane.showMessageDialog(null, "已经是第一条信息。");
            }
            ExpressMessage m = (ExpressMessage) queryResultVector.get(queryRow);
            showResultValue(m);                            // 调用showResultValue()方法显示数据
        }
    }
});
```

为"下一条"按钮（即名为 btn_next 的按钮）添加事件监听，用于浏览后一条快递信息，代码如下：

```java
btn_next.addActionListener(new java.awt.event.ActionListener() {
    public void actionPerformed(java.awt.event.ActionEvent e) {
        queryResultVector = ExpressMessageDao.queryExpress();
        if (queryResultVector != null) {
            queryRow++;                                    // 查询行的行号加1
            // 如果查询行的行号大于总行数减1的值
            if (queryRow > queryResultVector.size() - 1) {
                queryRow = queryResultVector.size() - 1;   // 行号等于总行数减1
                JOptionPane.showMessageDialog(null, "已经是最后一条信息。");
            }
            ExpressMessage m = (ExpressMessage) queryResultVector.get(queryRow);
            showResultValue(m);                            // 调用showResultValue()方法显示数据
        }
    }
});
```

上面的代码用到了 UpdateExpressFrame 类中的 showResultValue() 方法，该方法用于在"修改快递信息"窗体中显示所浏览的快递单信息。代码如下：

```java
private void showResultValue(ExpressMessage m) {
    id = m.getId();
    tf_sendName.setText(m.getSendName());                  // 设置显示的发件人姓名
    tf_sendTelephone.setText(m.getSendTelephone());        // 设置显示的发件人区号、电话
    tf_sendCompany.setText(m.getSendCompary());            // 设置显示的发件公司
    String addressValue1 = m.getSendAddress();             // 获得发件人的地址信息
    tf_sendAddress1.setText(addressValue1.substring(0, addressValue1.indexOf("|")));
    tf_sendAddress2.setText(addressValue1.substring(addressValue1.indexOf("|") + 1, addressValue1.lastIndexOf("|")));
    tf_sendAddress3.setText(addressValue1.substring(addressValue1.lastIndexOf("|") + 1));
    tf_sendPostcode.setText(m.getSendPostcode());          // 设置显示的发件人邮编
    tf_receiveName.setText(m.getReceiveName());            // 设置显示的收件人姓名
    tf_receiveTelephone.setText(m.getReceiveTelephone()); // 设置显示的收件人区号、电话
    tf_receiveCompany.setText(m.getReceiveCompary());      // 设置显示的收件公司
    String addressValue2 = m.getReceiveAddress();          // 获得收件人的地址信息
    tf_receiveAddress1.setText(addressValue2.substring(0, addressValue2.indexOf("|")));
    tf_receiveAddress2.setText(addressValue2.substring(addressValue2.indexOf("|") + 1, addressValue2.lastIndexOf("|")));
    tf_receiveAddress3.setText(addressValue2.substring(addressValue2.lastIndexOf("|") + 1));
    tf_receivePostcode.setText(m.getReceivePostcode());    // 设置显示的收件人邮编
    controlPosition = m.getControlPosition();
    expressSize = m.getExpressSize();
}
```

9.10 打印快递单与打印设置模块设计

9.10.1 模块概述

打印快递单与打印设置模块设计

"打印快递单与打印设置"窗体用于对快递单进行打印以及对打印位置进行设置。单击主窗体的"打印管理"/"打印快递单"菜单项，就可以打开"打印快递单与打

印设置"窗体，如图 9-32 所示。

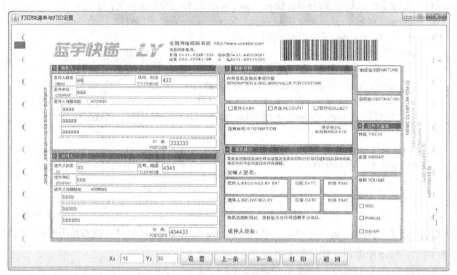

图 9-32 "打印快递单与打印设置"窗体

"打印快递单与打印设计"窗体用到的主要技术是获取打印对象和设置打印内容。

（1）获取打印对象

由于 PrinterJob 类是抽象类，因此不能使用构造方法来创建该类的对象。该类提供了一个静态方法 getPrinterJob()，其返回值是 PrinterJob 类型。获得 PrinterJob 对象的代码如下：

```
PrinterJob job = PrinterJob.getPrinterJob();  // 获得打印对象job
```

在获得了 PrinterJob 类的对象之后，可以使用 printDialog()方法打开"打印"对话框进行页面设置，如设置纸张大小、横向打印还是纵向打印、打印份数等。调用 printDialog()方法的代码如下：

```
if (!job.printDialog()) {
    return;
}
```

printDialog()方法的返回值是 boolean 类型。当单击"打印"对话框中的"确定"按钮时，该方法返回 true，单击"取消"按钮时，该方法返回 false，"打印"对话框如图 9-33 所示。

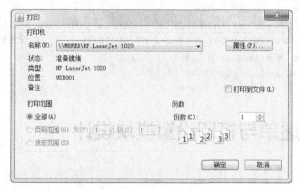

图 9-33 "打印"对话框

在图 9-33 中，可以选择打印机并设置打印份数。

单击"属性"按钮,弹出的对话框如图 9-34 所示。

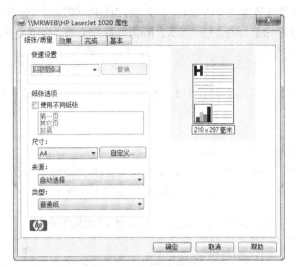

图 9-34 打印属性对话框

 在图 9-34 中,可以设置纸张规格。

(2)设置打印内容

在获得 PrinterJob 类对象后,可以使用 setPrintable()方法设置打印内容。打印内容是 java.awt.print 包中 Printable 接口的实现类,因此,要进行打印,必须要为 setPrintable()方法传递一个 Printable 接口的实现类。

在 Printable 接口中,仅定义了一个 print()方法,该方法的声明如下:

```
int print(Graphics graphics,PageFormat pageFormat,int pageIndex)throws PrinterException
```

graphics:打印的内容。

pageFormat:打印的页面大小和方向。

pageIndex:基于 0 的打印页面。

例如:

```
PrinterJob job = PrinterJob.getPrinterJob();            // 获得打印对象
if (!job.printDialog()){
    return;
}
job.setPrintable(new Printable() {                      // 实现Printable接口
    public int print(Graphics graphics, PageFormat pageFormat, int pageIndex) {
        if (pageIndex > 0){
            return Printable.NO_SUCH_PAGE;
        }
        int x = (int) pageFormat.getImageableX();       // 获得可打印区域起始位置的横坐标
        int y = (int) pageFormat.getImageableY();       // 获得可打印区域起始位置的纵坐标
        Graphics2D g2 = (Graphics2D) graphics;          // 强制转换为Graphics2D类型
g2.drawString("这是打印内容" , x + 20 , y +20 );         // 绘制打印的内容
        return Printable.PAGE_EXISTS;
    }
});
job.print();                                            // 执行打印任务
```

> **说明** print()方法的返回值通常为 Printable.NO_SUCH_PAGE 或 Printable.PAGE_EXISTS。NO_SUCH_PAGE 表示 pageIndex 太大，所以页面并不存在。PAGE_EXISTS 表示请求的页面被生成。

当 print()方法的返回值为 PAGE_EXISTS 时，就可以通过 PrinterJob 类的 print()方法进行打印了。

9.10.2 代码实现

（1）设计"打印快递单与打印设置"窗体

"打印快递单与打印设置"窗体可以进行快递单的打印以及对打印位置进行设置，该窗体用到两个标签、十六个文本框和五个命令按钮，其中主要组件的名称和作用如表 9-7 所示。

表 9-7　　　　　　　"打印快递单与打印设置"窗体主要组件的名称与作用

组件	组件名称	作　　用
JTextField	tf_sendName	寄件人姓名
JTextField	tf_sendTelephone	寄件人区号、电话
JTextField	tf_sendCompony	寄件公司
JTextField	tf_sendAddress1	寄件人地址
JTextField	tf_sendAddress2	寄件人地址
JTextField	tf_sendAddress3	寄件人地址
JTextField	tf_sendPostcode	寄件人邮编
JTextField	tf_receiveName	收件人姓名
JTextField	tf_receiveTelephone	收件人区号、电话
JTextField	tf_receiveCompony	收件公司
JTextField	tf_receiveAddress1	收件人地址
JTextField	tf_receiveAddress2	收件人地址
JTextField	tf_receiveAddress3	收件人地址
JTextField	tf_receivePostcode	收件人邮编
JTextField	tf_x	打印位置的横坐标，负值左移，正值右移
JTextField	tf_y	打印位置的纵坐标，负值上移，正值下移
JButton	btn_printSet	对打印位置进行设置
JButton	btn_pre	浏览前一条快递信息
JButton	btn_next	浏览下一条快递信息
JButton	btn_update	打印快递单信息
JButton	btn_return	返回

在 com.mrsoft.frame 包中创建 PrintAndPrintSetFrame 类，该类继承自 JFrame 类，成为窗体类。

（2）打印快递单

设置完打印位置，单击窗体上的"打印"按钮，可以打印快递单。为"打印"按钮（即名为 btn_print 的按钮）添加事件监听，代码如下：

```java
btn_print.addActionListener(new java.awt.event.ActionListener() {
    public void actionPerformed(java.awt.event.ActionEvent e) {
        try {
            PrinterJob job = PrinterJob.getPrinterJob();
            if (!job.printDialog())
                return;
            job.setPrintable(new Printable() {    // 使用匿名内容类实现Printable接口
                public int print(Graphics graphics, PageFormat pageFormat, int pageIndex) {
                    if (pageIndex > 0) {
                        return Printable.NO_SUCH_PAGE;            // 不打印
                    }
                    int x = (int) pageFormat.getImageableX();    // 获得可打印区域的横坐标
                    int y = (int) pageFormat.getImageableY();    // 获得可打印区域的纵坐标
                    // 获得可打印区域的宽度
                    int ww = (int) pageFormat.getImageableWidth();
                    // 获得可打印区域的高度
                    int hh = (int) pageFormat.getImageableHeight();
                    Graphics2D g2 = (Graphics2D) graphics;       // 转换为Graphics2D类型
                    // 获得图片的URL
                    URL ur = UpdateExpressFrame.class.getResource("/image/追封快递单.JPG");
                    Image img = new ImageIcon(ur).getImage();    // 创建图像对象
                    int w = Integer.parseInt(expressSize.substring(0, expressSize.IndexOf(",")));
                    int h = Integer.parseInt(expressSize.substring(expressSize.indexOf(",") + 1));
                    if (w > ww) {                                // 如果图像的宽度大于打印区域的宽度
                        w = ww;                                  // 让图像的宽度等于打印区域的宽度
                    }
                    if (h > hh) {                                // 如果图像的高度大于打印区域的高度
                        h = hh;                                  // 让图像的高度等于打印区域的高度
                    }
                    g2.drawImage(img, x, y, w, h, null);         // 绘制打印的图像
                    String[] pos = controlPosition.split("/");   // 分割字符串
                    int px = Integer.parseInt(pos[0].substring(0, pos[0].indexOf(",")));
                    int py = Integer.parseInt(pos[0].substring(pos[0].indexOf(",") + 1));
                    String sendName = tf_sendName.getText();
                    // 绘制发件人姓名
                    g2.drawString(sendName, px + addX, py + addY);
                    px = Integer.parseInt(pos[1].substring(0, pos[1].indexOf(",")));
                    py = Integer.parseInt(pos[1].substring(pos[1].indexOf(",") + 1));
                    String sendTelephone = tf_sendTelephone.getText();
                    // 绘制发件人区号、电话
                    g2.drawString(sendTelephone, px + addX, py + addY);
                    px = Integer.parseInt(pos[2].substring(0, pos[2].indexOf(",")));
                    py = Integer.parseInt(pos[2].substring(pos[2].indexOf(",") + 1));
                    String sendCompory = tf_sendCompany.getText();
```

```java
// 绘制发件公司
g2.drawString(sendCompory, px + addX, py + addY);
px = Integer.parseInt(pos[3].substring(0, pos[3].indexOf(",")));
py = Integer.parseInt(pos[3].substring(pos[3].indexOf(",") + 1));
String sendAddress1 = tf_sendAddress1.getText();
g2.drawString(sendAddress1, px + addX, py + addY);// 绘制发件人地址
px = Integer.parseInt(pos[4].substring(0, pos[4].indexOf(",")));
py = Integer.parseInt(pos[4].substring(pos[4].indexOf(",") + 1));
String sendAddress2 = tf_sendAddress2.getText();
g2.drawString(sendAddress2, px + addX, py + addY);// 绘制发件人地址
px = Integer.parseInt(pos[5].substring(0, pos[5].indexOf(",")));
py = Integer.parseInt(pos[5].substring(pos[5].indexOf(",") + 1));
String sendAddress3 = tf_sendAddress3.getText();
g2.drawString(sendAddress3, px + addX, py + addY);// 绘制发件人地址
px = Integer.parseInt(pos[6].substring(0, pos[6].indexOf(",")));
py = Integer.parseInt(pos[6].substring(pos[6].indexOf(",") + 1));
String sendPostCode = tf_sendPostcode.getText();
g2.drawString(sendPostCode, px + addX, py + addY);// 绘制发件人邮编
px = Integer.parseInt(pos[7].substring(0, pos[7].indexOf(",")));
py = Integer.parseInt(pos[7].substring(pos[7].indexOf(",") + 1));
String receiveName = tf_receiveName.getText();
g2.drawString(receiveName, px + addX, py + addY);// 绘制收件人姓名
px = Integer.parseInt(pos[8].substring(0, pos[8].indexOf(",")));
py = Integer.parseInt(pos[8].substring(pos[8].indexOf(",") + 1));
String receiveTelephone = tf_receiveTelephone.getText();
// 绘制收件人区号、电话
g2.drawString(receiveTelephone, px + addX, py + addY);
px = Integer.parseInt(pos[9].substring(0, pos[9].indexOf(",")));
py = Integer.parseInt(pos[9].substring(pos[9].indexOf(",") + 1));
String receiveCompory = tf_receiveCompany.getText();
g2.drawString(receiveCompory, px + addX, py + addY);     // 绘制收件公司
px = Integer.parseInt(pos[10].substring(0, pos[10].indexOf(",")));
py = Integer.parseInt(pos[10].substring(pos[10].indexOf(",") + 1));
String receiveAddress1 = tf_receiveAddress1.getText();
// 绘制收件人地址
g2.drawString(receiveAddress1, px + addX, py + addY);
px = Integer.parseInt(pos[11].substring(0, pos[11].indexOf(",")));
py = Integer.parseInt(pos[11].substring(pos[11].indexOf(",") + 1));
String receiveAddress2 = tf_receiveAddress2.getText();
// 绘制收件人地址
g2.drawString(receiveAddress2, px + addX, py + addY);
px = Integer.parseInt(pos[12].substring(0, pos[12].indexOf(",")));
py = Integer.parseInt(pos[12].substring(pos[12].indexOf(",") + 1));
String receiveAddress3 = tf_receiveAddress3.getText();
// 绘制收件人地址
g2.drawString(receiveAddress3, px + addX, py + addY);
px = Integer.parseInt(pos[13].substring(0, pos[13].indexOf(",")));
py = Integer.parseInt(pos[13].substring(pos[13].indexOf(",") + 1));
String receivePostCode = tf_receivePostcode.getText();
// 绘制收件人邮编
g2.drawString(receivePostCode, px + addX, py + addY);
```

```
                    return Printable.PAGE_EXISTS;
                }
            });
            job.setJobName("打印快递单");              // 设置打印任务的名称
            job.print();                              // 执行打印任务
        } catch (Exception ex) {
            ex.printStackTrace();
            JOptionPane.showMessageDialog(null, ex.getMessage());
        }
    }
});
```

 实现 Printable 接口的 print()方法时，Graphics 类型参数用于绘制打印内容。

9.11 添加用户模块设计

9.11.1 模块概述

"添加用户"窗体用于添加新用户。在该窗体中输入用户名、密码和确认密码后，单击"保存"按钮可以将新用户信息保存到用户表中。单击主窗体的"系统"/"添加用户"菜单项，就可以打开"添加用户"窗体，如图 9-35 所示。

"添加用户"窗体使用的主要技术是比较 char 类型数组是否相同。

对于密码框组件，为了保证安全性，使用 getPassword()方法获得密码的返回值是 char 类型数组。如果采用遍历数组的方式进行比较显然很麻烦。在此推荐使用 String 类的构造方法，将 char 类型的数组转换成 String 类型，然后比较两个字符串是否相同即可。

图 9-35 "添加用户"窗体

9.11.2 代码实现

（1）设计"添加用户"窗体

"添加用户"窗体用于添加新的操作员。该窗体用到四个标签、一个文本框、两个密码框和两个按钮。其中主要组件的名称和作用如表 9-8 所示。

表 9-8 　　　　　　　　　　"添加用户"窗体主要组件的名称与作用

组　件	组件名称	作　　用
JTextField	tf_user	新用户名
JPasswordField	pf_pwd	密码
JPasswordField	pf_okPwd	确认密码
JButton	btn_save	保存新用户信息
JButton	btn_return	销毁"添加用户"窗体，返回主窗体

在 com.mrsoft.frame 包中创建 AddUserFrame 类，该类继承自 JFrame 类，成为窗体类。

（2）保存新用户信息

在"添加用户"窗体中输入用户信息，单击"保存"按钮可以保存新添加的用户信息。为"保存"按钮（即名为 btn_save 的按钮）添加事件监听，代码如下：

```java
btn_save.addActionListener(new java.awt.event.ActionListener() {
    public void actionPerformed(java.awt.event.ActionEvent e) {
        String username = tf_user.getText().trim();              // 获得用户名
        String password = new String(pf_pwd.getPassword());      // 获得密码
        String okPassword = new String(pf_okPwd.getPassword());  // 获得确认密码
        User user = new User();                                  // 创建User类的实例
        user.setName(username);                                  // 封装用户名
        user.setPwd(password);                                   // 封装密码
        user.setOkPwd(okPassword);                               // 封装确认密码
        UserDao.insertUser(user);                                // 保存用户信息
    }
});
```

UserDao 类中 insertUser() 方法的代码如下：

```java
public static void insertUser(User user) {
    Connection conn = null;
    try {
        String username = user.getName();        // 获得用户名
        String pwd = user.getPwd();              // 获得密码
        String okPwd = user.getOkPwd();          // 获得确认密码
        if (username == null || username.trim().equals("") || pwd == null || pwd.trim().equals("") ||
                okPwd == null || okPwd.trim().equals("")) {
            JOptionPane.showMessageDialog(null, "用户名或密码不能为空。");
            return;
        }
        if (!pwd.trim().equals(okPwd.trim())) {
            JOptionPane.showMessageDialog(null, "两次输入的密码不一致。");
            return;
        }
        conn = DAO.getConn();                    // 获得数据库连接
        // 创建PreparedStatement对象，并传递SQL语句
        PreparedStatement ps = conn.prepareStatement("insert into tb_user (username,password) values (?,?)");
        ps.setString(1, username.trim());        // 为参数赋值
        ps.setString(2, pwd.trim());             // 为参数赋值
        int flag = ps.executeUpdate();           // 执行SQL语句
        if (flag > 0) {
            JOptionPane.showMessageDialog(null, "添加成功。");
        } else {
            JOptionPane.showMessageDialog(null, "添加失败。");
        }
    } catch (Exception ex) {
        JOptionPane.showMessageDialog(null, "用户名重复，请换个名称！");
        return;
    } finally {
        try {
            if (conn != null) {
                conn.close();                    // 关闭数据库连接对象
```

```
                }
            } catch (Exception ex) {
            }
        }
    }
```

9.12 修改用户密码模块设计

9.12.1 模块概述

修改用户密码模块设计

为了提高系统安全性，用户可以定期对密码进行修改。在修改密码时应首先输入原密码，然后输入新密码和确认密码。单击主窗体的"系统"/"修改密码"菜单项，就可以打开"修改用户密码"窗体，如图9-36所示。

"修改用户密码"窗体使用的主要技术是保存用户的状态。

在该窗体中，仅要求输入原来的密码和新密码，那么系统如何知道修改的是哪个用户的密码呢？原来系统使用SaveUserStateTool类来保存登录用户的信息。通过阅读这个类的代码，可以知道该类的属性都是使用static关键字修饰的，而该关键字的作用是让变量在运行中保存用户的信息。

图9-36 "修改用户密码"窗体

9.12.2 代码实现

（1）设计"修改用户密码"窗体

"修改用户密码"窗体用于对用户的密码进行修改，提高系统安全性。该窗体用到三个标签、三个密码框和两个命令按钮，其中主要组件的名称和作用如表9-9所示。

表9-9　　　　　　　　　　"修改用户密码"窗体主要组件的名称与作用

组　　件	组件名称	作　　用
JPasswordField	tf_oldPwd	原密码
JPasswordField	pf_newPwd	新密码
JPasswordField	pf_okNewPwd	确认新密码
JButton	btn_update	保存对密码的修改
JButton	btn_return	销毁"修改用户密码"窗体，返回主窗体

在com.mrsoft.frame包中创建UpdateUserPasswordFrame类，该类继承自JFrame。

（2）保存用户密码的修改

在"修改用户密码"窗体中输入用户的原密码和新密码，单击"修改"按钮可以保存用户密码的修改。为"修改"按钮（即名为btn_update的按钮）添加事件监听，代码如下：

```
btn_update.addActionListener(new java.awt.event.ActionListener() {
    public void actionPerformed(java.awt.event.ActionEvent e) {
        String oldPwd = new String(pf_oldPwd.getPassword());        // 获得原密码
```

```java
            String newPwd = new String(pf_newPwd.getPassword());           // 获得新密码
            String okPwd = new String(pf_okNewPwd.getPassword());          // 获得确认密码
            UserDao.updateUser(oldPwd, newPwd, okPwd);                     // 更新密码
        }
    });
```

 在修改用户密码时，用到了 com.mrsoft.dao 包中 UserDao 类的 updateUser()方法，该方法用于保存对用户密码的修改。

UserDao 类中 updateUser()方法的代码如下：

```java
public static void updateUser(String oldPwd, String newPwd, String okPwd) {
    try {
        if (!newPwd.trim().equals(okPwd.trim())) {
            JOptionPane.showMessageDialog(null, "两次输入的密码不一致。");
            return;
        }
        if (!oldPwd.trim().equals(SaveUserStateTool.getPassword())) {
            JOptionPane.showMessageDialog(null, "原密码不正确。");
            return;
        }
        Connection conn = DAO.getConn();                                   // 获得数据库连接
        // 创建PreparedStatement对象，并传递SQL语句
        PreparedStatement ps = conn.prepareStatement("update tb_user set password = ? where username = ?");
        ps.setString(1, newPwd.trim());                                    // 为参数赋值
        ps.setString(2, SaveUserStateTool.getUsername());                  // 为参数赋值
        int flag = ps.executeUpdate();                                     // 执行SQL语句
        if (flag > 0) {
            JOptionPane.showMessageDialog(null, "修改成功。");
        } else {
            JOptionPane.showMessageDialog(null, "修改失败。");
        }
        ps.close();
        conn.close();                                                      // 关闭数据库连接
    } catch (Exception ex) {
        JOptionPane.showMessageDialog(null, "数据库异常！" + ex.getMessage());
        return;
    }
}
```

小 结

本章以面向对象编程为基础，综合运用 Swing 程序设计的方式方法，搭配使用 MySQL 5.7，开发了一个蓝宇快递打印系统。面向对象编程是 Java 语言的重要特点，比起结构化编程语言（如 C 语言），更符合人类的思考方式。而 Swing 主要被用于开发 GUI 程序，提供给用户可视化的、便于操作的图形界面。此外，MySQL 是一个免费的、可跨平台的、多线程的 SQL 数据库服务器。希望通过本章的学习，读者能够更深入地掌握面向对象编程、Swing 程序设计和 MySQL 5.7 的使用方法。

第10章

快通物流配货系统

——Struts 2框架+MySQL 5.7实现

一个设计得当的物流配送管理系统，不但能使物流企业走上科学化、网络化管理的道路，而且能够为企业带来巨大的经济效益。所谓物流企业信息化，是指物流企业运用现代信息技术对物流过程中产生的全部或部分信息进行采集、分类、传递、汇总、查询等一系列处理活动。物流企业信息化的目的是通过建设物流信息系统，提高信息流转效率，降低物流运作成本。为此，本章将开发一个快通物流配货系统。

本章要点

- 软件的基本开发流程
- 系统的功能结构及业务流程
- 系统的数据库设计
- 设计数据操作层类
- 设计业务逻辑层类
- 系统主窗体的实现
- 商品库存管理的实现
- 商品进货管理的实现
- 商品销售数据的排行实现

10.1 需求分析

网络化的物流管理方式能够快捷地查找车源信息、客户订单以及客户信息；能够对货物进行全程跟踪，了解货物的托运情况，从而使企业能够根据实际情况，做好运营过程中的各项准备工作，并对突发事件做出及时、准确的调整；能够保证托运人以及收货人对货物进行及时处理。通过对物流企业和相关行业信息的调查，物流配货系统应具有以下功能。

部署

需求分析与系统设计

- 全面展示企业的形象。
- 通过系统流程图，全面介绍企业的服务项目。
- 实现对车辆来源的管理。
- 实现对固定客户的管理。
- 通过发货单编号，详细查询物流配货的详细信息。
- 具备易操作的页面。
- 当受到外界环境（停电、网络病毒）干扰时，系统可以自动保护原始数据的安全。

10.2 系统设计

10.2.1 系统目标

结合目前网络上物流配货系统的设计方案、对客户做的调查结果以及企业的实际需求，本项目在设计时应该满足以下目标。

- 页面设计美观大方，操作简单。
- 功能完善，结构清晰。
- 能够快速查询车源信息。
- 能够准确填写发货单。
- 能够实现发货单查询。
- 能够实现对回单进行处理。
- 能够对车源信息进行添加、修改和删除。
- 能够对客户信息进行管理。
- 能够及时、准确地对网站进行维护和更新。
- 良好的数据库系统支持。
- 最大限度地实现易安装性、易维护性和易操作性。
- 系统运行稳定，具备良好的安全措施。

10.2.2 构建开发环境

- 操作系统：Windows 10。
- JDK 版本：Java SE 11.0.1。
- 开发工具：Eclipse for Java EE 2018-12 (4.10.0)。
- Web 服务器：Tomcat 9.0。
- 后台数据库：MySQL 5.7。

- 浏览器：推荐 Google Chrome 浏览器。
- 分辨率：最佳效果为 1440 像素×900 像素。

10.2.3 系统功能结构

快通物流配货系统功能结构如图 10-1 所示。

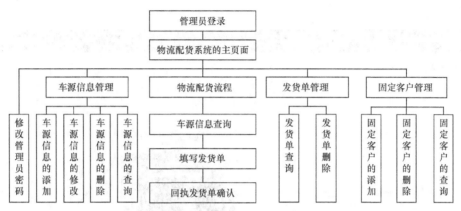

图 10-1 快通物流配货系统功能结构

10.2.4 系统流程图

快通物流配货系统的系统流程图如图 10-2 所示。

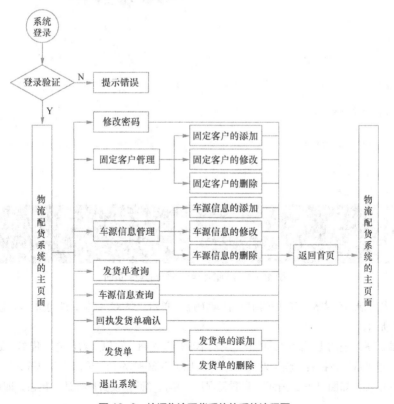

图 10-2 快通物流配货系统的系统流程图

10.2.5 系统预览

快通物流配货系统有多个页面，下面是网站中几个典型页面的预览，其他页面可以通过运行资源包中本系统的源程序进行查看。

快通物流配货系统的登录页面如图 10-3 所示，该页面要求用户输入管理员的用户名和密码，从而实现管理员登录。

图 10-3 快通物流配货系统的登录页面

管理员在系统登录页面中输入正确的用户名和密码后，单击"登录"按钮，即可进入物流配货系统的主页面，如图 10-4 所示。

在快通物流配货系统的主页面中，单击"发货单查询"按钮，可以查看已有发货单，如图 10-5 所示；单击"回执发货单确认"按钮后，输入发货单号（如 1305783681593），单击"订单确认"按钮，即可显示该发货单的确认信息，如图 10-6 所示。查看无误后，单击"回执发货单确认"按钮，即可完成该发货单的确认操作。

第10章
快通物流配货系统

图 10-4　快通物流配货系统的主页面

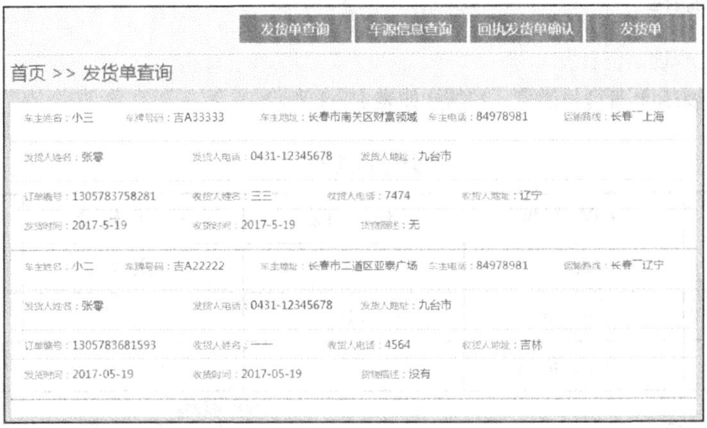

图 10-5　发货单查询

图 10-6　回执发货单确认

10.3 数据库设计

10.3.1 数据库概要说明

本系统采用的是 MySQL 5.7 数据库，用来存储管理员信息、车源信息、固定客户信息和发货单信息等。这里将数据库命名为 db_logistics，其中包含 5 张数据表，其树形结构如图 10-7 所示。

图 10-7　数据表树形结构

10.3.2 数据表结构

（1）tb_admin（管理员信息表）

管理员信息表用来存储管理员信息，其结构如表 10-1 所示。

表 10-1　　　　　　　　　　　　　　　管理员信息表

字 段 名	数据类型	长 度	是否主键	描 述
id	int	11	主键	数据库自动编号
admin_user	varchar	50		管理员用户名
admin_password	varchar	50		管理员密码

（2）tb_car（车源信息表）

车源信息表用来存储车源信息，其结构如表 10-2 所示。

表 10-2　　　　　　　　　　　　车源信息表

字 段 名	数 据 类 型	长　度	是 否 主 键	描　述
id	int	11	主键	数据库编号
username	varchar	50		车主姓名
user_number	varchar	50		车主身份证号
car_number	varchar	50		车牌号码
tel	varchar	50		车主电话
address	varchar	80		车主地址
car_road	varchar	50		车辆运输路线
car_content	varchar	50		车辆描述

（3）tb_carlog（车源日志表）

车源日志表用来存储车源日志信息，其结构如表 10-3 所示。

表 10-3　　　　　　　　　　　　车源日志表

字 段 名	数 据 类 型	长　度	是 否 主 键	描　述
id	int	11	主键	数据库自动编号
good_id	varchar	255		发货单号
car_id	int	11		车源信息表的自动编号
startTime	varchar	255		车辆使用开始时间
endTime	varchar	255		车辆使用结束时间
describer	varchar	255		车辆使用描述

（4）tb_customer（固定客户信息表）

固定客户信息表用来存储固定客户信息，其结构如表 10-4 所示。

表 10-4　　　　　　　　　　　　固定客户信息表

字 段 名	数 据 类 型	长　度	是 否 主 键	描　述
customer_id	int	11	主键	自动编号
customer_user	varchar	50		固定客户姓名
customer_tel	varchar	50		固定客户电话
customer_address	varchar	80		固定客户地址

（5）tb_operationgoods（发货单信息表）

发货单信息表用来存储发货单信息，其结构如表 10-5 所示。

表 10-5　　　　　　　　　　　　　　　　发货单信息表

字 段 名	数 据 类 型	长　度	是 否 主 键	描　　述
id	int	11	主键	数据库自动编号
car_id	int	11		车辆信息表的自动编号
customer_id	int	11		固定客户信息表的自动编号
goods_id	varchar	255		发货单编号
goods_name	varchar	255		收货人姓名
goods_tel	varchar	255		收货人电话
goods_address	varchar	255		收货人地址
goods_sure	int	11		回执发货单确认标识

10.4　技术准备

本项目主要使用 JSP 技术，结合 Struts 2 框架进行开发，本节将对本章用到的主要技术进行介绍。

JSP 基础

10.4.1　JSP 基础

JSP（Java Server Pages）是由 Sun 公司倡导、许多公司参与建立的动态网页技术标准。它在 HTML 代码中嵌入 Java 代码片段（Scriptlet）和 JSP 标签，构成 JSP 网页。在接收到用户请求时，服务器会处理 Java 代码片段，然后生成处理结果的 HTML 页面返回给客户端，客户端的浏览器将呈现最终页面效果。JSP 工作原理如图 10-8 所示。

图 10-8　JSP 工作原理

JSP 页面主要由指令标签、HTML 标记语言、注释、嵌入 Java 代码、JSP 动作标签等 5 个元素组成，如图 10-9 所示。

```
 1  <%@ page language="java" import="java.util.*" pageEncoding="GB18030"%>
 2  <!DOCTYPE HTML PUBLIC "-//W3C//DTD HTML 4.01 Transitional//EN">
 3  <html>
 4      <head>
 5          <title>一个简单的JSP页面</title>
 6      </head>
 7      <body>
 8          <!--HTML注释信息-->
 9      <%
10          Date now = new Date();
11          String dateStr;
12          dateStr = String.format("%tY年%tm月%td日", now, now, now);
13      %>
14          当前日期是：<%=dateStr%>
15          <br>
16      </body>
17  </html>
18
```

图 10-9　简单的 JSP 页面代码

程序运行结果说明如下。

（1）指令标签

上述代码的第 1 行就是一个 JSP 的指令标签，它们通常位于文件的首位。指令标签不会产生任何内容输出到网页中，主要用于定义整个 JSP 页面的相关信息，如使用的语言、导入的类包、指定错误处理页面等。语法格式如下：

```
<%@ directive attribute="value" attributeN="valueN" ……%>
```

directive：指令名称。

attribute：属性名称，不同的指令包含不同的属性。

value：属性值，为指定属性赋值的内容。

（2）HTML 标记语言

第 2~7 行、第 15~17 行都是 HTML 语言的代码，这些代码定义了网页内容的显示格式。

（3）注释

第 8 行使用了 HTML 语言的注释格式，在 JSP 页面中还可以使用 JSP 的注释格式和嵌入 Java 代码的注释格式。HTML 语言的注释不会被显示在网页中，但是在浏览器中选择查看网页源代码时，还是能够看到注释信息的。

语法格式如下：

```
<!-- 注释文本 -->
```

例如：

```
<!-- 显示数据报表的表格 -->
<table>
……
</table>
```

JSP 注释是被服务器编译执行的，不会发送到客户端。

语法格式如下：

```
<%-- 注释文本 --%>
```

例如：

```
<%-- 显示数据报表的表格 --%>
<table>
……
</table>
```

另外，JSP 页面支持嵌入的 Java 代码，这些 Java 代码的语法和注释方法都和 Java 类的代码相同，因此也就可以使用 Java 的代码注释格式。

例如：

```
<%
//单行注释
/*
多行注释
*/
%>
<%/**JavaDoc注释，用于成员注释*/%>
```

（4）嵌入 Java 代码

在 JSP 页面中可以嵌入 Java 程序代码片段，这些 Java 代码被包含在<%%>标签中，如上述的第 9~14 行

就嵌入了 Java 代码片段。其中的代码可以看作一个 Java 类的部分代码。嵌入 Java 代码语法格式如下:

```
<% 编写Java代码 %>
```

Java 代码片段被包含在"<%"和"%>"标记之间。可以编写单行或多行 Java 代码,语句以";"结尾,其编写格式与 Java 类代码格式相同。

(5) JSP 动作标签

上述代码中没有编写动作标签。JSP 动作标签是 JSP 中标签的一种,它们都使用"JSP:"开头,例如"<jsp:forward>"标签可以将用户请求转发给另一个 JSP 页面或 Servlet 处理。动作标签通用的使用格式如下:

```
<动作标识名称 属性1="值1" 属性2="值2"…/>
```

或

```
<动作标识名称 属性1="值1" 属性2="值2" …>
    <子动作 属性1="值1" 属性2="值2" …/>
</动作标识名称>
```

在 JSP 中提供的常用动作标签如表 10-6 所示。

表 10-6 JSP 的动作标签

动作标签	作用
<jsp:include>	使当前页面包含其他文件
<jsp:forward>	将请求转发到另外一个 JSP、HTML 或相关的资源文件中
<jsp:useBean>	在 JSP 页面中创建一个 Bean 实例,并且通过属性的设置可以将该实例存储到 JSP 中的指定范围内
<jsp:setProperty>	与<jsp:useBean>标识一起使用,它将调用 Bean 中的 setXxx()方法将请求中的参数赋值给由<jsp:useBean>标识创建的 JavaBean 中对应的简单属性或索引属性
<jsp:getProperty>	从指定的 Bean 中读取指定的属性值,并输出到页面中
<jsp:fallback>	<jsp:plugin>的子标识,当使用<jsp:plugin>标识加载 Java 小应用程序或 JavaBean 失败时,可通过<jsp:fallback>标识向用户输出提示信息
<jsp:plugin>	在页面中插入 Java Applet 小程序或 JavaBean,它们能够在客户端运行

10.4.2 JSP 的内置对象

JSP 的内置对象

为了便于 Web 应用程序开发,JSP 页面中内置了一些默认的对象,这些对象不需要预先声明就可以在脚本代码和表达式中随意使用。JSP 提供的内置对象共有 9 个,如表 10-7 所示。所有的 JSP 代码都可以直接访问这 9 个内置对象。

表 10-7 JSP 的内置对象

内置对象名称	所 属 类 型	有效范围	说　　明
application	javax.servlet.ServletContext	application	该对象代表应用程序上下文,它允许 JSP 页面与包括在同一应用程序中的任何 Web 组件共享信息

续表

内置对象名称	所属类型	有效范围	说明
config	javax.servlet.ServletConfig	page	该对象允许将初始化数据传递给一个 JSP 页面
exception	java.lang.Throwable	page	该对象含有只能由指定的 JSP "错误处理页面"访问的异常数据
out	javax.servlet.jsp.JspWriter	page	该对象提供对输出流的访问
page	javax.servlet.jsp.HttpJspPage	page	该对象代表 JSP 页面对应的 Servlet 类实例
pageContext	javax.servlet.jsp.PageContext	page	该对象是 JSP 页面本身的上下文,它提供了唯一一组方法来管理具有不同作用域的属性,这些 API 在实现 JSP 自定义标签处理程序时非常有用
request	javax.servlet.http.HttpServletRequest	request	该对象提供对 HTTP 请求数据的访问,同时还提供用于加入特定请求数据的上下文
response	javax.servlet.http.HttpServletResponse	page	该对象允许直接访问 HttpServletReponse 对象,可用来向客户端输入数据
session	javax.servlet.http.HttpSession	session	该对象可用来保存在服务器与一个客户端之间需要保存的数据,当客户端关闭网站的所有网页时,session 变量会自动消失

request、response 和 session 是 JSP 内置对象中重要的 3 个对象,这 3 个对象体现了对服务器端与客户端（即浏览器）交互通信的控制,如图 10-10 所示。

从图 10-10 中可以看出,客户端打开浏览器,在地址栏中输入服务器 Web 服务页面的地址后,就会显示 Web 服务器上的网页。客户端的浏览器从 Web 服务器上获得网页,实际上是使用 HTTP 协议向服务器端发送了一个请求,服务器在收到来自客户端浏览器发来的请求后要响应请求。JSP 通过 request 对象获取客户浏览器的请求,通过 response 对客户浏览器进行响应。而 session 则一直保存着会话期间所需要传递的数据信息。

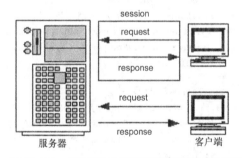

图 10-10 JSP 的 3 个重要内置对象对通信的控制

10.4.3 Struts 2 框架

Struts 是 Apache 软件基金下的 Jakarta 项目的一部分,它目前有两个版本(Struts 1.x 和 Struts 2.x)都是基于 MVC 经典设计模式的框架,其中采用了 Servlet 技术和 JSP,在目前 Web 开发中应用非常广泛。本章使用 Struts 2 标签控制页面执行的流程。主要的 Struts 2 标签如下。

1. if 和 else 标签

if 和 else 标签常被用于控制页面执行的流程。if 标签可以单独使用,也可以与 elseif 标签、单个或多个 else 标签一起使用,关键代码如下:

```
<s:if test="%{false}">
```

```
    <div>Stop</div>
</s:if>
<s:elseif test="%{true}">
    <div>Start</div>
</s:elseif>
<s:else>
    <div>Stop</div>
</s:else>
```

2. action 标签

action 标签允许开发人员通过指定 action 名称和可选的命名空间直接从 JSP 页面调用 action。标签的正文内容用于呈现 action 的结果。关键代码如下：

```
<div>Tag to execute the action</div>
<br />
<s:action name="actionTagAction" executeResult="true" />
<br />
<div>To invokes special method in action class</div>
<br />
<s:action name="actionTagAction!specialMethod" executeResult="true" />
```

3. include 标签

include 标签用于在另一个 JSP 页面中包含一个 JSP 文件。关键代码如下：

```
<-- First Syntax -->
<s:include value="myJsp.jsp" />

<-- Second Syntax -->
<s:include value="myJsp.jsp">
  <s:param name="param1" value="value2" />
  <s:param name="param2" value="value2" />
</s:include>

<-- Third Syntax -->
<s:include value="myJsp.jsp">
  <s:param name="param1">value1</s:param>
  <s:param name="param2">value2</s:param>
</s:include>
```

4. date 标签

data 标签允许以快速简单的方式格式化日期。用户可以指定自定义日期格式（如"dd/MM/yyyy hh:mm"），可以生成易读的符号（如"在 2 小时 14 分钟内"）。关键代码如下：

```
<s:date name="person.birthday" format="dd/MM/yyyy" />
<s:date name="person.birthday" format="%{getText('some.i18n.key')}" />
<s:date name="person.birthday" nice="true" />
<s:date name="person.birthday" />
```

5. param 标签

param 标签可用于参数化其他标签。此标签具有以下两个参数。

name（字符串）：参数的名称。

value（对象）：参数的值。

param 标签的实例代码如下：

```
<pre>
<ui:component>
```

```
    <ui:param name="key"     value="[0]"/>
    <ui:param name="value"   value="[1]"/>
    <ui:param name="context" value="[2]"/>
</ui:component>
</pre>
```

6. property 标签

property 标签用于获取一个值的属性,如果没有指定,它将默认在值栈(值栈是对应每一个请求对象的内存数据中心,能够为每个请求提供公共的数据存取服务)的顶部。关键代码如下:

```
<s:push value="myBean">
    <s:property value="myBeanProperty" default="a default value" />
</s:push>
```

7. push 标签

push 标签用于推送堆栈中的值,以简化使用。关键代码如下:

```
<s:push value="user">
    <s:propery value="firstName" />
    <s:propery value="lastName" />
</s:push>
```

8. set 标签

set 标签为指定范围内的变量赋值。当希望将变量分配给复杂表达式,且仅引用该变量而不是复杂表达式时,set 标签是很有用的。关键代码如下:

```
<s:set name="myenv" value="environment.name"/>
<s:property value="myenv"/>
```

9. UI 标签

在介绍 UI 标签之前,先看一个简单的视图页面。关键代码如下:

```
<html>
<head>
<s:head/>
<title>Hello World</title>
</head>
<body>
    <s:div>Email Form</s:div>
    <s:text name="Please fill in the form below:" />
    <s:form action="hello" method="post" enctype="multipart/form-data">
    <s:hidden name="secret" value="abracadabra"/>
    <s:textfield key="email.from" name="from" />
    <s:password key="email.password" name="password" />
    <s:textfield key="email.to" name="to" />
    <s:textfield key="email.subject" name="subject" />
    <s:textarea key="email.body" name="email.body" />
    <s:label for="attachment" value="Attachment"/>
    <s:file name="attachment" accept="text/html,text/plain" />
    <s:token />
    <s:submit key="submit" />
    </s:form>
</body>
</html>
```

s:head：生成 Struts 2 应用程序所需的 javascript 和 stylesheet 元素。
s:div：用于呈现 HTML div 元素。
s:text：用于呈现文本。
s:form：用于呈现标签。
s:submit：用于提交表单。
s:label：用于呈现标签。
s:textfield：用于呈现可输入文本框。
s:password：用于呈现密码框。
s:textarea：用于呈现文本区域。
s:file：呈现输入文件上传的组件，此组件允许用户上传文件。
s:token：用于查明表单是否已被两次提交。

10.4.4 Struts 2 框架的 Action 对象

Action 是 Struts 2 框架的核心，每个 URL 映射到特定的 Action，它提供处理来自用户的请求所需的处理逻辑。此外，Action 还有另外两个重要的功能：①Action 在将数据从请求传递到视图（无论是 JSP 还是其他类型的结果）方面起着重要作用；②Action 必须协助框架确定哪个结果应该呈现在响应请求的视图中。

Struts 2 框架的 Action 对象

Struts 2 中 Action 的唯一要求是必须有一个无参数方法返回 String 或 Result 对象，并且必须是一个 Java 对象。如果没有指定方法，则默认使用 execute() 方法。

通过实现 Action 接口的方式，可以创建一个处理请求的 Action 类。Action 接口的代码如下：

```java
public interface Action {
    public static final String SUCCESS = "success";
    public static final String NONE = "none";
    public static final String ERROR = "error";
    public static final String INPUT = "input";
    public static final String LOGIN = "login";
    public String execute() throws Exception;
}
```

success：表示程序处理正常，并返回给用户成功后的结果。
none：表示处理正常结束，但不返回给用户任何提示。
error：表示处理失败。
input：表示需要更多用户输入才能顺利执行。
login：表示需要用户正确登录才能顺利执行。

10.5 公共类设计

在开发过程中，经常会用到一些公共类和相关的配置，因此，在开发网站前应先编写这些公共类以及相应的配置文件代码。下面将具体介绍物流配货系统所涉及的公共类和相应的配置文件代码的编写。

公共类设计

10.5.1 编写数据库持久化类

本实例使用的数据库持久化类的名称为 JDBConnection.java。该类不仅提供了数据库的连接，还有根据数据库获取的 Statement 和 ResultSet 等，com.tool.JDBConnection 类封装了关于数据库的各项操作，关键代码如下：

```java
public class JDBConnection {
private final static String url =
    "jdbc:mysql://localhost:3306/db_logistics?user="
    + "root&password=root&useUnicode=true&characterEncoding=utf8";
  private final static String dbDriver = "com.mysql.jdbc.Driver";
  private Connection con = null;
  static {
    try {
      Class.forName(dbDriver).newInstance();
    } catch (Exception ex) {
    }
  }
  //创建数据库连接
  public boolean creatConnection() {
    try {
      con = DriverManager.getConnection(url);
        con.setAutoCommit(true);
    } catch (SQLException e) {
      return false;
    }
    return true;
  }
  //对数据库的增加、修改和删除操作
  public boolean executeUpdate(String sql) {
    if (con == null) {
      creatConnection();
    }
    try {
      Statement stmt = con.createStatement();
      int iCount = stmt.executeUpdate(sql);//如果返回结果为1,则说明执行了该SQL语句
      System.out.println("操作成功,所影响的记录数为" + String.valueOf(iCount));
      return true;
    } catch (SQLException e) {
      return false;
    }
  }
  //对数据库的查询操作
  public ResultSet executeQuery(String sql) {
    ResultSet rs;
    try {
      if (con == null) {
        creatConnection();
      }
      Statement stmt = con.createStatement();
      try {
        rs = stmt.executeQuery(sql);     /*执行查询的SQL语句,将查询结果存放在ResultSet对象中*/
      } catch (SQLException e) {
        return null;
```

```
            }
        } catch (SQLException e) {
            return null;
        }
        return rs;
    }
}
```

10.5.2　编写获取系统时间操作类

本实例使用的对系统时间操作的类名称为 CurrentTime。该类对时间的操作中存在获取当前系统时间的方法，具体代码如下：

```
public class CurrentTime {
//获取系统时间的方法，在页面中显示的格式为：年-月-日 星期×
public String currentlyTime() {
    Date date = new Date();
    DateFormat dateFormat = DateFormat.getDateInstance(DateFormat.FULL);
    return dateFormat.format(date);
}
//获取系统时间，返回值为自1970年1月1日 00:00:00 GMT 以来此Date对象表示的毫秒数
public long autoNumber() {
    Date date = new Date();
    long autoNumber = date.getTime();
    return autoNumber;
}
}
```

10.5.3　编写分页 Bean

在本实例中，分页 Bean 的名称为 MyPagination。对保存在 List 对象中的结果集进行分页时，通常将用于分页的代码放在一个 JavaBean 中实现。下面将介绍如何对保存在 List 对象中的结果集进行分页显示。

（1）设置分页 Bean 的属性对象

首先编写用于保存分页代码的 JavaBean，名称为 MyPagination，保存在 com.wy.core 包中，并定义一个 List 类型对象 list 和 3 个 int 类型的变量，具体代码如下：

```
public class MyPagination {
    public List<Object> list=null;              //设置List类型的对象list
    private int recordCount=0;                  //设置int类型变量recordCount
    private int pagesize=0;                     //设置int类型变量pagesize
    private int maxPage=0;                      //设置int类型变量maxPage
}
```

（2）初始化分页信息的方法

在 MyPagination 类中添加一个用于初始化分页信息的方法 getInitPage()，该方法包括 3 个参数，分别是用于保存查询结果的 List 对象 list、用于指定当前页面的 int 型变量 Page 和用于指定每页显示的记录数的 int 型变量 pagesize。该方法的返回值为保存要显示记录的 List 对象。具体代码如下：

```
    public List getInitPage(List list,int Page,int pagesize){
        List<Object> newList=new ArrayList<Object>();       //实例化List集合对象
        this.list=list;                                      //获取当前的记录集合
```

```
            recordCount=list.size();                        //获取当前的记录数
            this.pagesize=pagesize;                         //获取当前页数
            this.maxPage=getMaxPage();                      //获取最大页码数
            try{
                for(int i=(Page-1)*pagesize;i<=Page*pagesize-1;i++){
                    try{
                        if(i>=recordCount){                 //当i的值大于最大页码数量,则程序中止
                            break;
                        }
                    }catch(Exception e){}
                    newList.add((Object)list.get(i));       //将查询的结果存放在list集合中
                }
            }catch(Exception e){
                e.printStackTrace();
            }
            return newList;                                 //返回查询的结果
        }
```

（3）获取指定页数据的方法

在MyPagination类中添加一个用于获取指定页数据的方法getAppointPage()，该方法只包括一个用于指定当前页数的int型变量Page，该方法的返回值为保存要显示记录的List对象。具体代码如下：

```
    public List<Object> getAppointPage(int Page){
        List<Object> newList=new ArrayList<Object>();//实例化List集合对象
        try{
            for(int i=(Page-1)*pagesize;i<=Page*pagesize-1;i++){
                try{
                    if(i>=recordCount){                     //当i的值大于最大页码数量,则程序中止
                        break;                              //程序中止
                    }
                }catch(Exception e){}
                newList.add((Object)list.get(i));           //将查询的结果存放在list集合中
            }
        }catch(Exception e){
            e.printStackTrace();
        }
        return newList;                                     //返回指定页数的记录
    }
```

（4）获取最大记录数的方法

在 MyPagination类中添加一个用于获取最大记录数的方法getMaxPage()，该方法无参数，其返回值为最大记录数。具体代码如下：

```
    public int getMaxPage(){
        //计算最大的记录数
        int maxPage=
            (recordCount%pagesize==0)?(recordCount/pagesize):(recordCount/pagesize+1);
        return maxPage;
    }
```

（5）获取总记录数的方法

在MyPagination类中添加一个用于获取总记录数的方法getRecordSize()，该方法无参数，其返回值为总记录数。具体代码如下：

```java
public int getRecordSize(){
    return recordCount;              //通过return关键字返回总记录数
}
```

（6）获取当前页数的方法

在 MyPagination 中添加一个用于获取当前页数的方法 getPage()，该方法只有一个用于指定从页面中获取的页数的参数，其返回值为处理后的页数。具体代码如下：

```java
public int getPage(String str){
    if(str==null){                   //当参数值为null，则将参数str赋值为0
        str="0";
    }
    int Page=Integer.parseInt(str);  //对参数类型进行转换，并赋值为page变量
    if(Page<1){                      //当Page变量小于1时，将变量赋值为1
        Page=1;
    }else{
        if(((Page-1)*pagesize+1)>recordCount){
            Page=maxPage;            //将变量Page设置为最大页码数量
        }
    }
    return Page;                     //通过return关键字返回当前页码数
}
```

（7）输出记录导航的方法

在 MyPagination 类中添加一个用于输出记录导航的方法 printCtrl()，该方法只有一个用于指定当前页数的参数，其返回值为输出记录导航的字符串。具体代码如下：

```java
public String printCtrl(int Page) {
    String strHtml =
        "<div style='width:980px;text-align:right;padding:10px; "
    + "color:#525252;'>当前页数：["+ Page + "/" + maxPage + "]  ";
    try {
        if (Page > 1) {        //如果当前页码数大于1，"第一页"及"上一页"超链接存在
            strHtml = strHtml + "<a href='?" + method + "&Page=1'>第一页</a>";
            strHtml = strHtml + "  <a href='?Page="+ (Page - 1) + "'>上一页</a>";
        }
        if (Page < maxPage) {  //如果当前页码数小于最大页码数，"下一页"及"最后一页"超链接存在
            strHtml = strHtml + "  <a href='?Page="
                + (Page + 1) + "'>下一页</a>   <a href='?Page=" + maxPage + "'>最后一页 </a>";
        }
        strHtml = strHtml + "</div>";
    } catch (Exception e) {
        e.printStackTrace();
    }
    return strHtml;            //通过return关键字返回这个表格
}
```

10.5.4 请求页面中元素类的编写

在 Struts 2 的 Action 类中若要使用 HttpServletRequest、HttpServletResponse 类对象，必须使该 Action 类实现 ServletRequestAware 和 ServletResponseAware 接口。另外，如果仅仅对会话进行存取数据的操作，

则可实现 SessionAware 接口;否则可通过 HttpServletRequest 类对象的 getSession()方法来获取会话。Action 类继承了这些接口后,必须实现接口中定义的方法。

在本实例中,请求页面中元素类的名称为 MySuperAction,该类实现了 ServletRequestAware 接口、ServletResponseAware 接口和 SessionAware 接口,并继承了 ActionSupport 类。关键代码如下:

```java
public class MySuperAction extends ActionSupport implements SessionAware, ServletRequestAware,
ServletResponseAware {
    protected HttpServletRequest request;        //定义HttpServletRequest对象
    protected HttpServletResponse response;      //定义HttpServletResponse对象
    protected Map session;                       //定义Map对象
    public void setSession(Map session) {
        this.session=session;
    }
    public void setServletRequest(HttpServletRequest request) {
        this.request=request;
    }
    public void setServletResponse(HttpServletResponse response) {
        this.response=response;
    }
}
```

10.5.5 编写重新定义的 simple 模板

使用 Struts 2 提供的标签可以根据 Struts 2 的模板在 JSP 页面中生成实用的 HTML 代码,这样可以大大减少 JSP 页面中的冗余代码,只需要配置使用不同的主题模板,就可以显示不同的页面样式。

Struts 2 默认提供 5 种主题,分别为 simple 主题、XHTML 主题、CSS XHTML 主题、Archive 主题及 Ajax 主题。一般情况下,默认的主题为 XHTML 主题,通过这个主题会生成一些没有用处的 HTML 代码,我们可以对默认的主题进行修改。修改主题需要设置 struts.properties 资源文件,该文件的主要代码如下:

```
struts.ui.theme=simple
```

通过上面的代码,就可以手动编写所需要的 HTML 代码了。但是通过 Struts 2 的 actionerror 和 actionmessage 标签产生错误信息时,都会增加<li>元素。如何将<li>元素去掉呢?可以对 simple 主题重新进行定义,在重新定义主题之前,需要在 src 节点下依次创建名称为 template\simple 的两个包文件,之后在 simple 包下重新定义 Simple 主题。

(1)重新定义<s:fielderror>标签输出内容

创建 fielderror.ftl 文件,该文件将重新定义<s:fielderror>标签输出的内容,该文件的关键代码如下:

```
<#if fieldErrors?exists><#t/>
<#assign eKeys = fieldErrors.keySet()><#t/>
<#assign eKeysSize = eKeys.size()><#t/>
<#assign doneStartUlTag=false><#t/>
<#assign doneEndUlTag=false><#t/>
<#assign haveMatchedErrorField=false><#t/>
<#if (fieldErrorFieldNames?size > 0) ><#t/>
    <#list fieldErrorFieldNames as fieldErrorFieldName><#t/>
        <#list eKeys as eKey><#t/>
        <#if (eKey = fieldErrorFieldName)><#t/>
            <#assign haveMatchedErrorField=true><#t/>
```

```
                    <#assign eValue = fieldErrors[fieldErrorFieldName]><#t/>
                    <#if (haveMatchedErrorField && (!doneStartUlTag))><#t/>
                        <#assign doneStartUlTag=true><#t/>
                    </#if><#t/>
                    <#list eValue as eEachValue><#t/>
                        ${eEachValue}
                    </#list><#t/>
                </#if><#t/>
            </#list><#t/>
        </#list><#t/>
        <#if (haveMatchedErrorField && (!doneEndUlTag))><#t/>
            <#assign doneEndUlTag=true><#t/>
        </#if><#t/>
    <#else><#t/>
        <#if (eKeysSize > 0)><#t/>
            <#list eKeys as eKey><#t/>
                <#assign eValue = fieldErrors[eKey]><#t/>
                <#list eValue as eEachValue><#t/>
                    ${eEachValue}</span>
                </#list><#t/>
            </#list><#t/>
        </#if><#t/>
    </#if><#t/>
</#if><#t/>
```

（2）重新定义<s:actionerror>标签输出内容

创建 actionerror.ftl 文件，该文件将重新定义<s:actionerror>标签输出的内容，该文件的关键代码如下：

```
<#if (actionErrors?exists && actionErrors?size > 0)>
<#list actionErrors as error>
${error}
</#list>
</#if>
```

（3）重新定义<s:actionmessage>标签输出内容

创建 actionmessage.ftl 文件，该文件将重新定义<s: actionmessage>标签输出的内容，该文件的关键代码如下：

```
<#if (actionMessages?exists && actionMessages?size > 0)>
<#list actionMessages as message>
${message}
</#list>
</#if>
```

10.6 管理员功能设计

管理员功能设计

📖 本模块使用的数据表：tb_admin（管理员信息表）。

10.6.1 模块概述

管理员功能是一个系统必有的功能，系统管理员有着系统的最高权限。该模块实现管理员的登录功能和修改密码的功能。首先需要创建管理员的 Action 实现类，在该 Action 相应的方法中调用 DAO 层的方法验证登录和修改密码。

（1）创建管理员的实现类

在本实例中，管理员的实现类名称为 AdminAction。该类继承 AdminForm 类，可以使用 AdminForm 类中的属性和方法，而 AdminForm 本身继承了 MySuperAction 类，可以使用 MySuperAction 类中的属性和方法。

AdminAction 类可以使用 AdminForm 类和 MySupperAction 类中的方法和属性。在该类中首先需要在静态方法中实例化管理员模块的 AdminDao 类（该类用于实现与数据库的交互）。管理员模块中实现类的关键代码如下：

```java
public class AdminAction extends AdminForm {
    private static AdminDao adminDao = null;
    static{
        adminDao=new AdminDao();
    }
    //省略其他业务逻辑的代码
}
```

（2）管理员功能模块涉及的 struts.xml 文件

在创建完的管理员功能模块中实现类后，需要在 struts.xml 文件中进行配置。该文件主要配置管理员功能模块的请求结果。管理员功能模块涉及的 struts.xml 文件的代码如下：

```xml
<action name="admin_*" class="com.webtier.AdminAction" method="{1}">
    <result name="success">/admin_{1}.jsp</result>
    <result name="input">/admin_{1}.jsp</result>
</action>
```

在上述代码中，<action>元素的 name 属性代表请求的方式，在请求方式中"*"代表请求方式的方法，这与 method 属性的配置相对应，而 class 属性是请求处理类的路径。如果客户端请求的名称是"admin_index.action"，则通过 struts.xml 文件的配置信息可知，请求的是 AdminAction 类中的 index() 方法。

通过<result>子元素添加了两个返回映射地址，其中 success 表示返回请求成功的页面，而 input 表示返回请求失败的页面，但是无论是请求成功还是请求失败，最后返回的页面是同一个页面，而这个页面的名称要根据请求的方法名称而确定。

10.6.2 代码实现

1. 管理员登录实现过程

（1）编写管理员登录页面

管理员登录是物流配货系统中最先使用的功能，是系统的入口。在系统登录页面中，管理员可以通过输入正确的用户名和密码进入系统，若用户没有输入用户名和密码，系统会通过服务器端进行判断，并给予系统提示。系统登录模块的运行结果如图 10-3 所示。

图 10-3 所示页面的 form 表单，主要是通过 Struts 2 的标签进行编写的，关键代码如下：

```jsp
<%@ taglib prefix="s" uri="/struts-tags"%>
<link href="css/style.css" type="text/css" rel="stylesheet">
<div style="width: 42%; float: left;color: #525252;padding-top: 110;">
    <s:form action="admin_index" method="post">
        <ul class="login_ul">
            <li style="color:red;text-align: center;"><s:fielderror
```

```
                       <s:param value="%{'admin_user'}" />
                </s:fielderror> <s:fielderror>
                       <s:param value="%{'admin_password'}" />
                </s:fielderror> <s:actionerror /></li>
          <li>用户名: <s:textfield name="admin_user" /> </li>
          <li>密  码: <s:password name="admin_password" /></li>
<li style="padding-left:138px;"><s:submit value="登录" />     <s:reset
                       value="重置" /></li>
       </ul>

   </s:form>
</div>
```

（2）编写管理员登录代码

在管理员登录页面的用户名和密码文本框中输入正确的用户名和密码后，单击"登录"按钮，网页会访问一个 URL 地址（可以通过 IE 浏览器看到），该地址是"admin_index.action"。根据 struts.xml 文件的配置信息可知，该请求地址执行的是 AdminAction 类中的 index() 方法，该方法主要执行管理员登录验证。

在执行 index() 方法之前，需要对管理员登录页面的表单实现校验。在 Struts 2 中，validate() 方法是无法知道需要校验哪个处理逻辑的。实际上，如果我们重写了 validate() 方法，则该方法会校验所有的处理逻辑。为了实现校验执行指定处理逻辑的功能，Struts 2 的 Action 类允许提供一个 validateXxx() 方法，其中 Xxx 即是 Action 对应的处理逻辑的方法。代码如下：

```
public void validateIndex() {
    if (null == admin_user || admin_user.equals("")) {
        this.addFieldError("admin_user", "| 请您输入用户名");
    }
    if (null == admin_password || admin_password.equals("")) {
        this.addFieldError("admin_password", "| 请您输入密码");
    }
}
```

在上述代码中，一旦判断用户名和密码为 null 或空字符串，就把校验失败提示通过 addFieldError() 方法添加进 fieldError 中，之后系统就自动返回 input 逻辑视图，这个逻辑视图需要在 struts.xml 配置文件中进行配置。为了在 input 视图对应的 JSP 页面中输出错误提示，应该在页面中编写如下标签代码：

```
<s:fielderror/>
```

如果校验成功，则直接进入业务逻辑处理的 index() 方法，该方法主要判断用户名和密码是否与数据库中的用户名和密码相同。验证用户名和密码是否正确的关键代码如下：

```
public String index() {
    String query_password = adminDao.getAdminPassword(admin_user);
    if (query_password.equals("")) {
        this.addActionError("| 该用户名不存在");
        return INPUT;
    }

    if (!query_password.equals(admin_password)) {
        this.addActionError("| 您输入的密码有误，请重新输入");
        return INPUT;
    }
    session.put("admin_user", admin_user);
    return SUCCESS;
```

}

（3）编写管理员登录的AdminDao类的方法

管理员登录实现类使用的AdminDao类的方法是getAdminPassword()，在getAdminPassword()方法中，首先从数据表tb_admin中查询输入的用户名是否存在，如果存在，则根据这个用户名查询出密码，将密码的值返回。getAdminPassword()方法的具体代码如下：

```java
public String getAdminPassword(String admin_user) {
    String admin_password = "";
    String sql = "select * from tb_admin where admin_user='" + admin_user + "'";
    ResultSet rs = connection.executeQuery(sql);
    try {
        while (rs.next()) {
            admin_password = rs.getString("admin_password");
        }
    } catch (SQLException e) {
        e.printStackTrace();
    }
    return admin_password;
}
```

2. 管理员修改密码实现过程

（1）编写"修改管理员密码"页面

管理员成功登录后，直接进入物流配货系统的主页面。如果登录的管理员想要修改自己的登录密码，则在主页面中单击最上面的"修改密码"超链接，进入"修改管理员密码"页面，如图10-11所示。

图 10-11 "修改管理员密码"页面

图10-11所示的页面为通过Struts 2标签进行编写的Form表单，关键代码如下：

```
<%@ taglib prefix="s" uri="/struts-tags"%>
<%String admin=(String)session.getAttribute("admin_user");%>
<s:form action="admin_updatePassword">
    <table width="70%" class="table" style="float: right;">
        <tr>
            <td width="20%">原 密 码：</td>
            <td bgcolor="#FFFFFF">
                <s:password name="admin_password" />
                <s:fielderror>
                    <s:param value="%{'admin_password'}" />
                </s:fielderror></td>
        </tr>
        <tr>
            <td>新 密 码：</td>
            <td bgcolor="#FFFFFF"><s:password name="admin_repassword1" />
                <s:fielderror>
                    <s:param value="%{'admin_repassword1'}" />
                </s:fielderror></td>
        </tr>
        <tr>
            <td>密码确认：</td>
```

```
            <td bgcolor="#FFFFFF"><s:password name="admin_repassword2" />
                <s:fielderror>
                    <s:param value="%{'admin_repassword2'}" />
                </s:fielderror></td>
        </tr>
        <tr align="center" bgcolor="#FFFFFF">
            <td></td>
            <td height="50">
                <s:hidden name="admin_user" value="%{#session.admin_user}" />
                <s:submit value="修改" />  <s:reset value="重置" /></td>
        </tr>
    </table>
</s:form>
```

(2)编写修改管理员密码的代码

在"修改管理员密码"页面中,"原密码"文本框中输入管理员登录的原来的密码,而"新密码"和"密码确认"两个文本框中输入的新密码要求必须一致,这些操作都是在修改密码之前编写的。因此,在AdminAction 类中编写 valiadateUpdatePassword()方法,该方法完成上述操作,主要代码如下:

```
public void validateUpdatePassword() {
    if (null == admin_password || admin_password.equals("")) {
        this.addFieldError("admin_password", "请输入原密码");
    }
    if (null == admin_repassword1 || admin_repassword1.equals("")) {
        this.addFieldError("admin_repassword1", "请输入新密码");
    }
    if (null == admin_repassword2 || admin_repassword2.equals("")) {
        this.addFieldError("admin_repassword2", "请输入密码确认");
    }
    if (!admin_repassword1.equals(admin_repassword2)) {
        this.addActionError("您输入两次密码不相同,请重新输入!!! ");
    }
}
```

valiadateUpdatePassword()方法在修改密码之前进行操作,而修改密码的方法是 updatePassword(),该方法的主要代码如下:

```
public String updatePassword() {
    String query_password = adminDao.getAdminPassword(admin_user);
    if (!admin_password.equals(query_password)) {
        this.addFieldError("admin_password", "您输入的原密码有误,请重新输入");
    }
    String sql = "update tb_admin set admin_password='" + admin_repassword1
        + "' where admin_user='" + admin_user + "'";
    if (!adminDao.operationAdmin(sql)) {
        this.addActionError("修改密码失败!!! ");
        return INPUT;
    } else {
        request.setAttribute("editPassword", "您修改密码成功,请您重新登录!!! ");
        return SUCCESS;
    }
}
```

10.7 车源信息管理模块设计

📋 本模块使用的数据表：tb_cars（车源信息表）。

10.7.1 模块概述

车源信息管理模块主要有以下几个功能。
- 车源信息查询：对车源信息进行查询。
- 车源信息添加：对车源信息进行添加。
- 车源信息修改：对车源信息进行修改。
- 车源信息删除：对车源信息进行删除。

车源信息管理主要就是对车源信息进行添加、删除、修改、查询操作，首先我们知道了对应的数据库车源信息表是 tb_car，因此需要创建一个对应的车源信息的实体 JavaBean 类，再通过 Struts 2 创建对应的车源管理的 Action 类来实现对车源信息的添加、删除、修改、查询。

（1）定义车源信息的 FormBean 实现类

在车源信息管理模块中，涉及的数据表是车源信息表（tb_car）。车源信息表中保存着各种车源信息，根据这些信息创建车源信息的 FormBean，名称为 CarForm，关键代码如下：

```java
package com.form;
import com.tools.MySuperAction;
public class CarForm extends MySuperAction{
    public Integer id=null;                    //设置自动编号的属性
    public String username=null;               //设置车主姓名的属性
    public Integer user_number=null;           //设置车主身份证号码的属性
    public String car_number=null;             //设置车牌号码的属性
    public Integer tel=null;                   //设置车主电话的属性
    public String address=null;                //设置车主地址的属性
    public String car_road=null;               //设置车源行车路线的属性
    public String car_content=null;            //设置车源描述信息的属性
    public Integer getId() {
        return id;
    }
    public void setId(Integer id) {
        this.id = id;
    }
    //省略其他属性的setXXX()和getXXX()方法
}
```

（2）创建车源信息管理的实现类

在本实例中，车源信息管理的实现类名称为 CarAction。该类继承 CarForm 类，可以使用 CarForm 类的属性和方法，而 CarForm 本身继承自 MySuperAction 类，可以使用 MySuperAction 类中的属性和方法。

CarAction 类中可以使用 CarForm 类和 MySupperAction 类中的方法和属性。首先需要在该类静态方法中实例化车源信息管理模块的 AdminDao 类（该类用于实现与数据库的交互）。车源信息管理模块中实现类的关键代码如下：

```java
public class CarAction extends CarForm {
    private staitc CarDao carDao = null;
    staitc {
```

```
            carDao = new CarDao();
    }
}
```

（3）车源信息管理模块涉及的 struts.xml 文件

在创建完车源信息管理模块中的实现类后，需要在 struts.xml 文件中进行配置，主要配置车源信息管理模块的请求结果。车源信息管理模块涉及的 struts.xml 文件的代码如下：

```
<action name="car_*" class="com.webtier.CarAction" method="{1}">
    <result name="success">/car_{1}.jsp</result>
    <result name="input">/car_{1}.jsp</result>
    <result name="operationSuccess" type="redirect">car_queryCarList.action</result>
</action>
```

上述代码中，<action>元素的 name 属性代表着请求的方式，在请求方式中，"*"代表请求方式的方法，这与 method 属性的配置是相对应的，而 class 属性是请求处理类的路径。这段代码的意思是如果客户端请求的名称是"car_select.action"，则通过 struts.xml 文件的配置信息可知，请求的是 CarAction 类中的 select() 方法。

在<result>元素中，除了设置 success 和 input 两个返回值外，还设置了 operationSuccess，其中，type 属性设置转发页面的方法，这里将 type 属性设置成 redirect，也就是重定向请求。也就是说，当执行控制器 CarAction 类中的某个方法时，如果返回 operationSuccess，则根据 struts.xml 配置文件信息内容，将请求重定向，执行 car_queryCarList.action()方法（这个方法具有查询车辆信息的功能）。

10.7.2 代码实现

1. 车源信息查看的实现过程

（1）"车源信息管理"页面

管理员登录后，单击"车源信息管理"超链接，进入"车源信息管理"页面，该页面分页显示车源信息。其中，每一页显示 4 条记录，同时提供添加车源信息、修改车源信息和删除车源信息的超链接。"车源信息管理"页面如图 10-12 所示。

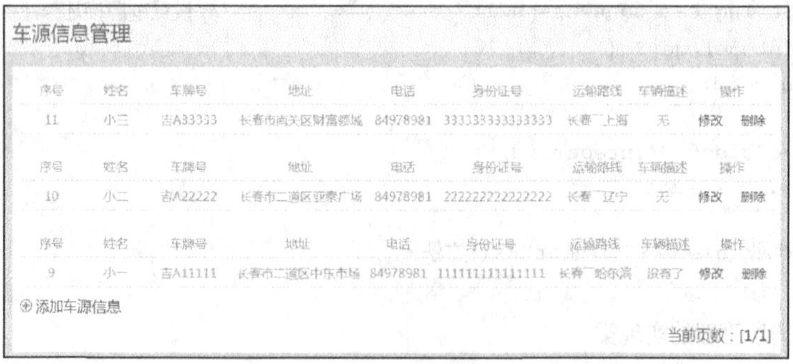

图 10-12 "车源信息管理"页面

实现图 10-12 所示的页面时，首先通过<s:set>标签获取车源信息所有的集合对象，然后通过 Struts 2 标签库中的<s:iterator>标签循环显示车源信息，关键代码如下：

```
<%@ taglib prefix="s" uri="/struts-tags"%>
<jsp:directive.page import="java.util.List"/>
<jsp:useBean id="pagination" class="com.tools.MyPagination" scope="session"></jsp:useBean>
<%
```

```jsp
String str=(String)request.getParameter("Page");
int Page=1;
List list=null;
if(str==null){
    list=(List)request.getAttribute("list");
    int pagesize=2;                                         //指定每页显示的记录数
    list=pagination.getInitPage(list,Page,pagesize);        //初始化分页信息
}else{
    Page=pagination.getPage(str);
    list=pagination.getAppointPage(Page);                   //获取指定页的数据
}
request.setAttribute("list1",list);
%>
<!--  …… 此处省略部分布局代码 -->
<s:set var="carList" value="#request.list1"/>
<s:if test="#carList==null||#carList.size()==0">
    <br>★★★目前没有车源信息★★★
    <a href="car_insertCar.jsp" class="a2">添加车源信息</a>
</s:if>
<s:else>
    <s:iterator status="carListStatus" value="carList">
        <table width="100%"  class="table" >
            <tr align="center">
                <td width="82" class="td">序号</td>
                <td width="82" class="td">姓名</td>
                <td width="105" class="td">车牌号</td>
                <td width="139" class="td">地址</td>
                <td width="78" class="td">电话</td>
                <td width="119" class="td">身份证号</td>
                <td class="td">运输路线</td>
                <td class="td">车辆描述</td>
                <td class="td">操作</td>
            </tr>
            <tr align="center" >
                <td height="35" class="td"><s:property value="id"/></td>
                <td class="td"><s:property value="username"/></td>
                <td class="td"><s:property value="car_number"/></td>
                <td class="td"><s:property value="address"/></td>
                <td class="td"><s:property value="tel"/></td>
                <td class="td"><s:property value="user_number"/></td>
                <td class="td"><s:property value="car_road"/></td>
                <td class="td"><s:property value="car_content"/></td>
                <td class="td"><s:a href="car_queryCarForm.action?id=%{id}">修改</s:a>
                       
                    <s:a href="car_deleteCar.action?id=%{id}">删除</s:a></td>
            </tr>
        </table>
    </s:iterator>
        <div style="width:100%;padding-left:10px;text-align: left;font-size: 14pt;">
    <img src="images/add.jpg" width="16" height="16"> <a href="car_insertCar.jsp" class="a2">
```

添加车源信息</a> <%=pagination.printCtrl(Page) %></div>
</s:else>
<%=pagination.printCtrl(Page)%>

（2）编写查看车源信息 CarDao 类的方法

查看车源信息使用的 CarDao 类的方法是 queryCarList()。在该方法中首先设置了 String 类型的对象，如果这个对象的值为 null，则执行对车源信息进行全部查询的语句；如果这个对象的值不为 null，则执行复合查询的语句。queryCarList()方法的关键代码如下：

```java
public List queryCarList(String sign) {
    List list = new ArrayList();
    CarForm carForm = null;
    String sql=null;
    if(sign==null){
       sql = "select * from tb_car order by id desc";
    }else{
       sql = "select * from tb_car where id not in (select car_id from tb_carlog)";0
    }
        ResultSet rs = connection.executeQuery(sql);
    try {
        while (rs.next()) {
            carForm = new CarForm();
                                                //省略其他赋值的方法
            list.add(carForm);
        }
    } catch (SQLException e) {
        e.printStackTrace();
    }
    return list;
}
```

2. 车源信息添加的实现过程

（1）"添加车源信息"页面

管理员登录系统后，单击"车源信息管理"超链接，进入查看车源信息的页面，在该页面中单击"添加车源信息"超链接，进入"添加车源信息"页面，该页面如图 10-13 所示。

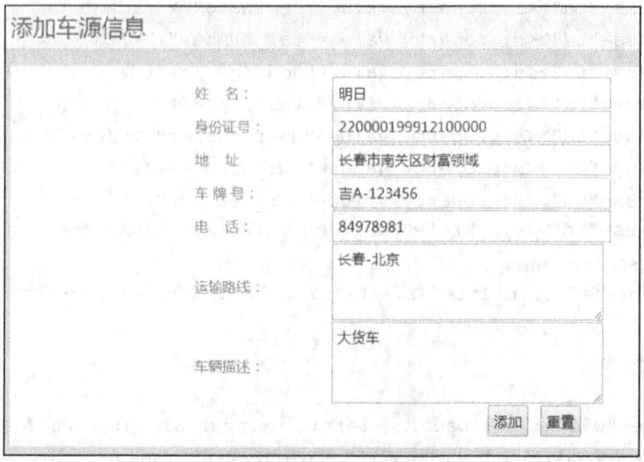

图 10-13 "添加车源信息"页面

（2）编写添加车源信息的代码

在图 10-13 所示的"添加车源信息"页面中，实现车源信息添加功能的是 car_insertCar，根据 struts.xml 配置文件内容，添加车源信息调用的是 CarAction 类中的 inserCar()方法，在执行该方法之前，需要对"添加车源信息"页面的表单实现验证操作，也就是说，不允许客户端输入 null 或空字符串的操作。验证 null 或空字符串的操作的方法为 validateInsertCar()，该方法的关键代码如下：

```
public void validateInsertCar() {
    if (null == username || username.equals("")) {
        this.addFieldError("username", "请您输入姓名");
    }
    if (null == user_number || user_number.equals("")) {
        this.addFieldError("user_number", "请您输入身份证号");
    }
    //省略其他属性的校验
}
```

如果验证所有的表单信息成功，则执行 insertCar()方法实现添加车源信息的操作。该方法首先将表单的内容对象设置成添加 SQL 语句的参数，之后调用 CarDao 类中的 operationCar()实现添加车源信息的操作。该方法的关键代码如下：

```
public String insertCar() {
        String sql = "insert into tb_car (username,user_number,car_number,tel,address,car_road,car_content) value('"
    + username+ "','"+ user_number+ "','"+ car_number+ "','"+ tel+ "','"+ address+ "','"+ car_road+ "',"
                + car_content + "')";
        carDao.operationCar(sql);
        return "operationSuccess";
    }
```

（3）编写添加车源信息的 CarDao 类的方法

添加车源信息使用的 CarDao 类的方法是 operationCar()，该方法将 SQL 语句作为这个方法的参数，并执行该 SQL 语句，该方法的关键代码如下：

```
public boolean operationCar(String sql) {
    return connection.executeUpdate(sql);
}
```

在上述代码中，返回值为 boolean 类型，根据这个 boolean 类型的结果判断该 SQL 语句是否执行成功。

3. 车源信息修改的实现过程

（1）"修改车源信息"页面

管理员登录后，单击"车源信息管理"超链接，进入车源信息查询页面，在该页面中，如果管理员想要修改某个车源信息的数据，则单击该车源信息中的"修改"超链接，进入"修改车源信息"页面，该页面如图 10-14 所示。

（2）编写修改车源信息的代码

在图 10-14 所示的"修改车源信息"页面中，实现车源信息修改功能是 car_updateCar。根据 struts.xml 配置文件内容，修改车源信息调用的是 CarAction 类中的 updateCar()方法，在执行该方法之前，需要对"修改车源信息"页面的表单实现验证操作，也就是说，不允许客户端输入 null 或空字符串的操作。

如果验证所有的表单信息成功，则执行 updateCar()方法实现修改车源信息的操作。在该方法中首先将表单的内容对象设置成修改 SQL 语句的参数，之后调用 CarDao 类中的 operationCar()实现修改车源信息的操作。

该方法的关键代码如下：

```
public String updateCar() {
    String sql = "update tb_car set username='" + username
            + "',user_number='" + user_number + "',car_number='"
            + car_number + "',tel='" + tel + "',address='" + address
            + "',car_road='" + car_road + "',car_content='" + car_content
            + "' where id='" + id + "'";
    carDao.operationCar(sql);
    return "operationSuccess";
}
```

图 10-14 "修改车源信息"页面

4．车源信息删除的实现过程

管理员登录系统后，单击"车源信息管理"页面，进入车源信息查看页面，在该页面中，如果管理员想要删除某个车源信息，则单击该车源信息右侧的"删除"超链接，执行删除车源信息的操作。

在查看车源信息页面中可以找到删除车源信息超链接代码，代码如下：

```
<s:a href="car_deleteCar.action?id=%{id}">删除</s:a>
```

在上面的代码中，删除车源信息所调用的方法是 CarAction 类中的 deleteCar()方法，在该方法中通过执行删除 SQL 语句，将指定的车源信息删除。DeleteCar()方法的关键代码如下：

```
public String deleteCar() {
    String sql = "delete from tb_car where id='" + id + "'";
    carDao.operationCar(sql);
    return "operationSuccess";
}
```

10.8 发货单管理模块设计

发货单管理模块设计

　　本模块使用的数据表：tb_operationgoods（发货单信息表）和 tb_carlog（发货单日志信息表）。

10.8.1 模块概述

发货单管理模块的主要功能如下。
- 填写发货单：填写普通发货单及根据固定的车源填写发货单。
- 回执发货单确认：根据发货单的号码，对指定发货记录给出回执。

❑ 发货单查询：实现对发货单的全部查询，并对指定的发货单进行删除操作。

发货单管理流程图如图 10-15 所示。

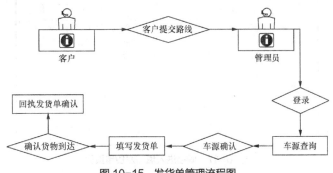

图 10-15　发货单管理流程图

在发货单管理模块中，主要涉及两个数据表，分别为发货单信息表（tb_operationgoods）和发货单日志信息表（tb_carlog），因此需要创建两个 FormBean，还需要创建一个发货单管理的 Action 实现类，并在 Struts 2 的配置文件中对 Action 进行配置。

10.8.2　代码实现

1. 填写发货单的实现过程

（1）填写发货单页面

管理员登录系统后，可以通过两种方式进入填写发货单页面，一种是单击"发货单"超链接，直接进入填写发货单页面，如图 10-16 所示。

图 10-16　直接进入填写发货单页面

另一种是单击"车源信息查询"超链接，可以对所有的车源信息进行查看，这里也包括车源的使用日志。单击没有使用车源中的"未被使用"超链接，可以将指定的车源信息添加在发货单内，如图 10-17 所示。

（2）编写填写发货单的代码

在填写发货单页面中，将发货单的内容填写完毕后，单击"发货"按钮，网页会访问一个 URL 地址，该地址是"goods_insertGoods"。根据 struts.xml 文件的配置信息可以知道，填写发货单涉及的操作指的是 GoodsAction 类中的 insertGoods() 方法。

在 insertGoods() 方法中，将执行两条 SQL 语句的操作，一个是对发货单表（tb_operationgoods）实现添加数据的操作，另一个是对车源日志表（tb_carlog）实现添加数据的操作。insertGoods() 的关键代码如下：

303

图 10-17　间接进入填写发货单页面

```
public String insertGoods() {
    String sql1 = "insert into tb_operationgoods (car_id,customer_id,goods_id,goods_name,goods_ tel,goods_ address,goods_sure) value ("
        + this.car_id+ ","+ this.customer_id+ "','" + this.goods_id+ "','"+ this.goods_name + "','"
        + this.goods_tel + "','" + this.goods_address + "',1)";
        String startTime = request.getParameter("startTime");   //从页面中获取发货时间的表单信息
        String endTime = request.getParameter("endTime");       //从页面中获取收货时间的表单信息
        String describer = request.getParameter("describer");   //从页面中获取发货描述信息的表单信息
        String sql2 = "insert into tb_carlog (goods_id,car_id,startTime,endTime,describer) value ('"
            + goods_id+ "','"+ car_id "','" startTime+ "','" + endTime + "','" + describer + "')";
        this.goodsAndLogDao.operationGoodsAndLog(sql1);
        this.goodsAndLogDao.operationGoodsAndLog(sql2);
    request.setAttribute("goodsSuccess", "<br><br>您添加订货单成功");
    return SUCCESS;
}
```

（3）编写添加发货单信息的 GoodsDao 类

添加发货单信息时使用的是 GoodsAndLogDao 类中的 operationGoodsAndLog()，在该方法中将 SQL 语句作为这个方法的参数，通过 JDBConnection 类中的 executeUpdate()方法执行该 SQL 语句，由于这个方法的返回值为 boolean 类型，可以根据这个返回值的结果判断该 SQL 语句是否执行成功。operationGoodsAndLog()方法的关键代码如下：

```
public boolean operationGoodsAndLog(String sql) {
    return connection.executeUpdate(sql);
}
```

2．回执发货单确认的实现过程

（1）"回执发货单确认"页面

如果收货人收到发货单中的货物，管理员就可以进行回执发货单确认操作。管理员登录系统后，单击"回执发货单确认"超链接，在"回执发货单确认"页面中，在发货单文本框中输入发货单号，单击"订单确认"按钮，对发货单号所对应的发货单内容进行全部查询，如图 10-18 所示。

（2）编写回执发货单确认的代码

在图 10-18 所示的页面中，单击"回执发货单确认"按钮后，网站会访问一个 URL 地址，该地址是

"goods_changeOperation.action?goods_id=<%=logForm.getGoods_id()%>",其中,goods_id 为发货单编号,根据这个编号将修改发货单表的 sign 字段内容以及删除车源日志表的内容。

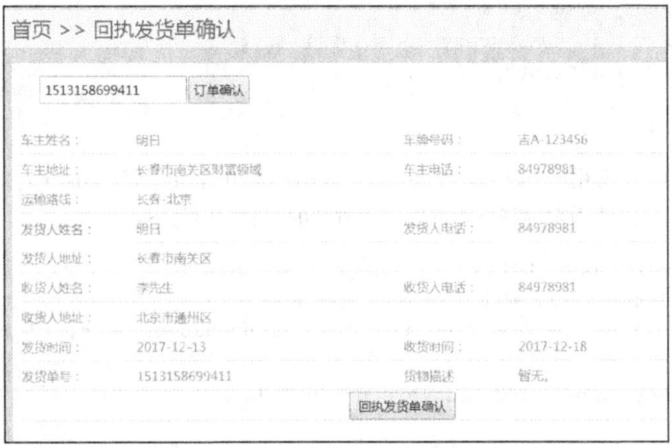

图 10-18　根据发货单号查询发货单全部内容

根据 struts.xml 文件中的内容,可以知道,该 URL 地址调用的是 GoodsAction 类中的 changeOperation(),该方法的主要代码如下:

```java
public String changeOperation(){
    String goods_id=request.getParameter("goods_id");
    String sql1="update tb_operationgoods set goods_sure=0 where goods_id='"+goods_id+"'";
    String sql2="delete from tb_carlog where goods_id='"+goods_id+"'";
    this.goodsAndLogDao.operationGoodsAndLog(sql1);
    this.goodsAndLogDao.operationGoodsAndLog(sql2);
    request.setAttribute("goods_id", goods_id);
    return SUCCESS;
}
```

3. 查看发货单确认信息的实现过程

当管理员登录后,单击"发货单查询"超链接,则执行对所有发货单进行查询的操作。查看发货单确认信息页面如图 10-19 所示。

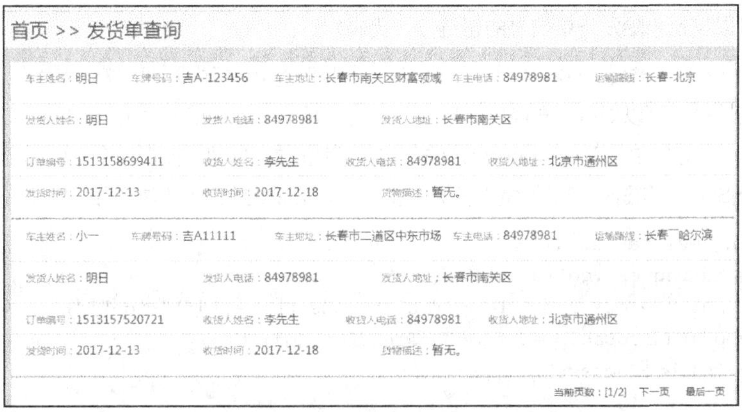

图 10-19　查看发货单确认信息页面

根据该超链接的 URL 地址，可以知道"发货单查询"超链接调用的是 GoodsAction 类中的 queryGoodsList()方法，该方法的主要代码如下：

```java
public String queryGoodsList(){
    List list = goodsAndLogDao.queryGoodsList();
    request.setAttribute("list", list);
    return SUCCESS;
}
```

查询发货单确认信息所使用的方法是 GoodsAndLogDao 类中的 queryGoodsList()。该方法将执行 select 查询语句，对发货单信息表的内容进行全部查询，该方法的关键代码如下：

```java
public List queryGoodsList() {
    List list=new ArrayList();
    String sql = "select * from tb_operationgoods order by id desc";     //设置查询的SQL语句
    ResultSet rs = connection.executeQuery(sql);                         //执行查询的SQL语句
    try {
        while (rs.next()) {
            goodsForm = new GoodsForm();
            goodsForm.setId(rs.getInt(1));
            goodsForm.setCar_id(rs.getString(2));
            goodsForm.setCustomer_id(rs.getString(3));
            goodsForm.setGoods_id(rs.getString(2));
            goodsForm.setGoods_name(rs.getString(5));
            goodsForm.setGoods_tel(rs.getString(6));
            goodsForm.setGoods_address(rs.getString(7));
            goodsForm.setGoods_sure(rs.getString(8));
            list.add(goodsForm);
        }
    } catch (SQLException e) {
        e.printStackTrace();
    }
    return list;     //通过return关键字将查询结果返回
}
```

4. 删除发货单信息的实现过程

执行回执发货单确认操作后，通过发货单的查询操作，可以对已给出回执的发货信息进行删除操作。在发货单查询页面中可以找到删除发货单信息的超链接，代码如下：

```html
<a href="goods_deleteGoods.action?id=<%=goodsForm.getId()%>">删除发货单</a>
```

从上面的链接地址中可以知道，删除发货单信息调用的是 GoodsAction 类中的 deleteGoods()方法。在该方法中，通过 request 对象中的 Parameter()方法获取链接地址的 ID 值，根据这个 ID 值，设置删除的 SQL 语句，通过执行这个 SQL 语句进行删除发货单信息的操作。该方法的关键代码如下：

```java
public String deleteGoods(){
    String id=request.getParameter("id");
    String sql="delete from tb_operationgoods where id='"+id+"'";
    this.goodsAndLogDao.operationGoodsAndLog(sql);
    return "deleteSuccess";
}
```

在上述代码中，根据 struts.xml 文件的配置可以知道，当执行完删除发货单信息操作后，将会执行对发货单的查询操作。

小 结

本章主要介绍了以下知识点：JDBC 技术操作数据库、设置 properties 资源文件、JavaBean 的应用、实现页码的分页效果、配置 struts.xml 文件、使用 JSP 指令加载页面、Ajax 的重构功能、实现用户名和密码的校验操作、DIV 区域的展示等。读者需要熟练掌握上述知识点，并将之模块化，这样，在日后的程序开发工作中，就可以直接拿过来使用，不仅得心应手，还能达到事半功倍的效果。

第11章

看店宝（京东版）

——Servlet 3.0 + JQuery + Echarts + Jsoup爬虫插件实现

本章要点

- 使用Java技术作为网页服务器
- 数据库设计
- Jsoup网络爬虫的使用
- Json格式的数据交互模式
- 网页图表的设计
- 数据库表设计

■ 说到爬虫技术，很多人第一个想到的是 Python 语言，其实 Java 语言也有比较完善的爬虫技术。本章将以 Java 爬虫技术为基础开发一个融抓取数据、加工数据和展示结果为一体的 Web 程序——看店宝。通过本实例，希望读者重点熟悉爬虫插件、前台与后台数据库交互的使用及开发过程，掌握 Java 语言在实际项目开发中的综合应用。

11.1 需求分析

需求分析

电商平台上的商品价格不是固定的，电商活动、供应商调价都会影响商品的实时价格。一些企业和个人对电商平台的商品价格比较关心，因为从这些浮动的价格可以分析出商品销量的淡季、旺季。淡季时可以买入，旺季时可以大量发售。

问题是时代的声音，回答并指导解决问题是理论的根本任务。因此用户需要一个可以自动抓取商品价格等信息的程序，将抓取到的数据自动存在数据库中，最后分析数据库中的所有记录，通过图表展示分析结果。本系统以京东图书为例，抓取图书信息并记录图书价格数据，展示价格走势和用户评价等数据。

11.2 系统设计

11.2.1 系统目标

系统设计

看店宝属于小型的爬虫和报表系统。通过本系统可以达到以下目标。
- 系统启动自动抓取网络数据，并保存至数据库。
- 可以抓取销量排行榜的前 100 本图书和热评排行榜的前 100 本图书。
- 系统提供"关注图书"功能，用户可选择关注排行榜中的图书，也可以取消图书的关注状态。
- 可以抓取对应图书的最新差评和最新中评。
- 将关注图书的历史价格数据以饼图的方式展示。
- 将关注图书的出版社分布以柱形图的方式展示。
- 将关注图书的好评比例以饼图的方式展示。

11.2.2 构建开发环境

- 系统开发平台：Eclipse Java EE IDE for Web Developers。
- 系统开发语言：Java。
- 数据库管理软件：MySQL 5.7。
- 运行平台：Windows 7（SP1）/ Windows 8/Windows 8.1/Windows 10。
- 运行环境：JDK 11。

11.2.3 系统功能结构

看店宝是一个典型 MVC 框架的网页程序。MVC 的全称为 Model View Controller，即模型、视图、控制器。下面分别介绍对应功能。

（1）Model（模型）

Model 层包含持久层接口设计、数据库模型设计。

数据库采用 DAO 作为持久层接口，所有处理后台数据库的方法均在 DAO 中定义，DaoImpl 类作为 DAO 的实现类实现这些方法。MysqlDBUtil 类是链接数据库的工具类，数据库的 IP、端口、账号和密码均在此类中定义。

数据库模型设计参照 JavaBean 的打包标准，所有前台数据都会打包成数据库模型类。

（2）View（视图）

View 层包含所有的前台页面，包含网站首页、图书排行页面、营销预警页面、图表分析页面和我的关注页面。页面还包括嵌套网页头和网页尾。

（3）Controller（控制器）

Controller 层是本系统的核心。这一层包括所有页面的跳转服务，同时还提供爬虫服务和数据加工服务。

看店宝（京东版）功能结构如图 11-1 所示。

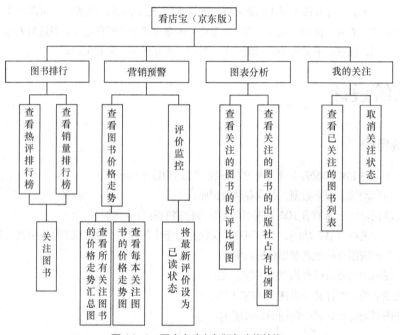

图 11-1 看店宝（京东版）功能结构

11.2.4 系统流程图

看店宝（京东版）的系统流程图如图 11-2 所示。

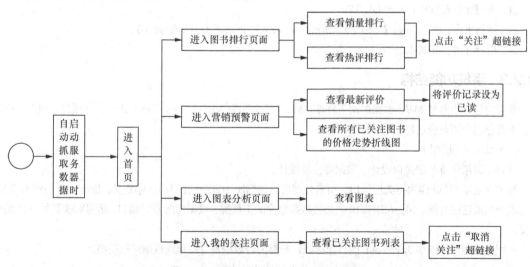

图 11-2 看店宝（京东版）的系统流程图

11.2.5 系统预览

看店宝（京东版）系统页面如图 11-3 至图 11-11 所示。

图 11-3　首页

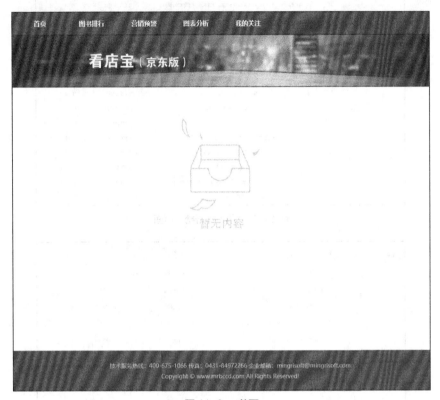

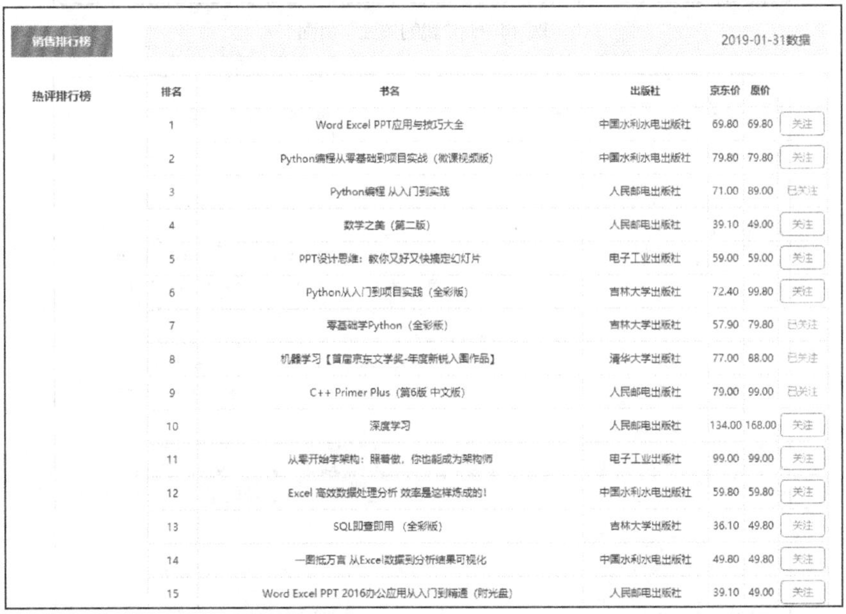

排名	书名	出版社	京东价	原价	
1	Word Excel PPT应用与技巧大全	中国水利水电出版社	69.80	69.80	关注
2	Python编程从零基础到项目实战（微课视频版）	中国水利水电出版社	79.80	79.80	关注
3	Python编程 从入门到实践	人民邮电出版社	71.00	89.00	已关注
4	数学之美（第二版）	人民邮电出版社	39.10	49.00	关注
5	PPT设计思维：教你又好又快搞定幻灯片	电子工业出版社	59.00	59.00	关注
6	Python从入门到项目实践（全彩版）	吉林大学出版社	72.40	99.80	关注
7	零基础学Python（全彩版）	吉林大学出版社	57.90	79.80	已关注
8	机器学习【首届京东文学奖-年度新锐入围作品】	清华大学出版社	77.00	88.00	已关注
9	C++ Primer Plus（第6版 中文版）	人民邮电出版社	79.00	99.00	已关注
10	深度学习	人民邮电出版社	134.00	168.00	关注
11	从零开始学架构：照着做，你也能成为架构师	电子工业出版社	99.00	99.00	关注
12	Excel 高效数据处理分析 效率是这样炼成的！	中国水利水电出版社	59.80	59.80	关注
13	SQL即查即用（全彩版）	吉林大学出版社	36.10	49.80	关注
14	一图抵万言 从Excel数据到分析结果可视化	中国水利水电出版社	49.80	49.80	关注
15	Word Excel PPT 2016办公应用从入门到精通（附光盘）	人民邮电出版社	39.10	49.00	关注

图 11-4　“销售排行榜”页面

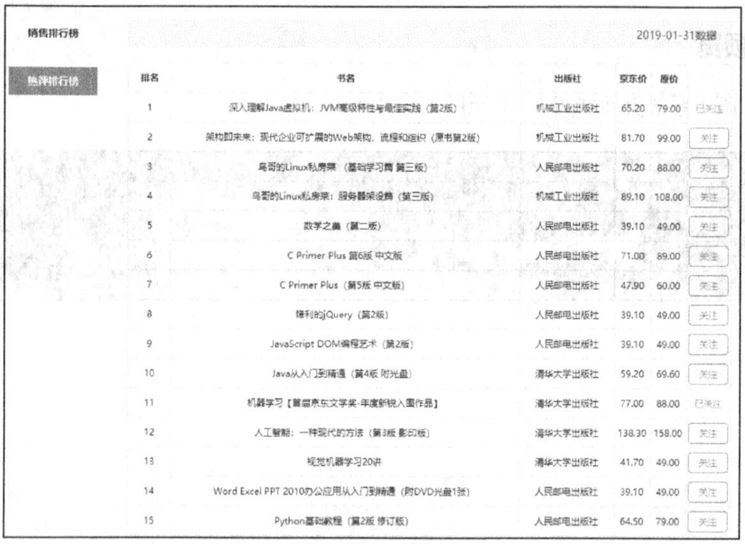

图 11-5 “热评排行榜”页面

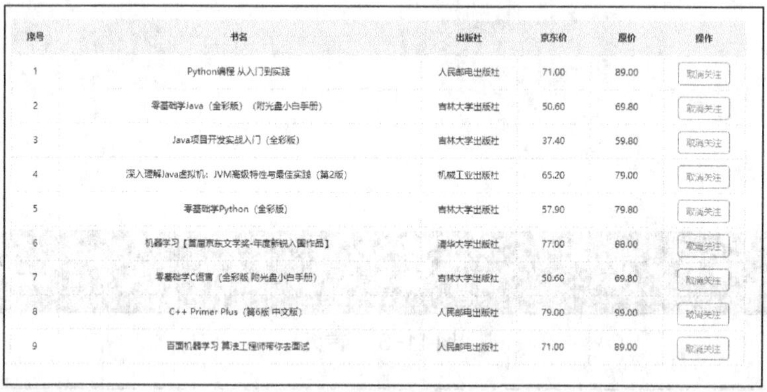

图 11-6 “我的关注”页面

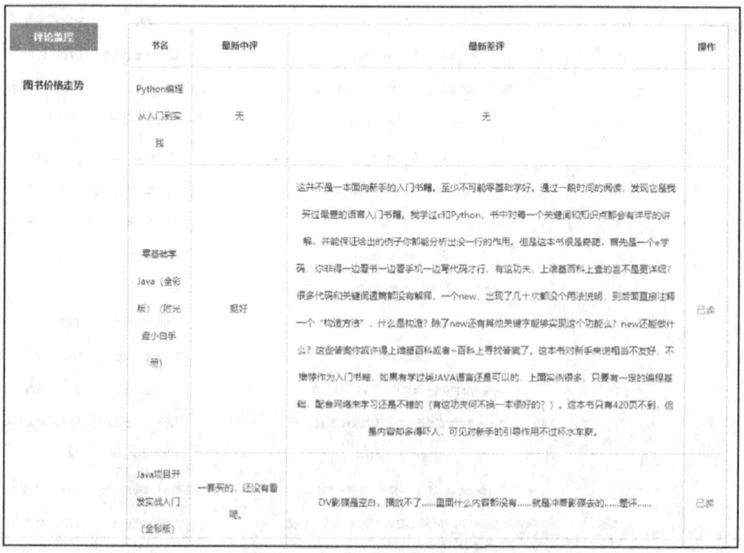

图 11-7 “评论监控”页面

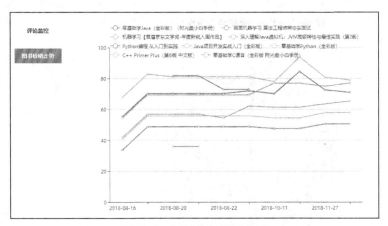

图 11-8 "图书价格走势"页面

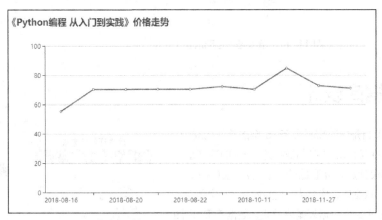

图 11-9 单本图书的价格走势

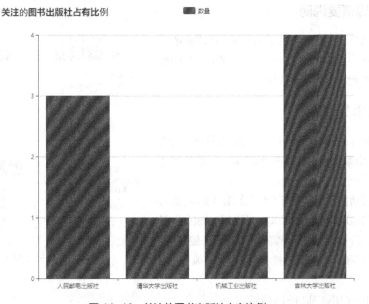

图 11-10 关注的图书出版社占有比例

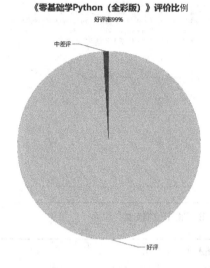

图 11-11　单本图书的评价比例

11.3　数据库设计

数据库设计

一个成功的项目是由 50% 的业务+50% 的软件组成的，而 50% 的成功软件又是由 25% 的数据库+25% 的程序组成的，因此，数据库设计是非常重要的一环。看店宝（京东版）采用 MySQL 5.7 数据库，库名为 db_books，其中包含 6 张数据表。下面分别给出数据表概要说明、数据库 E-R 图分析及主要数据表的结构。

11.3.1　数据库概要说明

为了使读者本系统数据库中的数据表有更清晰的认识，这里给出数据表树形结构，如图 11-12 所示，其中包含了对系统中所有数据表的相关描述。

11.3.2　数据库 E-R 图

通过对系统进行的需求分析、流程设计以及系统功能结构的确定，规划出系统中使用的数据库实体对象及实体 E-R 图。

看店宝的主要功能是抓取电商平台上的图书数据，因为图书太多，所以只抓取排行榜前 100 名的图书，因此在保存排行榜信息时，应规划好排行榜实体，只保留关键数据。排行榜实体主要包括排行榜类型、排行日期、图书编号、图书排名。

图 11-12　数据表树形结构

排行榜实体 E-R 图如图 11-13 所示。

排行榜不仅会列出图书的名称和排名，还会列出图书的原价、现价、出版社等信息，这些图书信息都要保存到数据库中，所以也应该规划好相应的实体。图书实体 E-R 图如图 11-14 所示。

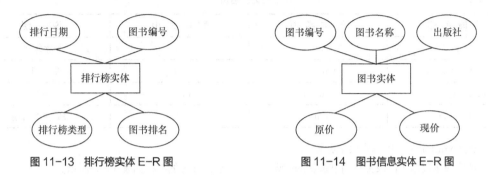

图 11-13　排行榜实体 E-R 图　　　　　图 11-14　图书信息实体 E-R 图

系统还会抓取每本图书最新的中评和差评，用户评价的内容和一些用户资料都要保存到数据库表中，所以评价信息也应该规划好相应的实体。用户评价信息实体 E-R 图如图 11-15 所示。

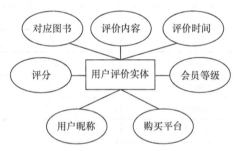

图 11-15　用户评价信息实体 E-R 图

11.3.3　数据表结构

根据设计好的 E-R 图在数据库中创建数据表，下面给出比较重要的数据表结构，其他数据表结构可参见本书配套资源。

（1）tb_books（图书信息表）

图书信息表用于记录图书的基本信息，该表的结构如表 11-1 所示。

表 11-1　　　　　　　　　　　　　　图书信息表

字 段 名 称	数 据 类 型	字 段 大 小	说　　明
id	varchar	20	图书编号
name	varchar	200	图书名称
publish	varchar	200	出版社
original_price	decimal	(5,2)	原价
present_price	decimal	(5,2)	现价
last_update	datetime	0	最后更新日期

（2）tb_book_price（图书历史价格表）

图书历史价格表用于记录各时期抓取到的图书价格信息，该表的结构如表 11-2 所示。

表 11-2　　　　　　　　　　　　　图书历史价格表

字 段 名 称	数 据 类 型	字 段 大 小	说　　明
id	int	11	价格编号
book_id	varchar	20	图书编号
present_price	decimal	(5,2)	现价
last_update	date	0	最后更新日期

（3）tb_comments（用户评价信息表）

用户评价信息表用于记录关注图书最新的中评、差评信息，该表的结构如表 11-3 所示。

表 11-3　　　　　　　　　　　　　用户评价信息表

字 段 名 称	数 据 类 型	字 段 大 小	说　　明
id	int	11	评价编号
book_id	varchar	20	图书编号
content	varchar	5000	评价内容
create_time	datetime	0	评价时间
nickname	varchar	50	昵称
user_client_show	varchar	100	购买平台
user_level_name	varchar	20	会员等级
score	int	11	评级

（4）tb_followed（关注图书表）

关注图书表用于记录用户关注的图书列表，该表的结构如表 11-4 所示。

表 11-4　　　　　　　　　　　　　关注图书表

字 段 名 称	数 据 类 型	字 段 大 小	说　　明
id	int	11	评价编号
book_id	varchar	20	图书编号

（5）tb_ranking_list（排行榜明细表）

排行榜明细表用于记录抓取到的各时图书排行榜列表数据，该表的结构如表 11-5 所示。

表 11-5　　　　　　　　　　　　　排行榜明细表

字 段 名 称	数 据 类 型	字 段 大 小	说　　明
id	int	11	明细编号
book_id	int	11	图书编号
ranking_index	int	11	图书排名
date	date	0	排行榜所属日期
ranking_type	int	11	排行榜类型

（6）tb_ranking_type（排行榜类型表）

排行榜类型表用于存储排行榜类型，该表的结构如表 11-6 所示。

表 11-6　　　　　　　　　　　　　　　排行榜类型表

字 段 名 称	数 据 类 型	字 段 大 小	说　　明
id	int	11	类型编号
Name	varchar	20	类型名称

11.4　技术准备

11.4.1　Servlet 3.0 服务

Servlet 3.0 服务

创建 Servlet 的方法十分简单，主要有两种。第一种方法为创建一个普通的 Java 类，使这个类继承 HttpServlet 类，再注册 Servlet 对象，可以通过用@WebServlet 注解声明的方式实现，也可以通过配置 web.xml 文件的方式实现。此方法操作比较烦琐，快速开发中通常不采纳该方法，而是使用第二种方法——直接通过 IDE 集成开发工具进行创建。3

使用集成开发工具创建 Servlet 非常方便，下面以 Eclipse 为例介绍 Servlet 的创建过程，其他开发工具大同小异。

（1）在项目中包的位置上单击鼠标右键，依次选择 "new" / "Other"，在打开的 New 窗体中选择 "Web" 标签下的 "Servlet" 选项，并单击 "Next" 按钮，如图 11-16 所示。

（2）打开创建 Servlet 的窗口后，首先输入新建的 Servlet 类名，单击 "Next" 按钮，如图 11-17 所示。

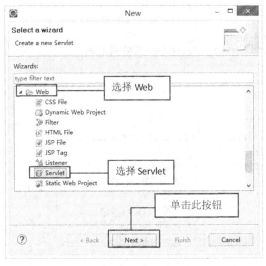

图 11-16　创建 Servlet 文件

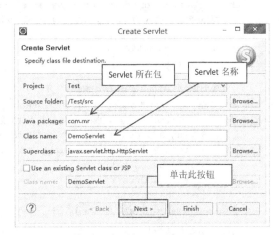

图 11-17　填写 Servlet 名称

（3）在设置 Servlet 映射路径的面板中，保持默认设置不变，直接单击 "Next" 按钮，如图 11-18 所示。

（4）最后一步可以选择生成 Servlet 文件时自动创建的内容，打开 Servlet 配置对话框，根据自己的需求进行选择，或保持默认设置不变。单击 "Finish" 按钮，完成 Servlet 的创建，如图 11-19 所示。

图 11-18 设置 Servlet 映射路径

图 11-19 选择自动创建的内容

例如，创建 DemoServlet，在处理 get 请求的方法中，获取 to 参数值，根据 to 参数值选择跳转到其他网址，具体代码如下：

```java
package com.mr;                                         // Servlet所在的包
import java.io.IOException;
import javax.servlet.ServletException;
import javax.servlet.annotation.WebServlet;
import javax.servlet.http.HttpServlet;
import javax.servlet.http.HttpServletRequest;
import javax.servlet.http.HttpServletResponse;

@WebServlet("/DemoServlet")                             // Servlet的映射路径
public class DemoServlet extends HttpServlet {
    private static final long serialVersionUID = 1L;    // 自动生成的序列化编号

    public Demo2Servlet() {
        super();
    }

    protected void doGet(HttpServletRequest request, HttpServletResponse response)
            throws ServletException, IOException {
        String address = request.getParameter("to");    // 获取参数to
        address = (address == null) ? "" : address;     // 对to进行非null处理
        String url = null;                              // 跳转地址
        switch (address) {                              // 判断传入的参数值
        case "baidu":                                   // 如果是baidu
            url = "http://www.baidu.com";               // 跳转到百度
            break;
        case "qq":                                      // 如果是qq
            url = "http://www.qq.com/";                 // 跳转到腾讯
            break;
        default:                                        // 没有匹配的值
            url = "http://www.mingrisoft.com/";         // 跳转到明日学院
            break;
```

```
        }
        response.sendRedirect(url);
    }
    protected void doPost(HttpServletRequest request, HttpServletResponse response)
            throws ServletException, IOException {
        doGet(request, response);                       // post请求与get请求使用相同的逻辑
    }
}
```

程序运行之后，访问的 URL 地址如下：

```
http://127.0.0.1:8080/[项目名]/DemoServlet?to=[参数值]
```

项目名表示 DemoServlet 所属的项目名称，参数值就是由 switch 语句判断的跳转目标。在浏览器中输入已补充完整的 URL 地址后，就可以看到网页的跳转结果。补充完整的 URL 路径，例如：

```
http://127.0.0.1:8080/MyWebProject/DemoServlet?to=baidu
http://127.0.0.1:8080/Test/DemoServlet?to=mingrisoft
```

11.4.2 Jsoup 爬虫

Jsoup 是一款 Java 的 HTML 解析器，可直接解析 URL 地址或本地的 HTML 文本文件。它可以自动解析所有超文本标签，提取出这些标签的属性或值，甚至可以遍历子标签。在 Jsoup 官网可以下载 jsoup.jar 文件和阅读相关帮助文档。

Jsoup 爬虫

使用 Jsoup 解析一个网页分为两步：第一步是输入，第二步是抽取。

（1）所谓输入就是捕捉网页超文本，这一步只需要一行代码，例如，解析百度首页的代码如下：

```
Document doc = Jsoup.connect("http://www.baidu.com").get();
```

返回的类型是 Jsoup 包中提供的 org.jsoup.nodes.Document 类，该类用于存储 HTML 超文本。

如果输入的是 HTML 文本，则代码如下：

```
String html = "<html><head></head><body><p>This is HTML.</p></body></html>";
Document doc = Jsoup.parse(html);
```

如果输入的是一个 HTML 文本文件，则需要使用 File 类，并制定读取的字符编码，代码如下：

```
File input = new File("D:/demo.html");
Document doc = Jsoup.parse(input, "UTF-8");
```

（2）获得网页超文本之后，第二步就是抽取。抽取超文本数据的方法有很多，例如，抽取网址"example.com"的超文本数据的代码如下：

```
Document doc = Jsoup.connect("example.com").get();
Element users= doc.getElementById("users");         // 获取id='users'的元素
Elements account = users.getElementsByClass("a");// 获取该集合下class ='a'的元素集合
for (Element info: account ) {
    String infoHref = info.attr("href");            // 获取该元素href属性中的值
    String infoText = info.text();                  // 获取该元素的文本值
}
```

除了例子中的用法之外，Jsoup 还可以获取以下更多数据。

getElementById(String id)：获取 id = 'id' 的元素。

getElementsByClass(String className)：获取 class='className'的元素。

getElementsByAttribute(String key)：获取含有 key 名称属性的元素。

attr(String key)：获取属性 attr 对应的值。

attributes()：获取所有属性。
id()：获取 id 的值。
className()：获取 class 的值。
and classNames()：获取所有 class 的值的 Set 集合。
text()：获取文本内容。
html()：获取元素内的 HTML 内容。
outerHtml()：获取元素外的 HTML 内容。
data()：获取数据内容。

抽取数据的时候还可以对数据进行筛选，例如：

```
Document doc = Jsoup.connect("example.com").get();
Elements links = doc.select("a[href]");           //带有href属性的a元素
Elements gifs = doc.select("img[src$=.gif]");     // 所有动图的标签
Element masthead = doc.select("div.head").first(); // class='head'的div标签
```

除了例子中的用法之外，Selector 选择器还提供以下用法。

tagname：通过标签查找元素，如 a。
ns|tag：通过标签在命名空间查找元素，例如，可以用 fb|name 语法来查找<fb:name>元素。
#id：通过 ID 查找元素，如#username。
.class：通过 class 名称查找元素，如.head。
[attribute]：利用属性查找元素，如[href]。
[^attr]：利用属性名前缀来查找元素，例如，可以用[^data-] 来查找带有 HTML5 Dataset 属性的元素。
[attr=value]：利用属性值来查找元素，如[width=200]。
[attr^=value]，[attr$=value]，[attr*=value]：利用匹配属性值开头、结尾或包含属性值来查找元素，如[href*=/mp4/]。
[attr~=regex]：利用属性值匹配正则表达式来查找元素，如 img[src~=(?i)\.(png|jpe?g)]。
*：这个符号将匹配所有元素。
el#id：元素+ID，如 div#images。
el.class：元素+class，如 div.head。
el[attr]：元素+class，如 a[href]。
任意组合：如 a[href].login。
ancestor child：查找某个元素下的子元素，例如，可以用.body p 查找在"body"元素下的所有 p 元素。
parent > child：查找某个父元素下的直接子元素，例如，可以用 div.content > p 查找 p 元素，也可以用 body > * 查找 body 标签下所有直接子元素。
siblingA + siblingB：查找在 A 元素之前的第一个同级元素 B，例如，div.head + div。
siblingA ~ siblingX：查找 A 元素之前的同级 X 元素，例如，h1 ~ p。
el, el, el：多个选择器组合，查找匹配任一选择器的唯一元素，例如，div.head, div.videos。

11.5 数据模型设计

11.5.1 模块概述

将同一类数据封装到一个类的对象中，这种只用来保存数据的类可以被称为 POJO

数据模型设计

类。POJO 实质上可以理解为简单的实体类，POJO 类的作用是方便程序员使用数据库中的数据表，这种模式符合面向对象开发模式，同时也能减少代码量。为了方便理解，本章将程序中出现的 POJO 类统称为数据模型类。

程序中用到的数据模型类包括图书类、用户评价类和数据类型类。图书类和用户评价类采用标准的 JavaBean 模式，属性用来保存数据，并提供相应的 getter/setter 方法。数据类型类更像一个枚举类，用于保存排行类型常量和评价类型常量。

11.5.2 代码实现

下面分别介绍图书类、用户评价类和数据类型类的主要代码。

（1）项目 com.mr.pojo 包下的 Book.java 是图书类。图书类对应 tb_books 图书信息表，类中的属性映射表中的关键列，每个属性都有对应的 getter/setter 方法，代码如下：

```java
public class Book {
    private String id;// 图书编号
    private String name;// 图书名称
    private String publish;// 出版社
    private String originalPrice = "0.0";// 原价
    private String presentPrice = "0.0";// 现价
    private boolean followed;// 是否被关注
    private int goodRate;// 好评率

    (此处省略getter/setter方法)
}
```

图书类还重写 hashCode() 和 equals() 方法，在这两个方法中以 id 属性作为图书对象的判断条件。重写这两个方法之后可以直接利用集合的 contains() 方法判断集合中是否存在图书编号相同的图书。重写的 hashCode() 和 equals() 方法的代码如下：

```java
public int hashCode() {
    final int prime = 31;
    int result = 1;
    result = prime * result + ((id == null) ? 0 : id.hashCode());
    return result;
}
public boolean equals(Object obj) {
    if (this == obj)
        return true;
    if (obj == null)
        return false;
    if (getClass() != obj.getClass())
        return false;
    Book other = (Book) obj;
    if (id == null) {
        if (other.id != null)
            return false;
    } else if (!id.equals(other.id))
        return false;
    return true;
}
```

（2）项目 com.mr.pojo 包下的 Comment.java 是用户评价类。用户评价类对应 tb_comments 用户评价信息表，类中的属性映射表中的关键列，每个属性都有对应的 getter/setter 方法，代码如下：

```java
public class Comment {
    private Book book;// 对应图书
    private String content;// 内容
    private String creationTime;// 时间
    private String nickname;// 昵称
    private String userClientShow;// 购买平台
    private String userLevelName;// 会员等级
    private int score;// 评级
    (此处省略getter/setter方法)
}
```

用户评价类也重写了 hashCode()和 equals()方法,以图书对象、评价内容和评价等级三个条件来判断两个用户评价对象是否相同。重写的 hashCode()和 equals()方法的代码如下:

```java
public int hashCode() {
    final int prime = 31;
    int result = 1;
    result = prime * result + ((book == null) ? 0 : book.hashCode());
    result = prime * result + ((content == null) ? 0 : content.hashCode());
    result = prime * result + score;
    return result;
}
public boolean equals(Object obj) {
    if (this == obj)
        return true;
    if (obj == null)
        return false;
    if (getClass() != obj.getClass())
        return false;
    Comment other = (Comment) obj;
    if (book == null) {
        if (other.book != null)
            return false;
    } else if (!book.equals(other.book))
        return false;
    if (content == null) {
        if (other.content != null)
            return false;
    } else if (!content.equals(other.content))
        return false;
    if (score != other.score)
        return false;
    return true;
}
```

(3)项目 com.mr.pojo 包下的 Types.java 就是数据类型类。数据类型类中有两个内部类,分别是 Tanking 排行类型类和 Comment 评价类型类,两个内部类中各自保存了自己的类型常量。在数据类型类的静态代码块中为这两个内部类创建了对象,以便让其他代码直接调用内部类的属性。

数据类型类的具体代码如下:

```java
public class Types {
    public static final Tanking TANKING; // 排行类型
    public static final Comment COMMENT; // 评价类型
```

```java
    static {// 在静态代码块中初始化内部类
        Types t = new Types();
        TANKING = t.new Tanking();
        COMMENT = t.new Comment();
    }
    public class Tanking { // 排行类型内部类
        public static final int SALES_RANKING = 1; // 销售排行榜
        public static final int COMMENTARY_RANKING = 2; // 热评排行榜
    }
    public class Comment { // 评价类型内部类
        public static final int POSITIVE = 3; // 好评
        public static final int MODERATE = 2; // 中评
        public static final int NEGATIVE = 1; // 差评
        public static final int ALL_TYPE = 0; // 全部评价
    }
}
```

11.6 持久层接口设计

11.6.1 模块概述

持久层接口设计

将内存中的数据保存到硬盘的操作叫作"持久化"操作，顾名思义，就是把临时数据变成可持久保存的数据。数据库就是专门用来保存数据的软件，持久化接口就是系统专门用来对数据进行持久化增、删、改、查的接口。

看店宝中的 DAO 接口就是持久化接口，在该接口中定义了所有保存、修改和读取数据的方法，这些方法可以满足系统中的所有业务。系统中任何服务想要修改或读取已有的数据，必须通过 DAO 接口对象进行操作。

DaoImpl 类则是 DAO 接口的实现类，所有 SQL 语句都封装在 DaoImpl 类中。

11.6.2 代码实现

DAO 接口中定义了系统使用到的所有保存、修改和读取数据的方法，代码如下：

```java
public interface Dao {
    void saveBooks(Collection<Book> books); // 保存图书
    void saveComments(Collection<Comment> comments); // 保存评价记录
    void saveRankingList(ArrayList<Book> rankingList, int tankingType);// 保存排行榜
    ArrayList<Book> getRankingList(String date, int tankingType); // 获取排行榜
    Set<Book> getFollowedBooks(); // 获取关注图书集合
    void addFollow(String bookID); // 添加关注
    void removeFollowed(String bookID); // 删除关注
    Map<String, Integer> getFollowedPublishCount();// 获取所有关注图书的出版社名称和数量
    Map<Book, List<String[]>> getBookPriceHistory();// 获取关注图书的历史价格记录。返回值中的Book作为key,String[]中保存两个值，[0]是book的当日最低价格记录，[1]是记录价格的日期
    Set<Comment> getCurrentDBComments();// 从数据库中获取每本关注图书的最新评价
    List<String> getFollowedPriceDate(); // 获取所有关注图书有价格记录的日期列表，按降序排列
}
```

11.7 爬虫服务模块设计

11.7.1 模块概述

爬虫功能是本系统的核心功能。本系统使用第三方插件 jsoup.jar 实现解析超文本功能。

爬虫服务模块设计

11.7.2 代码实现

项目中 com.mr.service 包下的 CrawlerService.Java 是爬虫服务类，所有爬虫的相关功能都在这个类中。下面分别介绍该类的属性和方法。

（1）CrawlerService 类定义了四个字符串常量，这四个常量记录了抓取的目标 URL 地址。

SALES_VOLUME_URL 属性是销售排行榜网页的 URL 地址，字符串中的{page}是网页的分页页码的占位符，每一页会显示 20 本图书，在后面的方法中会将占位符替换成 1~5 的数字，共取出 100 本图书的数据。代码如下：

```
private final String SALES_VOLUME_URL = "http://book.jd.com/booktop/0-0-0.html?category=3287-0-0-0-10001-{page}";
```

HEAT_RANKINGS_URL 属性是热评排行榜网页的 URL 地址，其网页数据与销量排行榜类似，{page}也是网页的分页页码的占位符，代码如下：

```
private final String HEAT_RANKINGS_URL = "http://book.jd.com/booktop/0-0-1.html?category=3287-0-0-1-10001-{page}";
```

PRICE_URL 属性是获取商品价格的 URL 地址。因为商品价格属于敏感信息，且一直浮动，所以电商平台通常对商品价格提供单独的获取接口，通过这个接口可以获取商品的原价和现价。字符串中的{id}是商品编号的占位符，后面的方法中会替换成指定商品编号。代码如下：

```
private final String PRICE_URL = "http://p.3.cn/prices/mgets?type=1&skuIds={id}";
```

COMMENTS_URL 属性是商品的用户评论的 URL 地址，页面中的评价内容会自动按时间降序排列，字符串中的{id}是商品编号的占位符,{score}是评价等级的占位符，商品评级对应数据类型类 Types.COMMENT 下的四个静态常量值，即差评、中评、好评和全部评价。代码如下：

```
private final String COMMENTS_URL = "https://club.jd.com/comment/skuProductPageComments.action?callback=fetchJSON_comment98vv10635&sortType=6&pageSize=10&isShadowSku=0&page=0&productId={id}&score={score}";
```

（2）connectionURL()是 CrawlerService 类获取网页超文本的方法。该方法有一个字符串参数 url，url 就是访问的目标 URL 地址，然后通过 URLConnection 类将网页中的所有内容以流的方式写入一个字符串对象，最后将保存网页数据的字符串返回。方法的具体代码如下：

```
private String connectionURL(String url) {
    URL realUrl;// 链接地址对象
    BufferedReader in = null;
    StringBuilder result = new StringBuilder();// 访问地址返回的结果
    try {
        realUrl = new URL(url);// 链接参数地址
        // 打开和URL之间的连接
        URLConnection conn = realUrl.openConnection();
        // 获取该地址返回的流
        in = new BufferedReader(new InputStreamReader(conn.getInputStream()));
        String line;// 临时行字符串
```

```
            while ((line = in.readLine()) != null) {// 如果读出的一行不为null
                result.append(line);// 结果字符串添加行数据
            }
        } catch (IOException e) {
            e.printStackTrace();
        }
        return result.toString();
```

（3）getAllBooksIntoDB()方法是抓取所有排行榜的图书信息并保存到数据库的方法。在该方法中首先会创建 DAO 接口对象，然后通过 getBooksInfo()方法将排行榜中的数据封装成 ArrayList<Book>列表对象，分别保存两个排行榜的数据，接着抓取每个图书的价格数据并填充到图书对象中，最后将两个排行榜中所有的图书放到一个集合里，统一将图书数据保存到数据库中。getAllBooksIntoDB()方法的代码如下：

```
public void getAllBooksIntoDB() {
    Dao dao = new DaoImpl();// 创建数据库接口对象
    ArrayList<Book> b1 = getBooksInfo(SALES_VOLUME_URL);// 获取销售排行列表
    ArrayList<Book> b2 = getBooksInfo(HEAT_RANKINGS_URL);// 获取热评排行列表
    if (!b1.isEmpty()) {// 如果列表不为空
        dao.saveRankingList(b1, Types.TANKING.SALES_RANKING);// 销售排行保存至数据库
    }
    if (!b2.isEmpty()) {// 如果列表不为空
        dao.saveRankingList(b2, Types.TANKING.COMMENTARY_RANKING);//热评排行保存至数据库
    }
    Set<Book> books = new HashSet<>();// 使用哈希集合，自动删除重复数据
    books.addAll(getBookPrice(b1));// 添加销售排行榜书籍，并给图书添加价格
    books.addAll(getBookPrice(b2));// 添加热评排行榜书籍，并给图书添加价格
    if (!books.isEmpty()) {// 如果抓取的图书集合不是空的
        dao.saveBooks(books);// 将这些图书写入数据库
    }
}
```

（4）getBooksInfo()方法是通过 Jsoup 解析排行榜页面并封装图书信息的方法。方法有一个字符串参数 itemurl，该参数表示排行榜的 URL 地址。因为销售排行榜和热评排行榜不在同一个网址，所以这里选择用参数传入。方法会循环 5 次，并把循环次数当作网页的分页页码参数，抓取排行榜前 100 本书的数据，将这些数据封装成 Book 对象保存到图书列表中。

getBooksInfo()方法的代码如下：

```
public ArrayList<Book> getBooksInfo(String itemurl) {
    ArrayList<Book> list = new ArrayList<>();// 图书列表
    Document doc = null;// 网页超文本
    for (int i = 1; i <= 5; i++) {// 抓取5页排行列表（每页20本书，共100本）
        // 替换URL中的分页页码参数占位符
        String url = itemurl.replace("{page}", String.valueOf(i));
        try {
            doc = Jsoup.connect(url).get();// 获取URL返回的超文本
        } catch (IOException e) {
            e.printStackTrace();
            return null;
        }
        // 获取class="m m-list"的第一个标签
        Element table = doc.getElementsByClass("m m-list").first();
```

```java
        Elements li = table.select("li");// 获取<li>标签下的元素集合
        for (Element l : li) {// 遍历元素集合
            // 获取class="m m-list"标签的文本值
            String name = l.getElementsByClass("p-name").text();
            // 获取class="btn btn-default follow"标签的data-id属性值
            String id = l.getElementsByClass("btn btn-default follow").attr("data-id");
            // 获取href属性中包含 "/publish/" 内容的<a>标签中的文本值
            String publish = l.select("a[href*=/publish/]").text();
            Book book = new Book();// 创建Book对象
            book.setId(id);
            book.setName(name);
            book.setPublish(publish);
            list.add(book);// 列表添加Book对象
        }
    }
    return list;
}
```

（5）getBookPrice()方法是获取图书价格的方法，方法有一个 List<Book>类型的参数 books，该参数是要被抓取价格的图书列表。抓取的 URL 地址使用 PRICE_URL 常量，并将 URL 中的{id}占位符替换成具体图书编号，最后交给 getBookPriceFromJson()方法分析价格数据并填充到 book 对象中。

getBookPrice()方法的代码如下：

```java
public List<Book> getBookPrice(List<Book> books) {
    StringBuilder bookID = new StringBuilder();// 图书编号字符序列
    for (Book book : books) {// 遍历图书列表
        bookID.append("J_" + book.getId() + ",");// 在图书编号前加 "J_"
    }
    bookID.deleteCharAt(bookID.length() - 1);// 删除字符串末尾的逗号
    String url = PRICE_URL.replace("{id}", bookID.toString());// 替换URL中的id占位符
    String json = connectionURL(url);// 获取商品价格的URL，记录返回的json
    try {
        books = getBookPriceFromJson(json, books);// 获取填补价格后的新图书列表
    } catch (JSONException e) {
        e.printStackTrace();
    }
    return books;
}
```

（6）getBookPriceFromJson()方法会根据电商平台返回的 json 结果和图书列表，将图书价格添加到对应图书对象中，最后会返回一个新的包含原价和现价的图书列表。方法中的字符串参数 jsonString 是电商返回的商品价格字符串，参数 books 是图书列表。

程序使用 org.json.jar 包提供的方法解析 json 数据。

getBookPriceFromJson()方法的代码如下：

```java
private List<Book> getBookPriceFromJson(String jsonString, List<Book> books)
        throws JSONException {
    List<Book> newBooks = new ArrayList<>();// 新图书列表
    JSONArray arr = new JSONArray(jsonString);// json数组对象
    for (int i = 0, length = arr.length(); i < length; i++) {
        JSONObject tempJson = arr.getJSONObject(i);// 从数组中获取一个json对象
        String presentPrice = tempJson.getString("op");// 获取Key为op的值作为现价
```

```
            String id = tempJson.getString("id");// 获取Key为id的值作为图书编号
            id = id.substring(2);// 删除 "J_" 前缀
            String originalPrice = tempJson.getString("m");// 获取Key为m的值作为原价
            for (int k = 0; k < books.size(); k++) {// 循环原图书列表
                Book book = books.get(k);// 取出图书对象
                if (book.getId().equals(id)) {// 如果与json中的图书编号一致
                    book.setOriginalPrice(originalPrice);// 设置原价
                    book.setPresentPrice(presentPrice);// 设置现价
                    newBooks.add(book);// 将修改后的图书对象保存至新图书列表
                    books.remove(k);// 在原图书列表中删除该对象
                    break;
                }
            }
        }
    }
    return newBooks;
}
```

（7）getCommentsFromWeb()方法用于从网络中获取图书最新的中评和差评（各一条），参数 books 是要抓取评价的图书集合。中评和差评要分别获取，所以需要通过 getUserComment()方法抓取两次，最后将两次抓取的结果汇总到一个集合里。

getCommentsFromWeb()方法的代码如下：

```
public Set<Comment> getCommentsFromWeb(Set<Book> books) {
    // 获取图书的最新差评
    Set<Comment> negatives = getUserComment(books, Types.COMMENT.NEGATIVE);
    // 获取图书的最新中评
    Set<Comment> moderates = getUserComment(books, Types.COMMENT.MODERATE);
    Set<Comment> allComment = new HashSet<>();// 评价汇总集合
    allComment.addAll(negatives);// 集合添加差评
    allComment.addAll(moderates);// 集合添加中评
    return allComment;
}
```

（8）getUserComment()方法用于从网页中抓取某些书的用户评价数据。方法有两个参数，参数 books 表示被抓取的图书集合，参数 commentScore 表示抓取的评价评级，该参数建议采用 Types.COMMENT 提供的属性。方法会将 COMMENTS_URL 中的{id}占位符替换成具体图书编号，并将{score}替换成具体评价等级。电商平台会以 json 的形式返回图书的全部评价数据，最后还需要通过 getFirstUserCommentFromJson()解析这些数据。

getUserComment()方法的代码如下：

```
public Set<Comment> getUserComment(Set<Book> books, int commentScore) {
    Set<Comment> all = new HashSet<>();// 全部评价集合
    for (Book book : books) {// 遍历图书
        String id = book.getId();// 获取图书ID
        String url = COMMENTS_URL.replace("{id}", id);// 替换URL中的占位符
        url = url.replace("{score}", String.valueOf(commentScore));
        String json = connectionURL(url);// 链接URL地址，记录返回的json
        try {
            // 将json解析成评价集合，并添加进全部评价集合中
            all.addAll(getFirstUserCommentFromJson(book, json));
        } catch (JSONException e) {
```

```
                    e.printStackTrace();
                    System.out.println(book);
                    System.out.println(json);
                }
            }
            return all;
        }
```

（9）getFirstUserCommentFromJson()方法用于解析结果 json，在所有评价中提取最新的一条评价，并将所有评价封装成 Comment 对象保存到集合中，最后返回。方法中有两个参数，参数 book 表示评价属于哪本图书，参数 json 是电商平台返回的结果数据字符串。

getFirstUserCommentFromJson()方法的代码如下：

```
private Set<Comment> getFirstUserCommentFromJson(Book book, String jsonString)
            throws JSONException {
    // 截取json中第一个 "(" 和最后一个 ")" 之间的内容
    jsonString = jsonString.substring(jsonString.indexOf("(") + 1,
                        jsonString.lastIndexOf(")"));
    Set<Comment> comments = new HashSet<>();// 评价对象集合
    JSONObject jsonObject = new JSONObject(jsonString);// 转换成json对象
    // 获取comments键对应的数组对象
    JSONArray arr = jsonObject.getJSONArray("comments");
    if (arr.length() == 0) {// 如果无评价记录
        return new HashSet<>();// 返回空集合
    }
    JSONObject tempJson = arr.getJSONObject(0);// 获取第一个数组元素
    Comment comment = new Comment();// 评价对象
    comment.setBook(book);// 设置对应图书
    comment.setContent(tempJson.getString("content"));// 设置评价内容
    comment.setCreationTime(tempJson.getString("creationTime"));// 设置创建时间
    comment.setNickname(tempJson.getString("nickname"));// 设置昵称
    int score = 0;// 评级
    switch (tempJson.getInt("score")) {// 获取评级并进行判断
    case 1:// 数字1代表差评
        score = Types.COMMENT.NEGATIVE;// 赋值为差评
        break;
    case 2:// 数字2和数字3代表中评
    case 3:
        score = Types.COMMENT.MODERATE;// 赋值为中评
        break;
    case 4:// 数字4和数字5代表好评
    case 5:
        score = Types.COMMENT.POSITIVE;// 赋值为好评
        break;
    default:
        score = Types.COMMENT.ALL_TYPE;// 默认评级
    }
    comment.setScore(score);// 设置评级
    comment.setUserClientShow(tempJson.getString("userClientShow"));// 设置购买平台
    comment.setUserLevelName(tempJson.getString("userLevelName"));// 设置会员等级
    comments.add(comment);
```

```
        return comments;
    }
```

（10）getGoodRateShow()方法用于获取图书的好评率。同样是通过 COMMENTS_URL 抓取评价数据，但这次要抓取全部评价，然后通过 getGoodRateShowFromJson()方法获取好评率，将好评率写入 book 对象中，将添加好评率的图书放到新的集合中，最后返回新集合。

getGoodRateShow()方法的代码如下：

```java
public Set<Book> getGoodRateShow(Set<Book> books) {
    Set<Book> newBooks = new HashSet<>();
    for (Book book : books) {
        String id = book.getId();
        String url = COMMENTS_URL.replace("{id}", id);
        url = url.replace("{score}", "0");
        String json = connectionURL(url);
        int goodRate = 100;
        try {
            goodRate = getGoodRateShowFromJson(json);
        } catch (JSONException e) {
            e.printStackTrace();
        }
        book.setGoodRate(goodRate);
        newBooks.add(book);
    }
    return newBooks;
}
```

（11）getGoodRateShowFromJson()方法用于解析电商返回的全部评价 json 结果，然后在结果中提取出好评率并返回。getGoodRateShowFromJson()方法的代码如下：

```java
private int getGoodRateShowFromJson(String jsonString) throws JSONException {
    // 截取json中第一个"("和最后一个")"之间的内容
    jsonString = jsonString.substring(jsonString.indexOf("(") + 1,
                        jsonString.lastIndexOf(")"));
    JSONObject jsonObject = new JSONObject(jsonString);// 转换成json对象
    // 获取productCommentSummary键对应的json
    JSONObject grsObject = jsonObject.getJSONObject("productCommentSummary");
    int goodRateShow = grsObject.getInt("goodRateShow");// 获取goodRateShow对应的值
    return goodRateShow;
}
```

11.8 数据加工处理服务模块设计

11.8.1 模块概述

从电商平台抓取的数据需要进一步加工处理才能满足系统的业务需求，如判断图书的关注状态、计算图表的数据等。网页和后台服务只要涉及数据的存取，都需要通过数据加工处理服务操作，以确保数据集中在一处进行加工，不会因为处理方法分散各处而导致程序难以维护。

数据加工处理服务模块设计

11.8.2 代码实现

项目中 com.mr.service 包下的 DataProcessingService 类就是数据加工处理服务类，这是一个工具类，提供所有加工数据的方法。该类的属性和方法如下。

（1）DataProcessingService 类有两个属性，一个是爬虫服务对象，另一个是数据库接口（持久层接口）对象。爬虫服务用来实时抓取图书的好评率和评价数据，数据库接口用来增、删、改、查数据库中的数据。属性代码如下：

```java
private CrawlerService crawl = new CrawlerService();// 爬虫服务
private Dao dao = new DaoImpl();// 数据库接口
```

（2）getAllPriceHistoryJson()方法用于加工所有关注图书的历史价格数据，将这些数据加工成网页中 ECharts 折线图所使用的 json 格式。该方法首先从数据库中读取全部已关注图书的对象，然后再取出所有关注图书的价格记录日期，按照日期对图书价格进行分组，最后调用 getJsonFromCollection()方法将数据对象转为 json 字符串。

getAllPriceHistoryJson()方法的代码如下：

```java
public String getAllPriceHistoryJson() {
    // 获取关注图书历史价格记录
    Map<Book, List<String[]>> map = dao.getBookPriceHistory();
    if (map.isEmpty()) {
        return null;
    }
    // 获取所有关注图书有价格记录的日期列表，按降序排列
    List<String> dates = dao.getFollowedPriceDate();
    // 图书名称集合，用于整体折线图的图例
    Set<String> bookNameSet = new HashSet<>();
    Set<Book> books = map.keySet();// 获取图书价格记录的键集合
    for (Book book : books) {// 遍历图书集合
        bookNameSet.add(book.getName());// 记录出现过的图书名称
    }
    // 创建与关注图书历史价格记录结构相同的新键值对
    // 原键值对中，只记录有效价格数据及其对应日期，在新键值对中会列出所有日期
    // 若对应日期无价格记录，则用 "-" 代替价格
    Map<Book, List<String>> newBookPriceData = new HashMap<>();
    for (Book book : books) {// 遍历图书集合
        List<String> prices = new LinkedList<>();// 创建价格记录列表
        int dateIndex = 0;// 日期索引
        for (String date : dates) {// 遍历日期列表
            List<String[]> list = map.get(book);// 获取一本书的价格与日期数组列表
            String[] values = list.get(dateIndex);// 获取第一组价格与日期
            if (date.equals(values[1])) {// 如果图书在该日期下有价格记录
                prices.add(values[0]);// 价格列表按顺序保存价格记录
                // 若日期索引没有到达价格与日期数组列表的末尾
                if (dateIndex < list.size() - 1) {
                    dateIndex++;// 索引向右移动
                }
            } else {// 如果图书没有该日期的价格记录
                prices.add("-");// 价格记录为 "-"
            }
```

```
        }
        newBookPriceData.put(book, prices);// 记录该图书及与之对应的新价格列表
    }
    // 将新键值对封装成json并返回
    return getJsonFromCollection(bookNameSet, dates, newBookPriceData);
}
```

（3）getJsonFromCollection()方法用于将集合数据加工成 json 字符串。方法有三个参数：参数 bookName 表示书名集合；参数 dates 是记录的日期集合；参数 newBookPriceData 是图书对应的价格键值对，键中的价格个数、顺序与日期集合中的元素一一对应。

getJsonFromCollection()方法的代码如下：

```
private String getJsonFromCollection(Set<String> bookNames, List<String> dates,
            Map<Book, List<String>> newBookPriceData) {
    JSONObject json = new JSONObject();// 根节点
    JSONObject tooltip = new JSONObject();// 鼠标提示
    JSONObject legend = new JSONObject();// 图例
    JSONObject xAxis = new JSONObject();// x轴
    JSONObject yAxis = new JSONObject();// y轴
    JSONArray series = new JSONArray();// 图形数据数组
    try {
        JSONArray legendArr = new JSONArray(bookNames);// 图形数据数组
        legend.put("data", legendArr);// data标签对应图形数据数组
        json.put("legend", legend);// 根节点添加标题
        tooltip.put("trigger", "axis");// 鼠标提示触发类型为axis
        json.put("tooltip", tooltip);// 根节点添加鼠标提示
        JSONArray xAxisData = new JSONArray(dates);// x轴数组，使用日期列表
        xAxis.put("type", "category");// x轴类型为类目类型
        xAxis.put("data", xAxisData);// x轴添加数据
        json.put("xAxis", xAxis);// 根节点添加x轴
        yAxis.put("type", "value");// y轴类型为值类型
        json.put("yAxis", yAxis);// 根节点添加y轴
        for (Book book : newBookPriceData.keySet()) {// 遍历键值对中的图书集合
            JSONObject seriesData = new JSONObject();// 创建一条数据
            seriesData.put("type", "line");// 折线图
            seriesData.put("name", book.getName());// 对应的图书名称
            // 图书对应的价格集合，价格个数、顺序与日期集合中的元素填充成数组
            JSONArray publishCount = new JSONArray(newBookPriceData.get(book));
            seriesData.put("data", publishCount);// 添加出版社数量数组
            series.put(seriesData);// 将数据放入图形数据数组
        }
        json.put("series", series);// 根节点添加图形数据数组
    } catch (JSONException e) {
        e.printStackTrace();
    }
    return json.toString();
}
```

（4）价格图表中除了有汇总图表以外，还有每本关注图书的价格走势折线图。getBookPriceHistoryJsons() 方法就是用来获取每一本已关注图书的价格折线图数据的方法。该方法会获取所有已关注的图书，然后按照汇总折线图的格式将数据对象解析成 json 字符串。

getBookPriceHistoryJsons()方法的代码如下：

```java
public Set<String> getBookPriceHistoryJsons() {
    Set<String> jsons = new HashSet<>();// 保存json集合
    // 获取关注图书的历史价格记录
    Map<Book, List<String[]>> map = dao.getBookPriceHistory();
    if (map.isEmpty()) {// 如果没有任何记录
        return jsons;// 返回空集合
    }
    Set<Book> books = map.keySet();// 获取图书集合
    Iterator<Book> it = books.iterator();// 获取集合迭代器
    while (it.hasNext()) {// 迭代集合
        Book book = it.next();// 获取迭代出的图书对象
        List<String[]> priceAndDate = map.get(book);// 获取图书对象对应的价格与日期列表
        List<String> priceList = new LinkedList<>();// 保存价格的列表
        List<String> dateList = new LinkedList<>();// 保存日期的列表
        for (String[] values : priceAndDate) {// 遍历价格与日期列表
            priceList.add(values[0]);// 记录价格
            dateList.add(values[1]);// 记录日期
        }
        // 编写图表json数据
        JSONObject json = new JSONObject();// 根节点
        JSONObject title = new JSONObject();// 标题
        JSONObject tooltip = new JSONObject();// 鼠标提示
        JSONObject xAxis = new JSONObject();// x轴
        JSONObject yAxis = new JSONObject();// y轴
        JSONArray series = new JSONArray();// 图形数据数组

        try {
            // 标题文本使用动态书名
            title.put("text", "《" + book.getName() + "》价格走势");
            json.put("title", title);// 根节点添加标题

            tooltip.put("trigger", "axis");// 鼠标提示触发类型为axis
            json.put("tooltip", tooltip);// 根节点添加鼠标提示

            JSONArray xAxisData = new JSONArray(dateList);// x轴数组，使用日期列表
            xAxis.put("type", "category");// x轴类型为类目类型
            xAxis.put("data", xAxisData);// x轴添加数据
            json.put("xAxis", xAxis);// 根节点添加x轴

            yAxis.put("type", "value");// y轴类型为值类型
            json.put("yAxis", yAxis);// 根节点添加y轴

            JSONObject seriesData = new JSONObject();// 创建一条数据
            seriesData.put("type", "line");// 折线图
            JSONArray publishCount = new JSONArray(priceList);// 图表数据采用价格列表
            seriesData.put("data", publishCount);// 添加出版社数量数组
            series.put(seriesData);// 将数据放入图形数据数组
            json.put("series", series);// 根节点添加图形数据数组
        } catch (JSONException e) {
            e.printStackTrace();
```

```
        }
        jsons.add(json.toString());// 保存该图书的图表json字符串
    }
    return jsons;
}
```

（5）除了价格走势折线图以外，程序还提供所有关注图书的出版社占有比例柱形图。getBarChartJson()方法就是加工柱形图数据的方法。通过调用数据库结构的 getFollowedPublishCount()方法即可获取所有关注图书的出版社名称及对应数量。

getBarChartJson()方法的代码如下：

```java
public String getBarChartJson() {
    // 获取所有关注图书的出版社名称和数量
    Map<String, Integer> map = dao.getFollowedPublishCount();
    if (map.isEmpty()) {// 如果记录是空的
        return null;// 结束方法
    }
    // 出版社名称列表
    List<String> publishNames = new LinkedList<>();
    // 出版社数量列表，顺序与出版社名称列表一一对应
    List<Integer> counts = new LinkedList<>();
    // 迭代键值对中的出版社名称集合
    Iterator<String> it = map.keySet().iterator();
    while (it.hasNext()) {
        String publishName = it.next();// 获取迭代出的出版社名称
        publishNames.add(publishName);// 记录出版社名称
        counts.add(map.get(publishName));// 记录对应的数量
    }
    // 编写图表json数据
    JSONObject json = new JSONObject();// 根节点
    JSONObject title = new JSONObject();// 标题
    JSONObject tooltip = new JSONObject();// 鼠标提示
    JSONObject legend = new JSONObject();// 图例
    JSONObject xAxis = new JSONObject();// x轴
    JSONObject yAxis = new JSONObject();// y轴
    JSONArray series = new JSONArray();// 图形数据数组
    try {
        title.put("text", "关注图书出版社占有比例");  // 图表标题
        json.put("title", title);// 根节点添加标题
        tooltip.put("trigger", "axis");// 鼠标提示触发类型为axis
        json.put("tooltip", tooltip);// 根节点添加鼠标提示

        JSONArray legendData = new JSONArray();// 图例数组
        legendData.put("数量");// 添加元素
        legend.put("data", legendData);// 图例添加数组
        json.put("legend", legend);// 根节点添加图例

        // x轴数组，使用日期列表
        JSONArray xAxisData = new JSONArray(publishNames);
        xAxis.put("data", xAxisData);// x轴添加数据
        json.put("xAxis", xAxis);// 根节点添加x轴
```

```java
            yAxis.put("minInterval", 1);// y轴最小数字间隔为1
            json.put("yAxis", yAxis);// 根节点添加y轴

            JSONObject seriesData = new JSONObject();// 数组中只有一条数据
            seriesData.put("name", "数量");// 数据对应数量
            seriesData.put("type", "bar");// 柱形图
            JSONArray publishCount = new JSONArray(counts);// 出版社数量数组
            seriesData.put("data", publishCount);// 添加出版社数量数组
            series.put(seriesData);// 将数据放入图形数据数组
            json.put("series", series);// 根节点添加图形数据数组
        } catch (JSONException e) {
            e.printStackTrace();
        }
        return json.toString();
    }
```

（6）getPieChartJsons()方法用于加工评价比例饼图的json数据。在该方法中不仅会用到数据库接口，还会用到爬虫服务，因此这些饼图的数据都是实时的。该方法会获取所有已关注的图书，然后分别获取这些图书的评价数据，虽然评价类型包含好评、中评和差评，但为了减少抓取次数，仅仅计算好评率即可，中评和差评整合成"中差评"在饼图中显示。

getPieChartJsons()方法代码如下：

```java
    public Set<String> getPieChartJsons() {
        // 获取关注图书集合
        Set<Book> books = dao.getFollowedBooks();
        crawl.getGoodRateShow(books);// 为图书添加好评率
        Set<String> jsons = new HashSet<>();// 好评率图表json
        for (Book book : books) {// 遍历图书集合
            JSONObject json = new JSONObject();// 根节点
            JSONObject title = new JSONObject();// 标题
            JSONObject tooltip = new JSONObject();// 鼠标提示
            JSONArray series = new JSONArray();// 图形数据数组
            int goodRate = book.getGoodRate();// 图书好评率
            try {
                // 设置标题内容
                title.put("text", "《" + book.getName() + "》评价比例");
                title.put("subtext", "好评率" + goodRate + "%");// 副标题内容
                title.put("x", "center");// 居中显示
                json.put("title", title);// 根节点添加标题

                tooltip.put("trigger", "item");// 根据值触发
                tooltip.put("formatter", "{b}:({d}%)");// 格式为书名:(好评率%)
                json.put("tooltip", tooltip);// 根节点添加鼠标提示

                JSONObject seriesData = new JSONObject();// 创建一条数据
                seriesData.put("name", "访问来源");// 数据名称
                seriesData.put("type", "pie");// 饼图
                seriesData.put("radius", "65%");// 半径长度为65%

                JSONObject goodRateObj = new JSONObject();// 好评率对象
                goodRateObj.put("value", goodRate);// 数值
                goodRateObj.put("name", "好评");// 名称
```

```java
            JSONObject badRateObj = new JSONObject();// 中差评率对象
            badRateObj.put("value", 100 - goodRate);// 数值
            badRateObj.put("name", "中差评");// 名称

            JSONArray commentRateArr = new JSONArray();// 出版社数量数组
            commentRateArr.put(goodRateObj);// 添加好评率对象
            commentRateArr.put(badRateObj);// 添加中差评率对象

            seriesData.put("data", commentRateArr);// 添加出版社数量数组
            series.put(seriesData);// 将数据放入图形数据数组
            json.put("series", series);// 根节点添加图形数据数组
        } catch (JSONException e) {
            e.printStackTrace();
        }
        jsons.add(json.toString());// json集合添加json
    }
    return jsons;
}
```

（7）getBookComenetMonitoringData()方法用于加工网页所有需要的最新中评和差评的数据，并按照网页表格顺序将其存储到数组中。方法有一个参数 newCom，该参数表示用户评价集合，包括所有类型的评价，方法会筛选出中评和差评，与对应图书名称放到数组的同一行中。

getBookComenetMonitoringData()方法的代码如下：

```java
public List<String[]> getBookComenetMonitoringData(Set<Comment> newCom) {
    Map<String, String> moderate = new HashMap<>();// 中评键值对
    Map<String, String> negative = new HashMap<>();// 差评键值对
    Set<Book> booksTmp = new HashSet<>();// 临时图示集合
    List<String[]> tableItems = new ArrayList<>();// 表格元素列表
    // 从数据库中获取每本关注图书的最新评价
    Set<Comment> oldCom = dao.getCurrentDBComments();
    for (Comment n : newCom) {// 遍历评价
        String message = null;// 评价内容
        Book book = n.getBook();// 获取评价所属图书
        booksTmp.add(book);// 添加图书对象
        if (!oldCom.contains(n)) {// 如果数据库中没有该新评价的记录
            message = n.getContent();// 获取评价内容
            // 如果是中评
            if (n.getScore() == Types.COMMENT.MODERATE) {
                moderate.put(book.getId(), message);// 记录在中评键值对中
                // 如果是差评
            } else if (n.getScore() == Types.COMMENT.NEGATIVE) {
                negative.put(book.getId(), message);// 记录在差评键值对中
            }
        }
    }
    for (Book tmp : booksTmp) {// 遍历图书集合
        // 创建前台表格显示的文本数组
        // 第一个值为图书编号，第二个值为图书名称，第三个值为最新中评，第四个值为最新差评
            // 第五个值为已读超链接
        String[] items = { tmp.getId(), tmp.getName(), "无", "无", "" };
        // 迭代中评键值对
```

```
            for (String id : moderate.keySet()) {
                if (tmp.getId().equals(id)) {// 图书编号一致
                    items[2] = moderate.get(id);// 记录中评内容
                    items[4] = "已读";// 显示已读超链接
                    break;
                }
            }
            // 迭代差评键值对
            for (String id : negative.keySet()) {
                if (tmp.getId().equals(id)) {// 图书编号一致
                    items[3] = negative.get(id);// 记录差评内容
                    items[4] = "已读";// 显示已读超链接
                    break;
                }
            }
            tableItems.add(items);// 表格元素列表添加已填好的数据
        }
        return tableItems;
    }
```

11.9 营销预警后台服务模块设计

营销预警后台服务模块设计

11.9.1 模块概述

营销预警是看店宝的一个前台功能,在营销预警页面中,用户可以看到评价监控记录和图书价格走势图表。营销预警页面中所使用的所有数据以及页面中所有的跳转逻辑都是由后台的 Servlet 服务提供的。程序中有多个 Servlet 服务,但功能大同小异,本节以功能比较全面的营销预警为例介绍后台服务的设计思路。

11.9.2 代码实现

项目中 com.mr.servlet 包下的 MonitoringServlet 类就是营销预警后台服务类,该类继承 HttpServlet 服务器类。营销预警后台服务采用 Servlet 3.0 版本的语法,在声明类的时候通过@WebServlet 标注该类会处理前台关于"/MonitoringServlet.do"地址的访问请求。类声明如下:

```
@WebServlet("/MonitoringServlet.do")
public class MonitoringServlet extends HttpServlet {}
```

下面将介绍该类的属性和方法。

(1) 该类中有三个属性,serialVersionUID 是 Eclipse 创建 HttpServlet 服务时自动填写的序列化 ID,该属性用于对类做序列化和反序列化操作,这些操作不需要开发者手动执行,所以此属性只要存在即可。serialVersionUID 属性的定义如下:

```
private static final long serialVersionUID = 1L;// 序列化ID
```

另外两个属性是数据加工处理服务对象 service 和所有评价记录的静态集合。评论记录集合用于保存评价监控页面的实时数据。这两个属性的定义如下:

```
DataProcessingService service = new DataProcessingService();// 数据服务
// 所有评价记录静态集合,当前台发送已读请求后,保存该集合中对应的评价内容
static Set<Comment> comments = new HashSet<>();
```

（2）doGet()方法是父类HttpServlet处理GET请求的方法，方法参数为Servlet与前台交互的请求对象。在该方法中会判断前台请求中的menu参数值，这个参数值表示前台请求想要处理哪种业务。营销预警后台服务可以处理三种业务，分别是跳转评价监控页面、跳转价格走势页面和保存已读评价。三种业务都有各自的处理方法，如果menu参数值没有对应的业务，则默认进入评价监控页面。

doGet()方法代码如下：

```java
protected void doGet(HttpServletRequest request, HttpServletResponse response)
        throws ServletException, IOException {
    String menu = request.getParameter("menu");// 获取菜单参数
    if (null == menu || "".equals(menu)) {// 如果参数为空
        menu = "comment";// 默认跳转到评价监控界面
    }
    switch (menu) {// 判断菜单参数值
    case "comment":
        forwardComment(request, response);// 跳转到评价监控页面
        break;
    case "price":
        forwardPrice(request, response);// 跳转到价格走势页面
        break;
    case "save":
        saveComment(request, response);// 保存已读评价
        break;
    default://默认跳转到评价监控页面
        forwardComment(request, response);
    }
    request.setAttribute("menu", menu);// 发送参数
    // 转发至营销预警页面
    request.getRequestDispatcher("monitoring.jsp").forward(request, response);
}
```

（3）doPost()方法是父类HttpServlet处理POST请求的方法，方法参数为Servlet与前台交互的请求对象。doPost()方法采用与doGet()方法相同的逻辑，不管前台提交哪种类型的请求，处理结果都是一样的。

```java
protected void doPost(HttpServletRequest request, HttpServletResponse response)
        throws ServletException, IOException {
    doGet(request, response);// 使用GET请求逻辑
}
```

（4）forwardComment()方法用于处理前台页面发送的跳转到评价监控页面的请求。该方法首先会通过数据加工处理服务对象获取最新的一条中评和最新的一条差评数据集合，然后将这些结果处理成前台表格所需要的格式，最后将处理结果以参数的形式发送出去。

forwardComment()方法的代码如下：

```java
private void forwardComment(HttpServletRequest request,
            HttpServletResponse response)
                throws ServletException, IOException {
    // 获取关注图书当前最新的一条中评和最新的一条差评
    Set<Comment> comInDB = service.getNewComment();
    if (comInDB.isEmpty()) {// 如果获取的结果是空的
        comments.clear();// 清空静态集合
    } else {
        comments.addAll(service.getNewComment());// 将获取结果记录到静态集合中
```

```
    }
    // 将评价集合中的中评和差评按照网页表格顺序存储到数组中
    List<String[]> tableItems = service.getBookComenetMonitoringData(comments);
    request.setAttribute("comments", tableItems);// 发送参数
}
```

（5）forwardPrice()方法用于处理前台页面发送的跳转到价格走势页面的请求。该方法会通过数据加工处理服务对象获取两种ECharts图表数据，一种是所有关注图书的价格走势折线图数据集合，另一种是全部图书的汇总价格走势折线图数据。两种数据都会以参数的形式发送到前台页面。

forwardPrice()方法的代码如下：

```
private void forwardPrice(HttpServletRequest request,
        HttpServletResponse response)
            throws ServletException, IOException {
    // 获取每一本已关注图书的价格记录，作为折线图数据
    Set<String> jsons = service.getBookPriceHistoryJsons();
    request.setAttribute("priceList", jsons);// 发送参数
    // 获取所有关注图书记录的历史价格json字符串，作为总体折线图数据
    String allPriceLineJson = service.getAllPriceHistoryJson();
    request.setAttribute("allPrice", allPriceLineJson);// 发送参数
}
```

（6）forwardPrice()方法用于处理前台页面发送的跳转保存已读评价的请求。该方法获取请求中的id参数值，该值表示图书的编号，如果评价记录集合中有对应图书编号的评价，则通过数据加工处理服务对象将该评价设置为已读状态；因为该请求是通过ajax向后台发送的，所以方法中会通过返回输出流的方式将处理结果发送给前台页面，前台判断接收的结果，如果是"OK"则将已读的评价记录清空。

forwardPrice()方法的代码如下：

```
private void saveComment(HttpServletRequest request,
        HttpServletResponse response)
            throws ServletException, IOException {
    String id = request.getParameter("id");// 获取图书编号参数
    if (null == id || "".equals(id)) {// 如果编号为空
        return;// 终止方法
    }
    Set<Comment> saveTmp = new HashSet<>();// 用于保存评价对象的临时集合
    for (Comment c : comments) {// 遍历集合
        Book book = c.getBook();
        if (book.getId().equals(id)) {
            saveTmp.add(c);
        }
    }
    service.saveComment(saveTmp);//保存
    response.setContentType("text/html;charset=UTF-8");//设置请求类型
    try {
        //返回给ajax的结果，前台未做处理，此处可以返回任意值
        response.getWriter().write("OK");
    } catch (IOException e) {
        e.printStackTrace();
    }
}
```

11.10 运行项目

运行项目

因为看店宝是 Java Web 程序，所以在运行前要确保 Eclipse 具备服务器环境，并且项目引用了正确服务器运行库。如果 Eclipse 中已完成这两项配置，则可以忽略本章第 1、2 步的操作。

1. 添加 Tomcat 服务器

使用 Eclipse 运行 Java Web 程序必须使用网络服务器，本节介绍如何为 Eclipse 添加 Tomcat 服务器。添加之前要确保本地已下载完 Tomcat 9 版本压缩包，并解压到本地硬盘中。添加 Tomcat 服务器的操作如下。

（1）选择 Window 菜单下的 Preferences 菜单，该菜单为 Eclipse 的首选项菜单，所有属性均可在此配置，如图 11-20 所示。

图 11-20　打开 Eclipse 的首选项菜单

（2）在打开的窗口左侧树状菜单中，依次选择 "Server" / "Runtime Environments" 选项，然后在打开的界面中单击 "Add" 按钮，如图 11-21 所示。

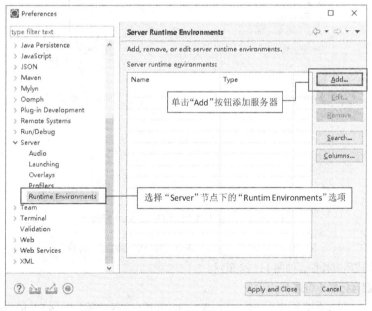

图 11-21　服务器配置界面

（3）选择 Apache 分类下的 Apache Tomcat v9.0 版本（可选其他版本，但必须与本地使用的 Tomcat 版本一致），选择好后单击 "Next" 按钮，如图 11-22 所示。

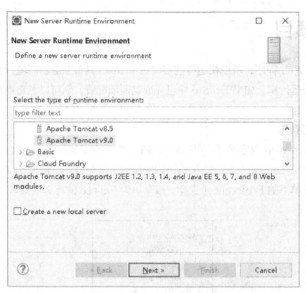

图 11-22 添加 Tomcat 9 版本服务器

（4）在添加本地服务器界面中单击"Browse"按钮，选择本地硬盘上的 Tomcat 根目录，Tomcat 根目录地址会自动填写到界面中，然后单击"Finish"按钮完成操作，如图 11-23 所示。

图 11-23 添加本地硬盘上的 Tomcat 服务器

（5）最后可以在 Server Runtime Environments 界面中看到已添加完成的 Tomcat 服务器，单击"Apply and Close"按钮完成所有操作，如图 11-24 所示。

2．补充服务器运行库（可选）

如果 Java Web 项目没有服务器运行库，会出现大量编译错误，导致所有 Java EE 的 API 均无法使用，这时需要重新为项目添加服务器运行库，具体操作如下。

（1）在项目上单击鼠标右键，在弹出的菜单中依次选择"Build Path"/"Add Libraries"选项，如图 11-25 所示。

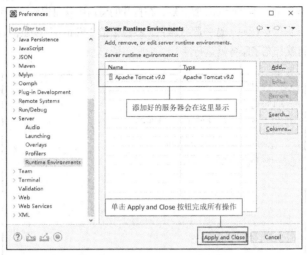

图 11-24　Eclipse 应用配置

图 11-25　为项目构建路径添加库

（2）在添加库的窗口中，选中"Server Runtime"选项，然后单击"Next"按钮，如图 11-26 所示。

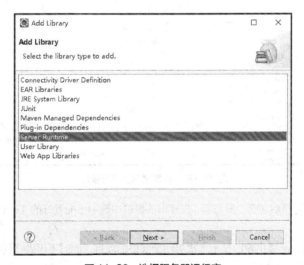

图 11-26　选择服务器运行库

（3）如果已经为 Eclipse 添加了 Tomcat 服务器，在打开的窗口中就可以看到已添加的 Tomcat 服务器，这个服务器可以为 Eclipse 提供运行库。选中服务器名，然后单击"Finish"按钮，如图 11-27 所示。完成这一步之后，Java Web 项目就补充了服务器运行库。

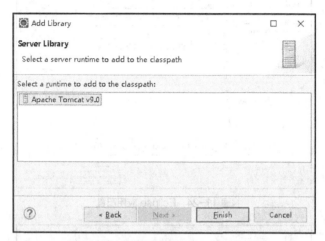

图 11-27　选择已添加的 Tomcat 服务器

3. 启动服务器

在 Eclipse 中运行 Java Web 项目需要以启动服务器的方式运行，运行方法如下。

（1）在项目上单击鼠标右键，在弹出的菜单中依次选择"Run As"/"Run on Server"选项，如图 11-28 所示。

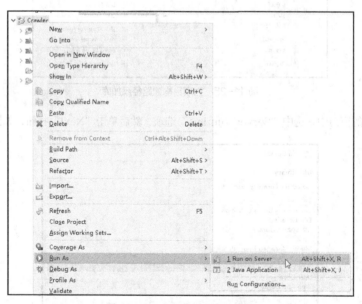

图 11-28　在服务器上运行程序

（2）运行之前会提示选择启动哪个服务器，在弹出的窗口中选中已配置好的 Tomcat 服务器，单击"Next"按钮，如图 11-29 所示。

（3）选好服务器之后，会弹出窗口显示本次启动会部署的项目，此时不用做任何设置，单击"Finish"按钮启动服务器即可，如图 11-30 所示。

图 11-29　选择已配置好的 Tomcat 服务器

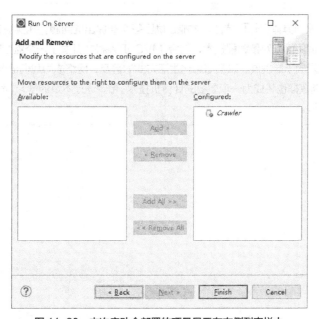

图 11-30　本次启动会部署的项目显示在右侧列表栏中

（4）服务器启动时，会在 Console 窗口中输出启动日志，当输出 "Server startup in XXX ms" 时表示服务器启动成功。本项目成功运行的效果如图 11-31 所示。

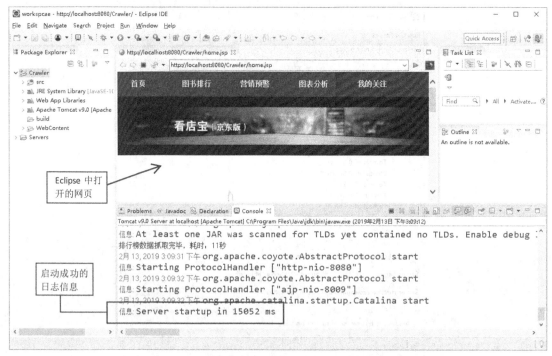

图 11-31　成功运行项目

小　结

只有把理论知识同具体实际相结合，才能正确回答实践提出的问题，扎实提升读者的理论水平与实战能力。本章使用面向对象编程技术，结合 MVC 开发模式开发了一个监控电商平台数据的爬虫系统。随着物联网的不断发展，以及信息化生活方式的普及，网络成为我们记录数据的重要载体，在网络中查找、筛选数据也将成为一项重要的计算机技术。希望通过本章的学习，读者能够了解 Java 网络爬虫的使用方法。